승리는 거저 주어지지 않는다[2]

핵과 국가비상대비업무

단국대 국가위기관리소 · 동화연구소 위기관리연구총서 • 3
핵과 국가비상대비업무 - 승리는 거저 주어지지 않는다[2]

2019년 11월 20일 초판 인쇄
2019년 11월 25일 초판 발행

지은이 | 박계호 · 김용빈 · 서용석
펴낸이 | 이찬규
펴낸곳 | 북코리아
등록번호 | 제03-01240호
주소 | 13209 경기도 성남시 중원구 사기막골로 45번길 14
우림2차 A동 1007호
전화 | 02-704-7840
팩스 | 02-704-7848
이메일 | sunhaksa@korea.com
홈페이지 | www.북코리아.kr
ISBN | 978-89-6324-676-5 (94390)
978-89-6324-370-2 (세트)

값 20,000원

단국대 국가위기관리소 · 동화연구소 위기관리연구총서 • 3

승리는 거저 주어지지 않는다[2]

핵과 국가비상대비업무

박계호 · 김용빈 · 서용석 지음

북코리아

PROLOGUE

그동안 북한의 여섯 차례 핵실험으로 야기된 한반도의 위기가 한반도와 동북아시아를 넘어 전 세계의 최대 안보위협으로 확대되던 차에 남북 및 북미 정상회담이 개최되면서 해결되는 듯했다. 그러나 희망과 기대와는 달리 여전히 비관적 전망도 줄어들지 않고 있다.

핵무기는 대량살상무기의 가장 대표적인 무기이다. 단 한 발의 사용만으로 수만~수십만의 인명을 살상하는 등으로 대량피해를 동반한다. 그렇기 때문에 국제적으로는 핵확산금지조약 등의 조약과 국제원자력기구의 활동을 통해 핵무기의 개발과 원자력발전소나 연구소 등에서의 핵물질 추출이나 유통을 감시 및 통제하는 등으로 엄격히 규제한다. 북한은 이러한 국제사회의 감시를 속이면서 핵무기를 만들 수 있는 기술을 도입했고, 핵시설을 건설했으며 핵실험을 해왔다. 이렇게 여섯 차례의 핵실험을 거치면서 이제는 수십 발의 핵폭탄을 보유하고 있는 것으로 평가되는 가운데 북핵의 비핵화를 위한 남북정상회담, 싱가포르 및 하노이 회담과 판문점 회동이 열렸지만 전망이 그리 밝지만은 않다.

국제기구나 학자, 정보기관들의 의견에 있어 다소 차이가 있기는 하나 북한은 현재 20~60여 발의 핵무기를 보유하고 있을 것으로 추산되고 있고 2020년에 이르면 100여 발의 핵무기를 보유할 것이라는 우리에게는 매우 암울한 추정도 이미 나온 바 있다. 북한이 대륙간탄도탄이나 잠수함발사미사일 시험도 이미 실시한 상황에서 북핵 문제의 대반전 가능성이 과연 현실화될 수 있을까?

우리가 당면할 핵 위협은 북한발로 야기되는 것에 국한되지 않을 것이다. 가능성은 낮다고 할 수 있겠지만 주변국의 핵 위협 가능성도 염두에 두어야 한다. 그렇지만 우리는 그동안 북핵 위협만을 염두에 두면서 킬-체인을 포함한 대응무기 체계 전력화를 추진해 왔다. 그나마도 정상회담을 거치면서 마치 북핵 문제가 완전히 해결된 것인 양 생각해 그동안 전력화를 추진했던 킬-체인을 포함한 전력화 계획을 일부 중단하는 듯한 보도가 나오고 있다. 북핵 문제가 향후 어떻게 전개될지 예측이 불가한 상황에서, 주변국의 핵 위협도 염두에 두어야 할 분명한 잠재적인 요소인 만큼 우리의 대비는 그대로 진행하는 것이 맞을 것이다.

북한의 핵 개발에 대응해 그동안 주로 군사 분야에서의 대비만 강조됐다. 북핵과 관련되는 책이나 각종 세미나와 방송에서의 전문가의 대담 등은 그동안 자주 보고 들어왔다. 언론에서의 기사도 넘치고 있다 해도 과언이 아니었다. 그만큼 북핵으로 야기된 위협이 위중하다는 이야기이다. 그렇기 때문에 백가쟁명(百家爭鳴) 식의 의견이 분출했던 것이다. 이러한 활동은 분명 중요하고 필요하다.

지금까지는 주로 정치와 외교 및 군사 분야에서의 대응에 관한 내용 위주였다. 핵 위협에 대응하기 위해 정치와 외교 및 군사 분야의 조치와 국민들이 알아야 할 사항들을 알려주는 것도 중요하지만, 정부가 할 일을 찾아서 하는 것도 이에 못지않게 중요한 일이다. 핵무기에 대응하기 위해서는 군이 해야 할 일이 있고, 정부가 할 일이 있기 때문이다. 물론, 국민들이 알고 행동해야 할 일도 있다. 결국, 정부와 군과 국민이 삼위일체가 되어야 우리가 당면할 수 있는 핵 위협은 물론 핵 공격 이후에도 피해를 최소화하면서 대응할 수 있다.

핵에 대응하기 위해서는 평시에 할 일이 있고, 전시에 할 일이 있다. 평시에 할 일로 군에서는 핵 관련 시설의 탐지와 공격 시 탐지 및 요격능력 등의 확보가 될 것이다. 정부가 할 일은 핵 공격에 대비해 민방공 경보체제를 구축하고 피해 발생에 대비해 인명 구조 및 구호, 치료 등의 역량을 확보하는 것이다. 전시에 군은 핵무기 발사 기지를 조기에 탐지하고 필요시는 다양한 수단을 이용해 타격하며 핵을 탑재한 미사일을 발사할 시 이를 요격 및 격추하는 것이다. 적시에 민방공 경보를 발령하는 것도 군으로서는 대단히 중요하다. 정부는 군의 민방공 경보에 맞춰 국민들을 민방위시설로 대피시키면서 피해 발생 시 구조 및 구호, 치료 및 피해복구 지원활동을 통해 피해 최소화를 도모하는 것이다.

국민들은 민방공 경보가 발령되면 즉시 대피시설로 대피하는 등 생존성을 높여야 한다. 피해가 발생할 시 인명 구호 및 구조와 피해 복구를 해야 한다. 이렇게 하는 과정에서 정부가 해야 할 일이 국가비상대비업무이다. 이 책은 국가비상대비 차원에서 정부가 해야 할 사항과 국민이 알고 행동해야 할 사항을 논한다.

국가와 정부가 존재하는 이유는 국민의 생명과 재산을 보호하기 위함이다. 남북 및 북미 정상회담에도 불구하고 이 시점에서 향후 북핵 문제가 어떻게 진행될 것인지 예측하는 것은 쉽지 않은 문제이다. 그럼에도 이 문제가 완전히 해결될 때까지는 국가안보와 국민의 생명을 위협하는 제1의 요인이라는 것을 부인할 수 없을 것이다. 주변국의 핵 위협도 그 가능성은 낮다고 할지라도 역시 대비해야 할 것이다. 이 과정에서 정부와 군이 국민을 보호하기 위해 할 일도 많고 행정부 간, 행정부와 군 간 협조할 사항도 많은 만큼 이에 대비해야 한다.

단국대학교 국가위기관리연구소에서는 2014년 국가위기관리연구총서 시리즈 제1호로『스위스의 무장중립정책과 위기관리: 제2차 세계대전을 중심으로』를 발간한 바 있다. 2017년에는 국가위기관리연구총서 시리즈 2호로『승리는 거저 주어지지 않는다(1): 전쟁과 전쟁비용』을 출간한 바도 있다. 이 책은 국가위기관리연구총서 제3호이자, 동화연구소의 연구총서이기도 하다. 이 책을 통해 북핵을 포함하는 어떤 핵위협에 대해서도 정부가 할 일을 찾고, 정부와 군이 협력을 해야 할 분야, 국민이 알고 준비해야 할 사항도 제시하고자 한다.

이렇게 국가위기관리연구총서를 지속적으로 발간하는 이유는 지난 전쟁사에서 나타난 사례는 물론 오늘날 우리가 당면한 위협을 살펴보면서 교훈을 도출하고 정부와 군의 대비와 필요한 협력을 촉진시켜 우리의 안보태세 발전을 도모함으로써 미력하나마 국가안보에 기여하기 위함이다.

이 책을 발간하는 데 도움을 주신 북코리아 이찬규 사장님께 감사를 드립니다. 우리 연구소에 많은 관심을 갖고 격려를 아끼지 않으신 단국대학교 장호성 총장님과 이북도민회중앙연합회 김한극 회장님께도 진심으로 감사드립니다.

2019년 8월

CONTENTS

PROLOGUE / 5

제1부

제1장_ 핵 위협 대비, 무엇을 할 것인가? 21

제1절 왜 이 글을 쓰는가? 21

제2절 어떤 내용을 포함하는가? 30

제3절 핵 연구의 현 실태 32

제2장_ 핵무기 개관 36

제1절 핵무기란? 36

제2절 핵폭발 원리 39

제3절 핵폭발 효과 41

제3장_ 1945년 8월의 히로시마 61

제1절 아시아-태평양 지역 전투의 발발 및 전개 61

1. 일본군의 진주만 기습과 태평양전쟁의 발발 61

2. 일본군 공세와 미군의 반격(1941. 12~1945. 1) 68

3. 원폭 투하와 일본의 항복 75

제2절 1945년 8월의 히로시마 82

1. 맨해튼 프로젝트와 원자탄 개발 82

2. 히로시마 원자탄 투하 과정 86

3. 원자탄 투하로 인한 피해 96

4. 군과 정부 및 히로시마의 대응 122

5. 교훈 136

제2부

제4장_ 핵 위협과 공격 시 예상되는 피해 149

제1절 북한의 핵 개발 경위 및 의도 149

제2절 북한의 핵능력 및 핵실험 151

제3절 북한의 핵 위협 양상 155

제4절 핵 피폭 시 예상되는 피해 161

1. 북한의 핵 공격 시기 및 방법 163

2. 핵 피폭 시 예상되는 상황 및 피해 165

제5절 그 외의 핵 위협 172

제6절 핵 피폭대비 발전방향 173

제5장_ 핵 위협 대비 국가비상대비업무의 발전 181
제1절 국가비상대비업무 개관 181
1. 국가비상대비업무란? 181
2. 핵 위협 대비 국가비상대비업무 184
제2절 핵 위협 대비 사례 186
1. 미국 186
2. 스위스 195
제3절 핵 위협 대비 국가비상대비업무의 발전 199
1. 핵 피폭대비 원칙 199
2. 핵 관련 행정부의 전 · 평시 업무 204
3. 핵 피폭 시 군과의 협조 224
4. 행정부와 군의 협조 분야 227
5. 행정부와 군의 협조 강화를 위한 지원 및 피지원 사항 231
제4절 국민 숙지 및 행동요령 240
1. 개인숙지 사항 240
2. 공습경보 시 행동요령 243
3. 핵폭발 시 행동 250
4. 핵폭발 이후 행동 255

제6장_ 마치면서 262
제1절 결론 262
제2절 제안 264

EPILOGUE / 275

참고문헌 / 281

찾아보기 / 286

부록 1 북핵일지 / 293

부록 2 북핵실험에 따른 안보리 대북결의 및 제재 / 295

부록 3 한반도의 평화와 번영, 통일을 위한 판문점 선언
(약칭 '판문점 선언') / 297

부록 4 싱가포르 북미 합의문 / 301

부록 5 핵 피폭 관련 국가비상대비업무 주요 과업(예) / 303

부록 6 핵 위협 대비 행정 각부의 국가비상대비업무(예) / 306

표차례

〈표 2-1〉 핵폭발 시 화상 증세 43
〈표 2-2〉 노출된 인원에 대한 감마선 피해 효과 48
〈표 2-3〉 낙진에 포함된 입자가 인체에 미치는 피해 50
〈표 2-4〉 핵폭발 방식에 따른 위협의 크기 53
〈표 2-5〉 핵폭발 직후 시간경과에 따른 방사선 감소량(7-10 법칙) 55
〈표 2-6〉 핵폭발 시 발생현상 및 피해(요약) 57
〈표 2-7〉 핵폭발 시 발생하는 인명피해 유형 58
〈표 3-1〉 태평양전쟁 당시의 미군 및 일본군 손실 91
〈표 3-2〉 핵 및 재래식 공격에 의한 피해 비교 95
〈표 3-3〉 히로시마와 나가사키에 투하된 원폭 비교 98
〈표 3-4〉 원폭 투하 이후 시간대별 발생 상황 101
〈표 3-5〉 히로시마 원폭피해 조사결과 101
〈표 3-6〉 나가사키 원폭 피해 조사결과 103
〈표 3-7〉 히로시마 원폭 피폭거리별 인원 피해 발생 105
〈표 3-8〉 피폭거리별 사망률 106
〈표 3-9〉 방사선 피폭 시 증상 107
〈표 3-10〉 히로시마와 나가사키 피폭상황 비교 108
〈표 3-11〉 피폭거리별 폭풍에 의한 압력 및 풍속 111
〈표 3-12〉 풍압별 물리적 현상 111
〈표 3-13〉 피폭거리별 방사선과 인체 피폭량 113
〈표 3-14〉 단일 방사선 피폭량 및 인체에 미치는 영향 114

〈표 3-15〉 핵 피폭 이후 일자별 켈로이드 발생 115
〈표 4-1〉 북한의 제1~6차 핵실험 152
〈표 4-2〉 특별시 및 광역시 인구밀도 162
〈표 4-3〉 북핵 피폭 시뮬레이션 결과 피해 예측치 165
〈표 4-4〉 핵 피폭 시 예상피해 예측치 보도자료 166
〈표 4-5〉 주요 도시별 핵 피폭 시 예상되는 피해 168
〈표 5-1〉 국가비상대비업무의 주요 내용 183
〈표 5-2〉 핵 피폭 관련 국가비상대비업무의 범위(예) 185
〈표 5-3〉 핵 관련 군사 및 비군사 분야의 전·평시 업무(예) 186
〈표 5-4〉 군과 행정부 협조 시 고려사항(예) 204
〈표 5-5〉 민방공 경보 205
〈표 5-6〉 (가칭) 핵피폭대응본부의 임무 및 역할(안) 208
〈표 5-7〉 핵 피폭 시 정부의 방송에 포함할 사항(예) 210
〈표 5-8〉 긴급구호 및 구조팀 휴대 장비와 약품(예) 216
〈표 5-9〉 전재민 수용 및 지원을 위한 관련 부처의 업무(예) 221
〈표 5-10〉 긴급복구 대상의 선정(예) 222
〈표 5-11〉 핵 피폭 시 대비 행정부와 군의 협조 필요 분야(예) 227
〈표 5-12〉 핵 피폭대비 군과 행정 각부의 협조사항(예) 230
〈표 5-13〉 핵 피폭 대비 군의 기관별 업무분장(예) 233
〈표 5-14〉 (가칭) 핵피폭지원사령부의 지원범위(예) 235
〈표 5-15〉 안전관리 프로그램에 포함할 사항 238
〈표 5-16〉 비상시 대비 준비물 242

그림차례

〈그림 2-1〉 우라늄 광석과 정제된 산화우라늄 및 고농축우라늄 36
〈그림 2-2〉 원자력과 원자폭탄의 차이 38
〈그림 2-3〉 원자폭탄 연쇄반응 폭발방식 40
〈그림 2-4〉 핵무기 폭발 형태 41
〈그림 2-5〉 핵실험(1946. 7) 42
〈그림 2-6〉 핵폭발 후 열과 폭풍으로 파괴되는 건물 46
〈그림 2-7〉 물질별 방사선 투과력 47
〈그림 2-8〉 낙진위험 예측도와 방사능 입자 낙하 49
〈그림 2-9〉 건물 층별 낙진피해 감소율 50
〈그림 2-10〉 핵폭발로 인한 켈로이드 현상 51
〈그림 2-11〉 20kt 핵폭발 시 피해 범위도 52
〈그림 2-12〉 핵폭발 직후 방사선 감소속도 54
〈그림 2-13〉 핵폭발 시 전자기파에 의한 피해 발생 56
〈그림 2-14〉 일반 핵무기와 저강도 핵무기 60
〈그림 3-1〉 일본이 대동아공영권 주장을 위해 만든 지도(1942) 62
〈그림 3-2〉 일본군 진주만 기습(1941. 12. 7) 66
〈그림 3-3〉 진주만 기습과 희생자를 보도한 당시의 신문 67
〈그림 3-4〉 대일본 선전포고를 하는 루스벨트(1941. 12. 8) 67
〈그림 3-5〉 전성기의 일본군 점령지역(1942) 69
〈그림 3-6〉 미드웨이섬과 엔터프라이즈 항공모함 71
〈그림 3-7〉 일본군의 절대국방권(1943. 9. 30) 73
〈그림 3-8〉 가미카제의 미 항모 공격 77

〈그림 3-9〉 가이텐(왼쪽: 모함에 탑재, 오른쪽: 출격 준비) 77
〈그림 3-10〉 1944년의 사이판 미 공군 기지 78
〈그림 3-11〉 미군의 일본 주요도시 폭격지역 79
〈그림 3-12〉 일본의 항복 서명과 승전 기념식 81
〈그림 3-13〉 일본의 항복과 제2차 세계대전 종전을 전하는 당시의 신문 82
〈그림 3-14〉 맨해튼 프로젝트 원폭실험(1945. 7. 16) 86
〈그림 3-15〉 원폭표적위원회와 당시 표적대상 도시 87
〈그림 3-16〉 미군 폭격기의 폭격과 불타고 있는 도쿄(1945. 3. 10) 89
〈그림 3-17〉 르메이 전단과 일본 국민에 대한 경고문 94
〈그림 3-18〉 히로시마와 나가사키에 대한 원폭 투하 97
〈그림 3-19〉 히로시마와 나가사키 핵 피폭 전후의 모습 99
〈그림 3-20〉 히로시마와 나가사키 핵 피폭 보도 신문 100
〈그림 3-21〉 학생 피해 현황을 집계한 자료(1945. 8. 29) 110
〈그림 3-22〉 핵 피폭 참상 121
〈그림 3-23〉 1945~1953년 히로시마의 복구 진행 모습 144
〈그림 4-1〉 북한의 핵 관련 시설 151
〈그림 4-2〉 북한이 수소탄이라고 주장하면서 공개한 사진 153
〈그림 4-3〉 북한이 공개한 화성-15형 발사 모습 154
〈그림 4-4〉 2018년 운명의 날 시계 158
〈그림 4-5〉 판문점 남북 정상회담 160
〈그림 4-6〉 싱가포르 북미 정상회담 160
〈그림 4-7〉 용산에서 핵폭발 시 예상되는 피해 167
〈그림 4-8〉 서울 용산지역 피폭 시 예상되는 피해(Nukemap) 169
〈그림 4-9〉 핵 위협 대비 정부와 군 및 국민의 심위일체 대응 필요성 174
〈그림 5-1〉 괌 주정부 홈페이지에 게시된 미사일 공격 시 대피요령 190
〈그림 5-2〉 하와이 주정부 홈페이지에 게시된 미사일 공격 시 대피요령 192

〈그림 5-3〉 스위스 민방위 대피시설 197
〈그림 5-4〉 (가칭) 핵피폭대응본부 편성(안) 207
〈그림 5-5〉 낙진지역으로부터 안전지역으로의 이동(예) 219
〈그림 5-6〉 (가칭) 핵피폭지원사령부의 편성(안) 234
〈그림 5-7〉 대규모 재난 발생에 대비한 예비군 부대 편성(안) 239

제 1 부

제1장
핵 위협 대비, 무엇을 할 것인가?

제1절 왜 이 글을 쓰는가?

1993~1994년의 제1차 북핵위기에 이은 2002~2003년의 제2차 북핵위기, 그리고 2006년 10월의 제1차 핵실험 이후 2017년 9월의 제6차 핵실험에 이르기까지 북한은 여섯 차례의 핵실험을 하면서 북핵으로 인한 안보위협이 한반도를 넘어 동북아시아의 핵도미노 현상을 초래할 우려와 더불어 국제적으로 최고의 안보위협이 됐다.

북한이 2017년 9월에 실시한 제6차 핵실험은 종전의 제1~5차의 핵실험과 두 가지 면에서 크게 다른 양상을 보였다. 그것은 첫째, 종전의 제1~5차 핵실험이 주로 원폭실험(북한은 제4차 핵실험에서 수소폭탄 실험을 했다고 주장했다)이었다면 지난해 9월 3일 실시한 제6차 핵실험은 북한의 주장대로라면 원자폭탄(이하 원폭)보다는 그 폭발력이 월등하게 큰 수소폭탄(이하 수폭) 실험을 했다는 것이다. 둘째, 종전의 제1~5차 핵실험이 상대적으로 위력이 작은 10kt 미만의 핵실험이었다면, 제6차 핵실험은 50~수백 kt 규모(이는 기관에 따라 다소 차이가 있다)의 실험으로, 이는 종전에 볼 수 없었던 핵실험을 한 것이다.

이 두 가지의 주장이 모두 사실이거나 그에 부합되는 것이라면 북한 정권의 핵 위협은 비록 남북 및 북미 정상회담에도 불구하고 언제 어떻게 다시 악화될지 알 수 없는 상황에서 향후 어떻게 비핵화가 진행될 것인지 주목해야 할 것이다. 김정은이 신년사에서 주장했듯이 핵무기를 완성해 핵 보유 국가의 반열에 든 것으로 예상되는 상황에서 어떤 꼼수로 비핵화를 내세우면서 정상회담을 추진할지 예측할 수 없기 때문이다.

이미 북한 정권은 장거리 핵 투발수단인 대륙간탄도탄(ICBM)과 잠수함발사미사일(SLBM)을 실험한 바 있다. 북한은 미국 본토에 대한 타격 위협으로 상황을 악화시켜왔다. 비록 앞으로 어떤 형태로든 비핵화에 대한 논의가 진행될 것으로 보이지만 북핵이 완전히 폐기되고 검증을 통해 확인되지 않는 한 어떤 이유로 어느 때라도 북한 정권의 핵 위협이 실제화되어 핵무기를 사용할 경우 발생할 인명의 피해는 물론 물적 손실 등 그 피해는 예측하기 어려운 상황이 될 것이다.

그간 북핵은 대한민국 안보의 최대 위협요인이 되는 것을 넘어 국제사회의 핵심적인 안보위협 요인이었다. 매번 핵실험을 할 때마다 유엔 안전보장이사회의 결의에 의한 경제제재와 외교단절이나 외교관 추방 등 국제사회의 대북여론 악화 속에서 북한 정권이 핵실험과 핵 보유를 포기하는 등 북핵의 비핵화를 받아들일지 여러 차례 밝혀오던 차에 정상회담과 비핵화를 언급하기 시작했으나 아직 그 진정성에는 회의가 있는 것도 사실이다. 세 번째 정상회담과 2019년 신년사에서 김정은이 그의 입으로 처음으로 비핵화를 언급하기는 했으나 그의 말을 전적으로 믿기에는 이르다. 오히려 『노동신문』에서는 여전히 핵 무력을 강조하고 있다. 북한 지역의 일부에서는 당 간부들을 대상으로 절대로 핵을 포기하지 않을 것이라는 간부교육도 시행하고 있는 것으로 알려지고 있다. 북한은 국제사회의 제재에도 핵실험을 해오면서 핵무기를 보유한 것으로 알려지고 있는 지금 남북 및 북미 정상회담에도 불구하고 향후 어떤 이유로 회담을 무력화할지 모를 일이다. 김정은이 중국의 시진핑 주석을 근래 수차례 만난 것은 그러한 상황을 염두에 둔 카드일 수 있다.

북한이 핵실험을 하고 대륙간탄도탄이나 잠수함발사미사일을 시험적으로 발사하는 등으로 위협이 악화되는 동안, 우리는 주로 군사적 대응수단의 확보에 초점이 맞추어져 왔다고 해도 과언이 아니다. 북한 정권이 핵을 탑재한 미사일로 공격할 징후를 보일 시 표적을 미리 탐지해 타격하는 킬-체인(Kill-chain)과 미사일 공격으로부터 한반도를 방어하기 위한 하층방어 시스템인 한국형 미사일 방어체제(KAMD: Korea Air Missile Defense)의 구축, 미사일 등을 이용해 공격할 경우, 공군과 미사일 전력 등을 이용해 대량으로 보복하기 위한 대량응징보복(KMPR: Korea Massive Punishment & Retaliation) 전략의 구상, 미국이 개발해 성주에 배치한 고고도 미사일 방어체계인 사드(THAAD: Terminal High Altitude Area Defense) 등은 그러한 산물이었다.

언론에서는 예방공격(豫防攻擊, Preventive Attack)과 선제타격(先制打擊, Preemptive Strike)도 자주 언급됐다. 예방공격이란 '지금 당장은 전쟁이 발생하지는 않더라도 장차 발생이 불가피하다고 판단해 이를 방지하기 위한 예방적 차원의 공격'을 말하며, 선제타격이란 '적의 공격이 임박했다고 판단될 경우에 확실한 증거를 기초로 시작하는 공격'을 말한다. 과거에는 이런 말의 사용이 금기되다시피 했지만 언제부터인가 필요시 선제타격도 해야 한다는 의견이 언론과 국민들 사이에서 공공연하게 나오던 차에 정상회담 이야기가 나왔던 것이다. 이와 같은 예방공격이나 선제타격 외에도 대량살상무기(大量殺傷武器, WMD: Weapon of Mass Destruction) 제거 훈련, 북한 미사일 방어 훈련은 물론, 핵 잠수함 보유 추진과 전술핵무기[1] 재배치 및 한국의 핵무장, 김정은 참수작전(斬首作戰) 등의 주장도 동일한 선상에서 제기됐던 것이다.

북미 정상회담 얼마 전에는 미국에서 북한 정권이 핵무기를 동맹국에 사용한다면 생존할 수 있는 어떠한 시나리오도 존재하지 않는다고 주장하며 '정권의 종말(End of the Regime)'이 될 것임을 경고한 바 있다.

사실, 북한의 핵 공격이 예상되는 어느 시기에 이를 탐지해 군사적 대응만으로 완전히 제거할 수 있다면 북한의 핵 위협을 우리가 지금 느끼듯 크게 두려워할 일이 아닐 수도 있다. 미국의 경고처럼 북한 정권이 북한 체제의 종말을 두려워하거나 아니면 김정은의 이성적 판단이 작용해 북한이 생존을 우려하면서 핵무기를 포기하고 비핵화에 협조한다면 이는 우리 모두가 바라는 바이기도 하다.

그러나 만에 하나라도 핵을 탑재한 노동 또는 스커드(Scud) 등의 미사일에 한국의 특정 도시 또는 특정 표적이 피폭됐다고 가정했을 시는 가늠하기 어려울 피해가 발생할 것이다. 제2차 세계대전 말기인 1945년 8월 6일 일본의 히로시마(廣島)가 원폭에 피폭되면서 14만여 명이 사망하

---

1) 핵무기는 전략핵무기와 전술핵무기로 구분한다. 전략핵무기는 일반적으로 적국 내부의 전략목표물에 대한 공격능력을 가진 100kt 이상의 핵무기 체계를 말하며, ICBM이나 SLBM이 대표적이다. 전술핵무기는 20kt 이하의 핵무기를 말하며, 통상 전술핵탄두, 핵지뢰, 핵기뢰, 핵배낭 등이 있다. 투발수단으로는 야포와 단거리 미사일, 항공기가 통상 사용된다.

고 유사한 규모의 부상자가 발생했다. 9일에는 나가사키(長崎)가 다시 원폭에 피폭되면서 7만여 명이 사망하고 유사한 규모의 인원이 부상을 입었다. 히로시마와 나가사키시의 대부분 지역은 폐허가 됐다.

이로써 4년여 기간 지속되던 아시아-태평양 전쟁에서 일본은 항복했고 전쟁은 끝났다. 만약 이 시기에 미국이 원폭을 사용하지 않았으면 전쟁은 몇 개월 더 지속되면서 일본이나 미군 역시 그 피해가 더욱 늘어났을 것이다. 이와 같이 원폭은 제2차 세계대전 기간 내내 다른 어느 재래식 무기에서는 볼 수 없었던 단 한 발의 공격으로 수십 만여 명에 피해를 줌으로써 전쟁을 조기에 끝마칠 수 있도록 만든 당시 최대의 무기이자 '게임 체인저(Game Changer)'였다. 이는 지금도 그대로이다. 북한이 그토록 어려운 경제와 국제사회의 제재에도 불구하고 핵 개발에 매달리는 이유가 바로 이 때문이다.

북한 정권은 그들이 보유한 핵무기가 미국을 대상으로 하기 위한 것이라고 주장한바 있다. 북핵이 보검(寶劍)이라고 여러 차례 주장한 바도 있다. 국내의 유력 정치인이나 학자들 가운데서도 일부에서는 북핵이 북한 정권의 체제 보장용이라고 주장하는 데 동조하는 듯한 발언으로 파문을 일으킨 바도 있다. 이미 북한은 6.25전쟁을 도발하면서 막대한 인명피해를 준 바 있고, 휴전 이후에도 수많은 대남도발로 야기된 피해도 만만치 않다. 최근에는 천안함 폭침이나 연평도를 포격해 인명을 희생시킨 바도 있다. 한반도에서 어떤 이유로든 위기가 조성되고 악화될 경우, 일부의 주장이나 희망과는 달리 북한 정권은 핵을 사용하려 들 것이다. 그들의 입으로도 한반도 적화용임을 말한 바 있고, 이는 국내외의 여러 연구기관에서도 경고한 바 있다. 북핵이 체제 보장용이라든가 미국을 상대하기 위한 것이라는 주장은 북한의 핵 개발 정당성을 옹호하는 주장에 불과할 뿐이며, 이를 옹호하는 듯한 발언을 하는 것은 북한의 속임수에 말려드는 것이다. 나아가서 국민을 속이는 기망행위이며, 국민들을 분열시키는 행위에 다름 아니다.

북한의 핵 공격으로 헤아릴 수 없이 많은 국민이 사망하거나 부상을 당하고 도시의 전체 또는 일부가 폐허가 됐을 경우, 그때에 가서 북핵은 북한 정권의 체제 보장용이 아니라 한반도 적화용이었다고 변명한들 통하지 않는다. 같은 민족이라고 북한 공산주의자들의 속임수에 속아서 함부로 국민을 둘로 나누고 국가안보에 위해를 가하는 말을 해서는 안 될 것이다.

김여정이 평창 올림픽을 참관하고 대통령을 만났다고 해서, 특사단을 만난 자리에서 김정은 위원장(이하 김정은) 입으로 비핵화를 하겠다고 말했다고 해서, 북미 정상회담에서 북한이 핵무기를 폐기하고 비핵화를 하겠다고 해서 핵 위협이 하루아침에 사라지지는 않을 것이다. 일부에서는 이를 북한이 정상국가로 향한 노력이라든가 국제사회의 일원이라는 것을 알려주기 위한 행동이라고 주장하는 사람들도 있다. 그러나 이는 북핵 실험에 따른 국제사회의 제재로 구석에 몰리면서 이를 탈피하기 위한 전술적인 행동에 불과하다는 지적도 제기되고 있음을 주의해야 한다.

그런 만큼 북핵 위협이 지속되는 한, 설령 핵무기를 폐기하고 비핵화를 하겠다고 할지라도 이를 '완전하고, 검증 가능하며, 돌이킬 수 없는, 핵 폐기(CVID: Complete Verifiable Irreversible Dismantlement)'를 하거나 '영구적이고 검증 가능하며 불가역적으로 폐기(PVID: Permanent, Verifiable, Irreversible Dismantlement)'하거나, 최종적이고 완전히 검증된 비핵화(FFID: Final Fully Irreversible Dismantlement)를 하기 이전까지는 정부나 군은 무엇을 준비해야 할 것인지, 또한 국민들은 피해를 최소화하기 위해 무엇을 알고 준비해야 할 것인지 판단해 해야 할 것은 해야 한다.

또 한 가지, 김정은 정권이 인구가 밀집한 도시에 핵 공격을 했는데도 불구하고 군은 전투가 진행되고 있으니까 전투에만 전념하면서 피해복구는 정부가 할 일이라고 주장해 방기해도 되는 것일까? 정부는 발생된 피해를 최소화하기 위해 즉시 대응할 준비를 하며, 그 역량이 있는지도 살펴보아야 한다.

북한 정권이 비핵화를 이리저리 피하면서 위기가 발생하고 악화될 시 핵 공격을 할 수 있다는 가정 또는 전제가 성립된다면 피해를 최소화하기 위한 정부와 군의 조치 및 국민이 해야 할 일은 분명하다. 정부는 평시에는 민방공 경보체제를 확립하고 제대로 된 대피시설을 확충하며, 군은 미사일 탐지 체제와 정부와 협조해 경보전파 체제를 갖추고 타격체제와 미사일 요격 체제를 발전시켜야 한다. 또한 국민은 개인 생존 및 방호요령을 숙지하고 대피시설을 준비해놓는 것이다. 전시는 북한군이 핵을 탑재한 미사일을 발사하려고 시도할 시 이를 탐지해 조기에 타격하며, 만약 미사일을 발사했을 시는 이를 요격해 격추하는 것이다. 이와 병행해 민방공 경보를 발령하고 국민들이 적시에 대피할 수 있도록 함으로써 그 피해를 최소화하는 것이다. 이러한 대응과 조치에도 불구하고 핵 공격을 받았다면 정부와 군은 다른 어느 것에 우선해 그 피해를 최소화할 수 있도록 협조하고 필요한 조치를 해야 한다. 이 과정에서 행정부 간의 협조는 물론 지방자치단체, 군의 협조가 절대적으로 필요하다. 여기에 국민들도 각각의 역할을 했을 때 피해를 최소화할 수 있다.

그러나 그동안 핵 위협에 대응하기 위한 정부와 군, 국민의 삼위일체적 대응노력은 미흡했다고 할 수밖에 없을 것이다. 1993년 제1차 북핵위기로 촉발된 북핵위기와 2002년의 제2차 북핵위기, 그리고 2006년 제1차 핵실험 이후 여섯 차례에 걸쳐 핵실험이 진행되면서 매번 핵 위기가 조성되고 현실화된 지 이미 20여 년이 지났지만 그동안 우리의 대응노력은 군사 분야 위주로 강조되고 진행됐기 때문이다. 그렇다고 군사 분야 대비태세가 완성된 것도 아니다. 정상회담 이후 북핵 위협이 사라진 것처럼 생각해 북핵에 대응하기 위해 추진해 왔던 무기체계 개발을 중단하는 것으로 보도됐다. 너무 예단을 빨리 하는 것이 아닌지 우려된다.

지금 이 시점에서 북한 정권과의 핵 협상이 어떻게 진행될지 예측하기가 쉬운 문제는 아닐 것이다. 핵 공격위협이나 가능성은 그저 군사작전 계획을 수립하기 위해 보고서에나 존재하는 가정(假定)의 문제가 아니다. 이미 북한 정권은 상당한 정도의 핵무기를 보유한 것으로 알려지고 있고, 회담을 하는 가운데서도 은밀히 그 숫자를 늘리기 위해 노력하고 있는 것으로 보도된 바 있다. 평양 외곽 강선이라는 곳에서는 여전히 핵물질을 생산하는 것으로 보도된 것이 그것이다. 외신에서는 2020년에 이르면 100여 발의 핵무기를 보유할 수 있을 것이라는 보도도 있었다.

북핵의 비핵화 협상이 잘 진행되기를 바라지만, 어떤 이유로든 잘 안 되면서 어느 시기에 분쟁이 발생하고 어떤 이유로든 핵 공격을 결심하는 순간, 이는 대한민국과 국민의 생명과 안전, 국가안보에 직결되는 최대의 문제가 된다. 그 가능성이 아무리 낮을지라도 정부와 군이 철저히 대비해야 하는 것은 당연한 일일 것이다. 그렇다고 정부에만 그 역할을 맡기고 국민은 두 손 놓고 있을 일도 아니다. 국민 역시 적극적으로 개인방호 요령을 숙지하고 생존대응책을 강구해야겠다.

북한이 설령 핵시설과 핵무기를 폐기하기로 합의할지라도 완전히 폐기하기로 하고 이를 검증을 통해 확인하지 않는 한 대비를 소홀히 할 수는 없다. 싱가포르 북미 정상회담에서 북의 핵무기 비핵화에 대한 언급은 간단했다. 설령 북한이 비핵화에 합의할지라도 많은 전문가들은 비핵화에 몇 년이 걸릴 것이고, 그 과정에서 이런저런 이유로 결렬될 가능성이나 또는 비밀의 장소에 일부를 은닉해놓고 일부만 폐기할 가능성도 제기한다.

핵무기는 화학 및 생물학 무기와 더불어 대표적인 대량살상무기(WMD)이다. 핵 피폭 시 발생하는 피해는 킬로톤(kt)이나 메가톤(Mt)으로 표시되는 핵무기의 위력(Yield), 맑거나 흐리거나 비가 오는 등의 일기조건, 평탄하거나 계곡 또는 기복이 있는 등의 지형 조건, 지표면 또는 공중 등의 폭발방식, 핵 피폭 대비 방호수준, 핵 공격 시 사전 경보의 발령 및 대피 등에 따라 다르다.

히로시마와 나가사키의 피해사례가 보여주듯 핵무기에 단 한 발만 피폭되어도 수만~수십만 여 명이 살상되는 등 대규모의 피해가 발생한다. 그 피해는 피폭 원점(Hypocenter 또는 Ground Zero)으로부터 거리가 멀어질수록 감소되며, 적절한 대피능력을 갖춘 시설로 적시에 대피하고, 핵 피폭 이후에는 부상자를 구조하는 활동을 신속히 전개하면 그 피해를 줄일 수 있다.

이 책은 어떤 상황에서든지 핵 공격을 받을 경우에 대비해 정부가 국가비상대비업무 차원에서 무엇을 해야 할지, 이 과정에서 국방부(군)와 행정 각부는 상호 간 무엇을 지원하고 협조해야 할지를 제시하기 위한 것이다. 이를 위해 정부가 할 일, 군과 협조 또는 지원을 받거나 해야 할 일을 제시한다. 아울러 국민들이 개인방호 및 생존을 위해 알아야 할 사항도 제시할 것이다.

제2절 어떤 내용을 포함하는가?

제2차 세계대전이 끝나갈 무렵인 1945년 8월 6일 일본의 히로시마에 인류 최초의 원자탄이 투하됐다. 미국은 원폭을 투하하기 전에 전단을 살포해 경고했고, 원폭 투하 이후에는 무조건 항복을 요구했다. 그렇지만 일본은 이를 거부했고, 3일 뒤에는 다시 나가사키에 투하됐다. 이 두 발의 원자탄은 일본이 무조건 항복할 수밖에 없을 정도로 많은 인적 · 물질적 피해를 준 것은 물론, 심리적 피해도 주었다. 이로써 1939년 9월 독일군의 폴란드 침공(아시아-태평양 지역 전투는 1941년 12월 7일 진주만 기습으로 시작됐다)으로 시작된 제2차 세계대전이 완전히 끝나면서 6년여 기간 지속되던 전쟁은 연합국의 승리로 끝났다. 두 발의 원폭은 일본에 막대한 피해를 입히면서 전쟁을 도발한 일본을 응징했고 항복을 받아냈다.

핵 피폭 시는 대규모로 피해가 발생하며, 그 피해는 당대로 끝나지 않고 오랜 기간에 걸쳐 암이나 백혈병, 기형아 탄생 등으로 지속된다. 인류 역사상 핵 피폭으로 인한 피해는 히로시마와 나가사키에서의 경험이 유일하다. 그간 1986년 4월 우크라이나의 체르노빌 원자력발전소에서 사고가 발생하면서 피해가 발생한 바 있고, 2011년 3월에 일본 동북지방에서 쓰나미(Tsunami)로 인해 후쿠시마 원자력발전소에서 방사능이 누출되면서 피해가 발생한 바 있으나 그렇다고 히로시마나 나가사키 원폭 피해에 비견할 만한 피해가 발생한 것은 아니다.[2] 그런 만큼 히로시마와 나가사키에서 발생했던 열과 폭풍 및 방사선 등에 의한 피해 상황과 당시 주민이 겪은 참혹한 피폭 경험, 일본 정부와 군부, 히로시마 및 나가사키의 조치는 우리가 핵 공격을 받을 시에 대비해 무엇을 어떻게 준비하고 실제로 핵 피폭 시에는 발생된 피해를 최소화하기 위해 무엇을 어떻게 조치할 것인지 대단히 중요한 시사점을 제공한다. 핵 공격에 의한 대규모의 인명피해 사례가 단지 이 두 가지에 불과하기 때문이다.

핵 피폭 시는 대규모의 인명피해는 물론 주거 및 산업, 교통, 복지 및 편의 등의 시설에서도 막대한 피해가 발생한다. 그런 만큼 군에서는 핵 공격이 예상될 시 사전에 이를 탐지해 제거하는 것은 대단히 중요하다. 이러한 노력이 실패하거나 또는 미사일 발사 이후 요격에 실패해 특정 지역이 공격을 받을 경우에는 인적·물적 피해를 최소화하면서 조기에 복구할 수 있도록 정부와 지방자치단체, 군 등의 범정부적인 통합된 노력이 요구된다. 이를 위해 평시 정부는 국가비상대비계획을 발전시키고 핵 공격을 받을 시에 대비해 치료인력이나 약품, 치료기기 준비 등 대응역량을 확보해야 한다. 군에서는 기본임무를 수행하면서도 발생된 피해를 최소화하기 위한 지원계획을 수립해야 한다. 국민들도 역시 개인방호 및 생존 등의 요령을 숙지하고 최대한 가능한 범위에서 생존대책을 강구해야 한다. 이러한 준비를 완전하게 해놓았을 때 비로

---

2) 체르노빌 원전사고 사망자에 대한 추산은 다양하다. 세계보건기구(WHO)에서는 2006년 자료에서 4,000여 명이 사망했을 것이라고 발표했고, THE Greens에서는 낙진으로 인한 암 때문에 30,000~60,000여 명이 사망했을 것이라고 주장했다. 그린피스(Greenpeace) 보고서에는 심지어 20만 명이 넘을 수 있다고도 주장했다. 러시아의 한 출판물에서는 1986년으로부터 2004년에 걸쳐 985,000명의 낙태자가 발생했다고 주장하면서 논란이 발생한 바도 있다.

소 핵 공격으로 발생할 피해를 최소화할 수 있을 것이다. 본 책이 의도하는 것이 바로 이것이다.

이 책은 핵무기 및 피폭 관련 문헌 자료, 북핵 피폭 시 예상되는 피해 관련 국내외 시뮬레이션 자료 등을 참조해 연구했다. 먼저 문헌 자료로는 핵 관련 연구 자료와 미국 및 일본 정부의 연구기관에서 발행한 히로시마 및 나가사키에 대한 원폭 피폭 관련 자료, 미국의 정부기관에서 발행한 그 외의 핵 관련 자료 등을 활용했다. 또한 만약 한국의 어느 도시가 핵 공격을 받을 경우, 그 피해를 예측한 시뮬레이션 자료도 참고했다.

정부와 군이 해야 할 업무에 대한 식별은 그간의 군 경험과 국가비상대비업무에 대한 연구를 바탕으로 핵 공격 이전에는 예방적 차원에서 무엇을 할 것인지, 핵 공격으로 인적·물적 피해가 발생했을 시는 복구 차원에서 무엇을 협조할 것인지를 포함했다.

제3절 핵 연구의 현 실태

시중에는 핵이나 북핵 관련 다수의 책과 연구논문이 있다. 대부분 북핵 관련 일반적인 사항이나 정치와 군사 분야의 대비에 관한 사항이 많고, 개인방호 및 생존과 관련해 일부의 책이 있다. 그동안 북핵과 관련해 세미나도 부지기수로 열렸고 필자도 다수 참여한 바 있다. 신문은 물론 방송, 주간지나 월간지 등에서도 북핵 관련 기사가 넘쳐나고 있다. 그러나 대부분 외교와 정치 및 군사 분야 위주로 진행되는 경우 또는 기사가 많았다. 일부에서 핵 피폭 시 피해 예상치를 제시하면서 예방책을 강구한 경우도 드물게는 제시되고 있기도 하다.

반면에 핵 공격을 받을 시에 대비해 평시부터 정부 기능을 어떻게 유지할 것인지, 국민 생활의 안정은 어떻게 유지할 것이며, 군사작전 지원을 위한 자원 동원은 또 어떻게 할 것인지 등 국가비상대비업무 차원에서 행정 각부별로 평시 무엇을 준비해야 하고 어떻게 계획을 발전시켜야 할지에 대해서는 미흡하다. 또한 전시에 대비해 무엇을 해야 할 것인지에 대한 공론화 또는 연구도 충분하다고 할 수는 없다. 아울러 핵 관련 군이 정부에 무엇을 지원해야 할지에 대한 논의나 계획도 많지 않다. 국민의 생존을 위해 무엇을 알아야 하고 어떻게 대비해야 하는지를 언급하는 것을 보거나 들어본 적도 별로 없다. 정부는 이러한 대비는 물론, 국민들에게도 알릴 것은 알려줄 필요가 있다. 이는 국민들에게 불안을 야기하기 위한 것이 아니라, 그러한 상황이 발생될 시에 대비해 생존을 위한 최소한의 대응을 알리기 위한 것이다.

남북 및 북미 정상회담 이후 북핵의 비핵화 문제가 어떻게 진전될지 예측하기는 쉽지 않겠지만, 그렇다고 군사 분야만 제대로 준비되면 이상이 없을 것이라고 생각한다면 안 될 것이다. 북핵에 대비해서 군이 해야 할 군사 분야의 업무는 물론 행정 각부가 해야 할 비군사 분야의 업무, 그리고 국민이 알고 준비하고 행동해야 할 사항도 있기 때문이다. 정부와 군, 국민이 삼위일체가 되어야 피해를 최소화할 수 있다는 이야기이다.

북핵과 관련해 군사 분야의 연구는 물론 국가비상대비업무를 연구한 논문이나 책은 손에 꼽을 정도로 얼마 되지 않은 것이 현실인 만큼 앞으로도 활성화가 필요하다. 핵 위협에 대한 군사적 대응 못지않게 국가비상대비 차원에서 핵 공격을 받을 시에 대비해서 정부가 해야 할 업무, 국민 계도를 위한 업무 등에 대한 많은 연구가 필요한 것이다.

핵폭발 시는 열과 태풍, 방사선으로 인해 대규모의 사상자가 발생한다. 낙진으로 인한 피해도 발생한다. 이러한 피해는 당대로 끝나지 않고 오랜 기간에 걸쳐 암이나 백혈병, 유전자 변형으로 인한 기형아 탄생 등으로 본인은 물론 후손에게도 영향을 준다. 전자기파로 인해 경제나 산업활동은 물론 군사작전에 미치는 피해도 적지 않다.

북한 정권이 한반도에서 군사적 도발을 하면서 핵을 사용했다면 어떤 일이 발생할 것인가? 그것은 핵무기의 위력과 지상 또는 공중 등 폭발형태, 동계나 하계 등 계절적 상황, 맑은 날이나 흐린 날 등 피폭 당시의 기상상황, 밤과 낮, 인구가 밀집한 도시나 지방 등 주민 거주상황, 가옥이나 콘크리트 건물 등 건물의 형태와 구조, 평탄지형이나 계곡이 많은 지형 등 다양한 조건에 의해 그 피해 상황이 각각 다르게 나타날 것이다. 따라서 그 피해는 14만여 명의 사망자를 낸 히로시마보다 많을 수 있고, 7만여 명이 사망한 나가사키보다도 작을 수도 있다.

북한이 핵을 사용하려고 시도할 경우, 군에서는 한미 간의 공조로 정찰위성이나 항공정찰 등 다양한 수집수단을 이용해 표적을 탐지한 뒤 미사일이나 공군 폭격 등으로 파괴하거나 무력화할 것이다. 북한이 핵을 탑재한 미사일을 발사할 경우 한국형 미사일 방어체제나 사드 등이 요격할 것이다. 이러한 노력으로 북핵 위협이 모두 제거된다면 다행이겠으나 만에 하나라도 그중의 한두 발이 요격에 실패하면서 어느 특정 지역이나 표적이 공격을 받을 경우에는 어떤 상황이 발생할 것인가? 히로시마와 나가사키의 피해 상황이 보여주듯 국가적인 대재앙이 발생한다.

실제적인 피해 범위와 규모는 이 책에서 일부 제시하는 것보다 더 광범위하고 참혹하게 발생할 수도 있고 또는 작게 발생할 수도 있다. 어떠한 피해가 발생하든 정부와 자치단체, 군은 이러한 위협에 대응해 다른 어느 것보다 위중하게 생각해서 할 수 있는 모든 조치를 취해야 한다.

혹자는 이 책이 핵 피폭 시의 실상을 과도히 포장해 국민들을 위협하기 위한 목적으로 저술한 것이 아닌지 또는 정치적이거나 특정한 목적을 위해 작성한 것이 아닌지 의심할 수 있을 것이다. 이는 전혀 아니다. 한반도에서 어떤 경우로든 핵이 사용되는 최악의 상황이 발생되어서는 안 된다. 그러나 북한이라는 불량국가, 조직폭력배와 같은 신뢰할 수 없는 집단이 만약 핵이라는 대량살상무기를 사용해 막대한 피해가 발생할 경우에 그나마 피해를 최소화할 수 있도록 정부와 자치단체, 군이 무엇을 해야 할 것인지, 국민은 무엇을 숙지해야 하고 어떻게 행동할 것인지 대비해야 한다는 차원에서 쓴 것이다.

거듭 말하거니와 북핵은 우리가 당면하는 최대의 안보위협으로서 이 문제가 해결되어 완전한 비핵화가 되지 않는 한 정부와 군의 최우선적인 업무이면서 국가비상대비업무의 핵심적인 내용이 되어야 한다. 그런 만큼 북핵에 대응하기 위해서는 정부와 군, 국민의 통합된 노력이 반드시 필요함을 강조한다. 북핵에 대응하기 위해서는 평시에 할 일이 있고, 전시에 할 일이 있다. 평시에 계획을 발전시켜야 할 분야가 있고, 역량을 갖추거나 확보해야 할 물자가 있으며, 훈련을 해서 몸으로 익혀야 할 부분도 있다. 전시에는 핵 공격을 받을 시 피해를 최소화하기 위해서 정부가 할 일이 있고, 군이 지원해야 할 일이 있으며, 국민이 개인의 생존을 위해 행동해야 할 일도 있다. 이런 사항을 제시해 조금이라도 국민의 피해를 최소화하는 데 기여하는 것이 이 책을 쓰는 목적이다.

제2장
핵무기 개관

제1절 핵무기란?

핵무기를 만들기 위해서는 핵물질(Nuclear Material)이 필요하다. 핵물질로는 우라늄(U)과 플루토늄(Pu)이 사용된다. 자연 상태에는 U-235와 U-238 두 가지의 우라늄이 존재한다. 우라늄을 채굴해 핵물질을 만드는 과정에서 산화우라늄(Yellow Cake)이라는 중간단계를 거친다.

〈그림 2-1〉 우라늄 광석과 정제된 산화우라늄 및 고농축우라늄
출처: https://www.google.co.kr(검색일: 2018. 3. 15).

천연우라늄 U-235(0.72%)에 포함된 핵분열 물질인 U-235의 조성비를 0.72%에서 3% 이상 높이는 작업이 농축(濃縮, Enrich)이며 20% 이상 농축시킨 우라늄이 고농축우라늄(Enriched Uranium)이다.[1] 이를 다시 90% 이상으로 농축해 핵무기로 사용한다.[2] 따라서 우라늄 농축시설만 있으면 우라늄탄 핵무기를 제조할 수 있으며, 핵실험은 필요하지 않다. 플루토늄은 천연우라늄을 핵연료로 원자로에 장전 후 원자로 가동 시 U-238이 핵반응을 거쳐 변화된 물질로, 재처리(再處理, Reprocess) 과정을 거쳐 추출한다. 플루토늄을 추출하기 위해서는 원자로 가동이 필수적이다. 따라서 재처리 시설이 있어야 하며, 핵실험도 필요하다. 핵무기를 제조할 시는 Pu-239 함량이 최소 93% 이상, Pu-240은 6.5% 미만으로 높은 순도를 유지해야 핵분열이 가능하다.

핵물질을 핵무기로 만들어 사용하기 위해서는 핵분열성 물질(Fissile Material)인 고농축우라늄과 플루토늄 외에도 핵물질을 폭발시키기 위한 기폭장치(起爆裝置, Detonation Devices), 그리고 이를 타격 목표지역으로 운반하기 위한 운반체계(運搬體系, Delivery System)인 미사일이나 폭격기 등이 필요하다.

핵무기와 원자력발전소의 차이점으로, 원자력발전소는 저농축우라늄을 중성자를 이용해 핵분열 반응을 천천히 일으켜 발생되는 에너지를 이용하는 것이지만, 핵무기는 고농축우라늄을 기폭장치를 이용해 일시에 폭발시켜 대규모의 에너지를 방출한다는 점이다. 우라늄 1g에서 방출하는 에너지는 석탄 3t에서 내는 에너지와 같다.

---

1) 농축비율을 20% 미만으로 농축한 우라늄은 저농축우라늄, 20% 이상으로 농축한 우라늄은 고농축우라늄으로 구분한다.

2) 원자력발전소에서 사용하는 핵연료는 3~5%로 농축시킨 저농축우라늄을 사용하기 때문에 핵폭발이 일어날 수 없다.

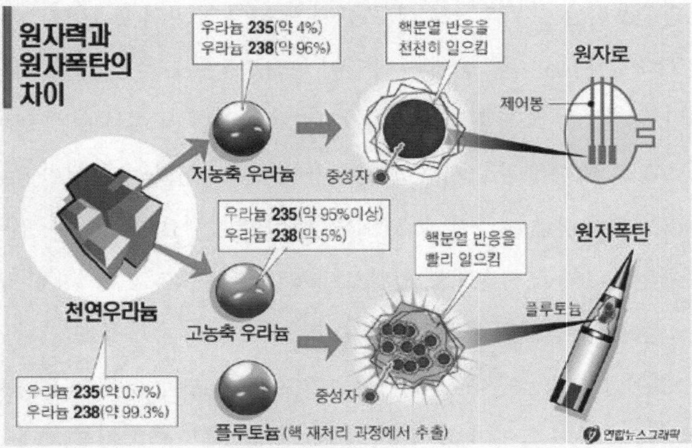

〈그림 2-2〉 원자력과 원자폭탄의 차이

출처: 연합뉴스(2004. 9. 3).

핵무기(核武器, Nuclear Weapon)와 재래식 무기(在來式 武器, Conventional Weapon)의 근본적인 차이는 폭발 시 발생하는 현상과 이로 인한 피해의 규모 및 범위에 있다. 재래식 무기는 폭탄(爆彈, Bomb)이나 포탄(砲彈, Shell) 내부에 충전된 고성능 폭약이나 소이제(燒夷劑, Incendiary) 등이 폭발할 시 발생하는 2,000~3,000℃의 열과 고속의 파편으로 인명의 살상이나 장비 및 시설 파괴, 국지적 화재 등을 유발한다.

반면에, 원자폭탄(原子爆彈, Atomic Bomb)은 핵분열(核分裂, Nuclear Fission), 수소폭탄(水素爆彈, Hydrogen Bomb)은 핵융합(核融合, Nuclear Fusion) 방식으로 폭발하면서 재래식 무기와는 비교할 수 없을 정도의 고온의 열과 폭풍 외에도 재래식 무기에는 없는 방사선과 낙진에 의한 장 · 단기 피해와 전자기파 피해를 유발한다. 또한 피해의 범위 및 규모는 핵무기 위력과 폭발방식 및 일기조건과 지형적 요건 등에 따라서 다르기는 하지만 재래식 무기에 비해 수만~수백만 배에 이를 정도로 크게 발생한다.

제2절 핵폭발 원리

핵무기는 핵물질이 연쇄반응(連鎖反應, Chain Reaction)을 일으켜 폭발하면서 방출하는 열과 폭풍 및 방사선, 전자기파로 인명살상과 시설 및 장비 등을 파괴하는 무기이다. 핵무기를 만들기 위해서는 핵물질, 중성자 발생장치, 고폭장치, 반사체가 있어야 한다. 이러한 물질과 장치를 갖춘다고 해서 핵물질이 핵무기가 되는 것도 아니고 아무 때나 폭발하는 것도 아니다. 핵물질이 폭발을 일으키기 위해서는 필요한 최소한의 질량, 즉 임계질량(臨界質量, Critical Mass)에 도달해야 한다. 따라서 평소에는 핵물질을 임계질량 이하로 2개 이상 분리해서 보관하다가 핵무기가 필요한 시기에 순간적으로 합쳐 임계질량 상태가 되도록 해야 한다. 국제원자력기구(IAEA)에서는 18kg의 고농축우라늄이나 약 6~8kg의 플루토늄이 있으면 원폭 한 발을 만들 수 있으며, 이 정도는 TNT 20kt의 위력을 낼 수 있는 것으로 판단하고 있다. 핵무기를 만들 시 우라늄이나 플루토늄 소요량은 반사체의 종류와 두께 등 설계에 따라 달라질 수 있다.

핵무기는 사용목적이나 용도 및 설계에 따라 0.1kt으로부터 수Mt에 이르기까지 다양하게 만들 수 있다. 핵 기술이 발전하면서 20kt의 위력을 내기 위해서는 플루토늄 8kg 중에서 1kg의 핵반응으로 충분하며 1kt의 위력을 얻고자 한다면 56g만 완전히 핵분열을 일으키면 된다.[3)]

핵물질을 핵무기로 사용하고자 임계질량에 도달토록 하기 위한 장치가 기폭장치이다. 기폭장치를 폭발시켜 핵물질이 임계질량에 도달 시에 순간적으로 결합하면서 동시에 최초 연쇄반응을 위해 중성자(中性

3) 국방부, 『대량살상무기에 대한 이해』, 소랑, 2007, p. 68.

子, Neutron)가 방출된다.[4)]

핵폭발 방식에는 포신형(대포형 배열방식)과 내폭형이 있다. 포신형(압축형 배열방식)은 히로시마 핵 투하 시 사용된 우라늄탄을 폭발시키는 데 사용된 방법이다. 내폭형은 주로 플루토늄탄을 폭발시키는 데 사용되며, 나가사키에 투하된 핵무기가 플루토늄탄이었다.

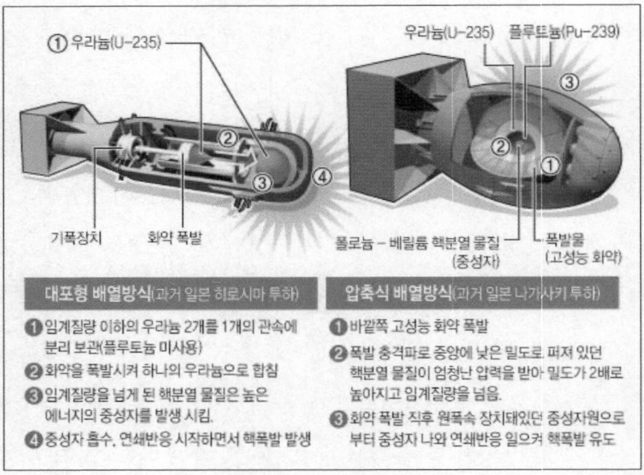

〈그림 2-3〉 원자폭탄 연쇄반응 폭발방식

출처: 연합뉴스(2013. 2. 6).

핵무기 폭발방식에는 공중 폭발(空中爆發, Air Burst)과 지표면 폭발(地表面 爆發, Surface Burst) 및 지하 폭발(地下爆發, Underground Burst)이 있다. 공중 폭발은 핵무기가 지표면에 접촉되지 않은 상태에서 폭발하는 것이며, 히로

4) 국방부, 『대량살상무기 문답백과』, 신오성기획인쇄사, 2004, p. 36; 국방부, 앞의 책, 2007, p. 66. 최근 들어 저강도 핵무기에 대한 언급이 자주 나오고 있다. 저강도(또는 저출력, Lowyield) 핵무기는 폭발력이 낮은 핵무기로 특정한 표적을 타격해 피해를 주기 위해서 개발하는 무기이며, 그 위력은 수십kt 이내이다. 전략핵무기를 사용할 경우 엄청난 파괴력을 동반하기 때문에 그 피해를 줄이기 위해 사용한다.

시마와 나가사키 핵 투하 시 적용됐다. 이 방식은 위력이 가장 크게 발생하며, 낙진이 발생되지 않고, 감응방사선 오염지역이 생성된다.

지표면 폭발은 핵무기가 지표면에 접촉되어 폭발하는 형태이며, 지상에 큰 폭파구가 형성되고 낙진에 의해 넓은 지역이 오염되며 감응방사선은 무시된다. 지하 폭발은 핵무기를 지표면 아래나 수중에서 폭발시키는 것이며, 건축물 파괴에 유리하고 낙진이 생성되나 열 복사선과 폭풍효과는 감소한다. 각각의 폭발방식에 따라 피해효과가 다르기 때문에 의도하는 바에 따라 폭발방식을 달리할 수 있다.

〈그림 2-4〉 핵무기 폭발 형태(왼쪽으로부터 공중 폭발, 지표면 폭발, 지하 폭발)

제3절 핵폭발 효과[5]

핵무기가 폭발할 시는 핵물질이 가진 전체 에너지의 99%를 수백만 분의 1초라는 극히 짧은 시간에 방출한다. 이로 인해 즉각 효과와 지연 효과로 피해가 발생한다. 이 가운데 열 복사선(熱輻射線, Thermal Radiation, Heat)

5) 박계호, "북핵위협대비 군사 및 비군사분야 연계 대응방안 연구", 『국방정책 및 군사전략』, 국방대학교, 2017, pp. 249~256 인용 및 수정.

과 폭풍(暴風, Blast) 및 방사선(放射線, Radiation), 전자기파는 즉각 피해를 유발한다. 지연효과는 핵폭발 이후 짧게는 수 시간으로부터 길게는 수년간에 걸쳐 방사선이나 낙진으로 인명과 환경에 피해를 유발한다.

〈그림 2-5〉 핵실험(1946. 7)

출처: http://www.huffingtonpost.kr(검색일: 2016. 2. 10).

먼저 열 복사선으로 인한 피해의 발생이다. 핵폭발 시 발생하는 열 복사선은 빛의 속도로 전파되면서 폭풍에 앞서 온다. 핵폭발 시는 2개의 열파가 발생한다. 제1파는 1/10~2/10초로 짧은 시간 동안 지속된다. 제2파는 20여 초간 지속되며 열에너지의 99%를 동반하고, 피부와 안구 화상 및 화재 등을 유발한다. 핵폭발 시 열로 인한 피해효과는 통상 전체 피해의 35% 정도를 차지한다.

핵폭발 시 발생하는 섬광(閃光, Flash of Light)을 직접적으로 볼 경우 수 분에서 2~3시간 일시적 실명(失明, Flash-blindness)이나 망막의 영구손상을 유발할 수 있다. 히로시마 원폭 피폭 시는 1명이 영구적으로 실명(永久失明, Permanent Retinal Burn)을 했다는 보고가 있다.[6]

핵폭발 시 피폭지역 인근에서는 지표면의 온도가 4,000~5,000℃에 도달한다. 금의 녹는점(熔融點, Melting Point)이 1,063℃, 은이 960℃, 철이 1,535℃임을 감안한다면 핵폭발 시 얼마나 높은 온도가 지표면에서 발생해 인체에 피해를 주는지 알 수 있을 것이다. 히로시마와 나가사키 피폭 시 많은 인원이 이러한 고온으로 심각한 피해를 입었다. 열 복사선으로 인한 화상피해 양상은 피폭거리와 은폐 및 엄폐 정도에 따라 다르며, 현장에서 즉각 사망으로부터 1~3도의 화상을 입는다.

〈표 2-1〉 핵폭발 시 화상 증세

구분	증세/양상
1도 화상 (표재성 화상)	• 표피(表皮)층만 손상된 상태로 화상, 부상부위에 홍반(紅斑) 생성 • 높은 온도에 순간적 접촉 또는 노출 시 발생 • 48시간 경과 시 없어지며, 자연적으로 치유 가능
2도 화상 (부분층 화상)	• 표피의 전 층과 진피(眞皮)의 상당부분 손상 • 섬광, 화염, 기름 등에 의해 발생 • 물집이 생기고 피하조직 부종 동반, 감염 가능성이 높아짐
3도 화상 (전층 화상)	• 화염, 증기 등 고온의 열에 의해 발생 가능 • 표피 및 진피의 전 층과 피하지방(皮下脂肪)층까지 손상 발생 • 조직 괴사, 쇼크(Shock)에 의한 사망 발생 가능 등

열 복사선은 또한 가연성 물체인 목재와 가구, 삼림, 가스, 유류, 화공약품 등을 불태우면서 2차 피해를 야기한다.[7] 특히 대부분의 아파트나 가옥에서 가스를 사용해 난방과 요리를 하고 있고 주유소와 가스 충전소도 많은 만큼 핵폭발 시 발생하는 고열로 인해 대규모의 폭발과

6) CRESSON H. KEARNY, *NUCLEAR WAR SURVIVAL SKILLS: UPDATED AND EXPANDED 1987 EDITION,* Oregon Institute of Science and Medicine, 1987, p. 44.

7) http://atomicarchive.com(검색일: 2017. 9. 1).

화재가 발생할 가능성이 크다.[8] 아파트나 가옥, 각종 건물에서 사용된 많은 내장재는 열에 약해 화재가 발생할 때 유독가스를 내뿜으면서 2차적으로 인명피해를 확대시킬 수 있다. 핵폭발 시는 이런 모든 현상이 발생하면서 핵폭발 당시 1차적으로 심각한 피해를 입은 가운데 2차적으로 피해를 가중시킬 가능성이 크다.

일반적으로 20kt의 핵무기가 폭발할 시 열 복사선은 화구로부터 약 2.5㎞ 이내의 모든 가연성 물질을 연소시키고, 4㎞ 이내의 거리에 위치한 인원에게는 경미한 화상을 입히며, 16㎞ 밖에 있는 인원도 열을 느낄 수 있다. 건물은 고열에 의해 철강재가 휘는 등으로 내구성이 약화된다. 이런 가운데 거센 폭풍에 의해 건물이 파괴 및 붕괴된다. 열 복사선으로 인한 피해는 기상에 의해 영향을 많이 받으며, 눈 또는 비가 오거나 안개나 구름이 있으면 그 효과는 감소한다.

핵무기가 폭발하면 폭심지 상공으로 '화구(火球, Fireball)'라 불리는 붉은 불덩어리가 생기면서 올라간다. 화구는 핵폭발 시 100만분의 1초에 발생하며, 내부 온도는 수백만 도에 달한다. 화구는 폭발 즉시 커지기 시작하면서 내부의 온도는 떨어진다. 화구가 커지면서 기온이 떨어지고 주변의 공기들이 응축되면서 내부의 물질들과 같이 버섯구름(Mushroom)을 만든다. 화구는 처음에는 붉은색을 띠다가 점차 흰색이나 회색으로 변한다. 버섯구름은 물방울이나 방사능 입자를 띤 물질들로 구성되며 기상조건에 따라 다르기는 하나 통상 지상으로부터 5~8마일(8~13㎞) 높이에 도달하면 주변으로 확산된다. 버섯구름은 폭발 후 10분여 경과한 뒤 최고도에 도달하며 이후 안정된 상태를 1시간 정도 유지

---

8) 육군본부, 참고교범-5-21, 『핵 및 화생방 방호』, 국군인쇄창, 2015, pp. 1-3.

하다가 자연 구름에 합쳐진다.

지표면 폭발의 경우에는 구름 속에 다량의 먼지나 작은 파편(화구가 지표면에 접촉할 때 증발한 물질이나 그 후 발생하는 강한 상승기류에 의해 딸려 올라온 물질 등)이 포함되어 있다. 이들 먼지와 작은 입자들은 방사성 물질에 오염돼 낙진(落塵, Fallout)이 되어 지상으로 떨어지며, 인체에 흡수될 시 피해를 준다.

화구는 주변 공기를 급속히 팽창시켜 순간 시속 1,000㎞에 이르는 핵 폭풍이 발생한다. 이 폭발은 엄청난 양의 산소를 태워버리며, 이에 따라 대류가 상승해 피폭 원점(被爆原點, Hypocenter, Ground Zero)은 일시적으로 진공(眞空, Vacuum)상태가 된다. 곧이어 진공상태를 메우기 위해 주변의 공기가 엄청난 속도와 압력으로 빨려들면서 시속 400㎞ 안팎의 폭풍이 주변의 모든 것을 쓸어버린다.

핵폭발 시 발생하는 수백만 도의 고온은 폭발지점의 공기를 급격히 팽창시켜 충격파를 발생시킨다. 이 충격파가 통과할 때 강풍이 발생한다. 이 폭풍은 정압(靜壓, Overpressure)과 동압(動壓, Dynamic Pressure)으로 이루어져 있다. 이 폭풍은 음속보다 빠른 속도로 직진하거나 회전 방향을 바꾸면서 인체를 공중으로 날리거나 건물을 파괴 또는 붕괴시키는 등의 피해를 준다.

충격파에 뒤이어 강력한 폭풍이 사방으로 확산되는데 이때의 풍속은 태풍의 100배나 되는 초당 3,200m로 엄청나게 빠른 강풍에 의해 건물과 수목을 전도 및 파괴시키고 사람은 공중으로 날려 보낸다. 뿐만 아니라 건물이 파괴 및 붕괴되는 과정에서 발생한 콘크리트 조각이나 유리 파편 등 건물의 비산물이 마치 총알처럼 빠른 속도로 날아가 인체에 심각한 부상을 입힌다. 핵폭발 시 발생하는 물리적 피해의 대부분은 모두 폭풍에 의해 발생한다. 폭풍은 열 복사선에 의해 가연성 물질에

〈그림 2-6〉 핵폭발 후 열과 폭풍으로 파괴되는 건물[9]

출처: https://www.wired.com(검색일: 2018. 2. 10).

불이 붙으면 더욱 빠른 속도로 확산시키는 역할도 한다.

핵폭발 시는 방사선이 방출된다. 방사선은 초기 방사선(初期放射線, Initial Nuclear Radiation)과 잔류방사선(殘留放射線, Residual Nuclear Radiation)으로 구성되며, 이로 인한 피해는 핵폭발 시 발생하는 피해의 15%(초기 방사선: 5%, 잔류방사선: 10%) 정도이다. 초기 방사선은 핵폭발 후 1분 이내에 발생하는

9) 이 사진은 1953년 4~6월간 미국 네바다주에서 실시된 핵실험 장면이다(Operation Upshot-Knothole). 건물은 지상원점으로부터 3,500피트(1,100m) 떨어진 곳에 설치됐다.

방사선으로, 이때 알파(α)선과 베타(β)선 및 감마(γ)선과 중성자(n)가 방출된다. 알파선과 베타선은 투과력이 약해 인체에 미치는 영향이 경미하나, 감마선과 중성자는 인체 투과력이 강하기 때문에 치명적인 피해를 입힌다. 방사선으로 인한 피해는 지하시설이나 콘크리트 건물 내부에 있을 시 감소시킬 수 있다.[10] 물질별 방사선 방호능력은 차이가 있기 때문에 가능하다면 방호능력이 큰 물질을 방호시설로 사용하면 효과적이다.

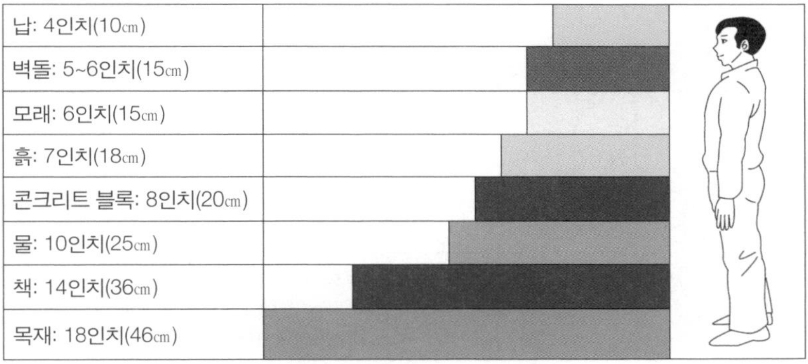

〈그림 2-7〉 물질별 방사선 투과력

출처: Federal Emergency Management Agency, *Protection in the Nuclear Age*, Washington, D. C, 1985, p. 18.

위의 그림은 핵폭발 시 발생하는 방사선으로부터 인체를 방호할 수 있는 물질의 두께를 의미하는 것으로, 예를 들어 납(Pb)은 약 4인치(10cm)의 두께를 갖는 넓은 물체가 있으면 인체가 방호될 수 있다는 것이다. 그러나 현실적으로는 국민들이 4인치의 일정한 두께와 면적을

10) The US Government Printing Office, *The United Strategic Bombing Survey: The Effect of Atomic Bombs on Hiroshima and Nagasaki,* The US Government Printing Office, June 30, 1946, p. 38.

갖춘 납으로 된 물체로 핵폭발 시 발생할 방사선으로부터 인체를 보호한다는 것은 쉬운 일이 아니다. 따라서 대중적인 방법으로, 주변의 모래나 흙을 이용해 방호벽을 만들거나 두꺼운 콘크리트 건물 안으로 대피할 시 방사선으로부터 보호받을 수 있다.

히로시마 핵 피폭 시 피폭 원점으로부터 3,600ft(1,000m) 떨어진 철근 콘크리트 건물에 있었던 사람은 감마선 피해를 입지 않았으나 목재 빌딩에 있었던 사람은 피폭됐다는 보고가 있다. 노출된 감마선에 의한 피해 증상은 다음과 같다.

〈표 2-2〉 노출된 인원에 대한 감마선 피해 효과

노출선량(cGy)	초기 증상[11]	증 상
0~75	장시간 5% 미만 발생	• 임무 수행 지장 없음
125	6시간 내 5% 발생	• 구토, 어지러움 등의 발생 • 임무 수행 약간 지장
650	2시간 내 5% 발생	• 수일간 증상 지속 • 2~6일 입원치료 요망 • 16일 이내 50% 이상 사망
2,000~3,000	5분 내 100% 발생	• 30~40분 동안 즉각 무능화 • 임무 수행 불가 • 17일 이내 100% 사망
8,000	5분 내 100% 발생	• 즉각적으로 영구 무능화 • 회복 및 임무 수행 불가 • 1~2일 내 100% 사망
18,000	즉각 100% 발생	• 즉각적으로 영구 무능화 • 24시간 이내 100% 사망

출처: 육군본부, 앞의 책, pp. 1-6.

11) '초기 증상'은 인체에 흡수된 감마선 선량에 따라 구토 및 어지러움, 혼수상태, 기억착란 등의 즉각적인 증상이 발생하는 것을 말한다.

잔류방사선은 핵폭발 1분 이후부터 계속 방출되는 방사선으로, 방사능 낙진과 감응방사선(感應放射線, Induced Fallout)이 있다. 감응방사선이란 핵폭발 시 방출된 중성자(n)가 지상 토양의 나트륨(Na)과 알루미늄(Al) 및 망간(Mn), 철(Fe), 칼륨(K) 등에 흡수되어 방사성 물질처럼 알파선과 베타선을 방출하는 것을 말한다. 핵폭발 이후 화구의 초고온에 의해 증발된 핵분열 물질, 핵분열하지 않은 물질, 무기의 파편 등은 0.01~20μm(마이크로미터) 정도의 아주 미세한 초미립자를 만든다. 이들 미립자(微粒子)에는 Sr(스트론튬)-90과 Ce(세슘)-137과 같은 방사성 물질이 포함되어 있다.

〈그림 2-8〉 낙진위험 예측도와 방사능 입자 낙하

출처: 왼쪽사진 https://nuclearsecrecy.com/nukemap, 오른쪽 사진 http://www.rdrop.com/~jsexton/cd/fallout/ (검색일: 2018. 3. 20).

이들 미립자는 성층권(成層圈, 지상으로부터 10~50km 상공)으로 상승해 바람에 의해 확산되면서 짧게는 몇 주로부터 길게는 몇 개월 또는 몇 년에 걸쳐 지상으로 떨어진다. 낙진에 포함된 방사성 입자가 인체에 흡수되면 〈표 2-3〉에서 보는 바와 같은 피해가 발생한다.

〈표 2-3〉 낙진에 포함된 입자가 인체에 미치는 피해

구 분	반감기	피해 효과
Strontium 90	28년	뼈에 축적, 종양 및 백혈병, 혈관계통 문제
Iodine 131	8.1일	갑상선 질환
Cesium 137	30년	유전자 피해, 생식선 계통 문제
Plutonium 239	24,400년	골수와 폐에 종양 야기

출처: http://atomicarchive.com, p. 18(검색일: 2017. 7. 1).

핵폭발 직후부터 낙진이 떨어지기까지는 10여 분의 여유가 있다. 낙진 피해를 예방하기 위한 가장 좋은 방법은 빠른 시간에 대피능력을 갖춘 지하시설로 대피하는 것이며, 그럴 시간적 여유가 없거나 지하실 공간이 없으면 아파트 같은 곳에서는 중심부분으로 가서 정부의 방송을 듣는 것이 보다 안전하다. 시간이 가능하다면 낙진이 떨어질 수 있는 곳으로부터 인체를 보호할 수 있는 안전한 지역으로 대피하는 것이 좋다.

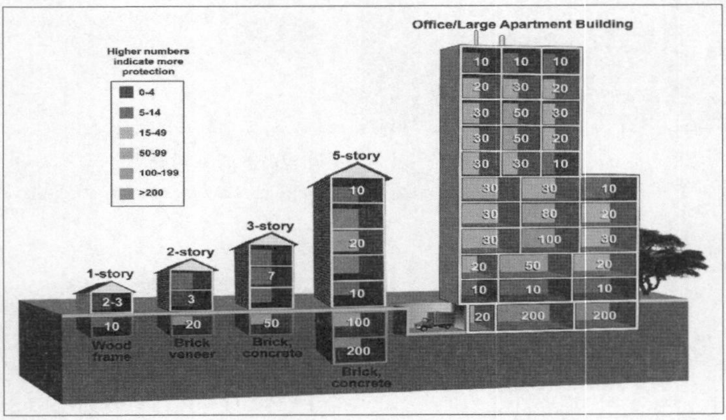

〈그림 2-9〉 건물 층별 낙진피해 감소율

출처: Elizabeth H. Donnelly, et al, *Medical Planning and Response Manual for Nuclear Detonation Incidence: A Practical Guidance*, United States Department of Health and Human Services, 2011, p. 56.

〈그림 2-9〉는 핵폭발 시 수치가 높은 곳이 그만큼 낙진으로부터 안전도가 높다는 것을 의미한다. 가급적 지하로 대피하는 것이 바람직하지만 그럴 시간적 여유가 없거나 지하실이 없다면 위의 그림이 보여주는 곳일수록 안전도가 높다는 것을 알고 대피하는 것이 좋다. 일반적으로 지상보다 지하, 작은 가옥보다 아파트, 목조건물보다 강화 콘크리트 건물이 대피소로 유용하다.

핵폭발 이후 방사능 낙진이 떨어질 시 차량에 있다면 완전히 밀폐해야 하며, 대피 시 우의나 비옷 등을 이용해 낙진이 최대한 몸에 묻지 않도록 하는 것도 피해를 조금이나마 줄일 수 있는 한 가지 방법이다.

낙진이 인체에 흡수될 시 피해의 정도는 흡수량에 의해 다르며, 세포나 조직을 변화시켜 세포분열과 변이 및 조직 파괴 등의 현상을 유발한다. 이때 조기에 나타나는 장해와 오랜 기간이 지나면서 나타나는 장해가 있다. 조기에 나타나는 장해로는 구토와 전신 권태, 임파구 증가,

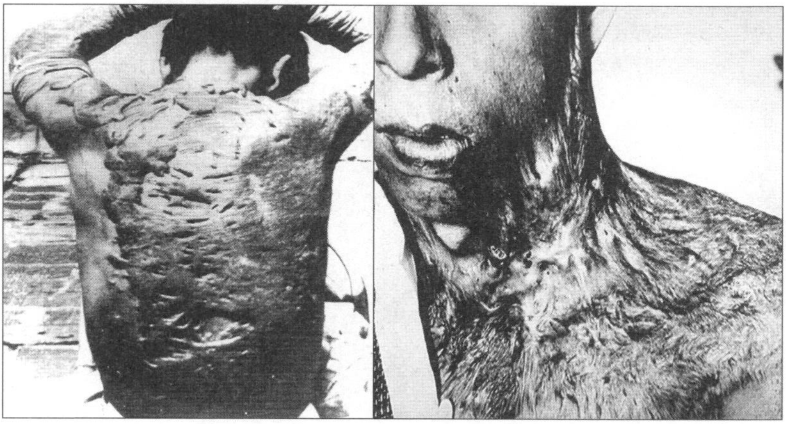

〈그림 2-10〉 핵폭발로 인한 켈로이드 현상

출처: https://www.google.co.kr(검색일: 2018. 3. 15).

백혈구 감소, 피부의 색소침착, 탈모, 홍반 등이 있다. 오랜 기간에 걸쳐 발생하는 장해에는 유전자 변이, 생식기 장애, 노화현상, 발암, 수명 단축, 악성 빈혈, 백혈병, 적혈구 감소, 혈소판 감소, 피부의 켈로이드(萎縮白斑, Keloids) 등이 있으며, 짧게는 2~3년으로부터 길게는 10년 뒤에도 나타난다.

20kt의 핵무기가 표면 폭발 시 형성되는 낙진에 의한 피해 범위는 폭발지점으로부터 4.2㎞의 원자운 반경 크기의 원형 지역과 바람 부는 방향으로 좌우 20°씩 확장되며 중심으로부터 약 15㎞ 이내 지역에는 '심각한 오염지역'이 형성된다. 이 지역에서 4시간 이내에 150rad 이상의 방사선을 받게 되며 이 정도의 방사선을 받게 되면 5% 이상의 인원이 사망한다. 폭발지점으로부터 15㎞에서 30㎞ 이내 지역에는 '상당한

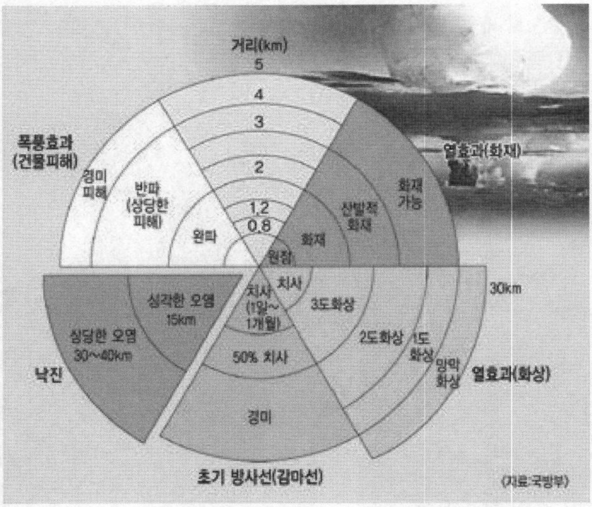

〈그림 2-11〉 20kt 핵폭발 시 피해 범위도

출처: 국방부(2018. 2. 10).

오염지역'이 형성된다. 이 지역에서는 4시간 내에 150rad 이하, 24시간 내에 50rad 이상의 방사선을 받게 되며, 50rad 이상의 방사선을 받게 되면 2.5% 이상의 사람들이 사망한다. 이 잔류방사선 지역에 장시간 체류하면 더 많은 방사선이 인체에 흡수되면서 사망에 이르게 된다.

낙진은 투하된 핵무기의 위력이나 폭발방식, 피폭지점 지상의 토질, 바람의 방향과 속도 등 기상조건에 의해 영향을 받기 때문에 예측하기가 어렵다. 지표면에 가까운 폭발일수록 낙진의 위험이 크다.[12] 방사선은 눈으로 볼 수 없으며 냄새도 없는 등 인간의 감각기관으로는 확인할 수 없음을 알아야 한다.

〈표 2-4〉 핵폭발 방식에 따른 위협의 크기

구 분	위협순위
열	지하 폭발 〈 지표면 폭발 〈 공중 폭발
폭 풍	지하 폭발 〈 지표면 폭발 〈 공중 폭발
초기 방사선	지하 폭발 〈 지표면 폭발 〈 공중 폭발
낙 진	공중 폭발 〈 지하 폭발 〈 지표면 폭발

낙진으로부터 인체 방호는 피폭거리로부터 멀리 이격되거나 인체를 지켜줄 방호물이 있으며, 시간이 지날수록 안전하다. 지하시설은 방폭문 등이 준비되어 있을 때가 없을 때보다 안전하다. 또한 낙진이 떨어지면 무겁고 밀도가 높은 물질, 예컨대 두꺼운 납으로 된 방호물이 있거나 벽이나 콘크리트로 가려진 곳일수록 안전하다. 낙진은 핵폭발 직후 이른바 '7-10 법칙(7-10 Rule)'에 따라 7시간마다 1/10씩 감소하며, 2주

12) http://atomicarchive.com, p. 17(검색일: 2017. 9. 1).

가 지나면 현저히 줄어든다.[13] 낙진의 80%는 핵폭발 직후 24시간 내에 발생한다. 대피시설에는 이 기간을 보낼 수 있는 물자를 준비해놓는 것이 좋으며, 핵폭발 직후에는 정부방송을 들으면서 무엇을 할지 어디로 가야 할지 등을 판단해야 한다.[14]

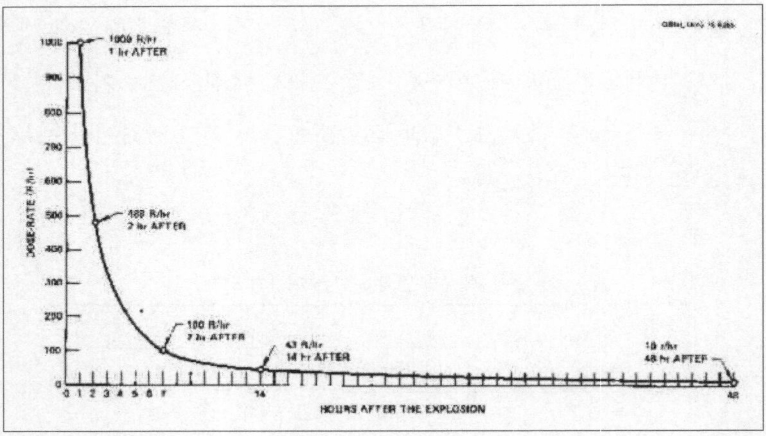

〈그림 2-12〉 핵폭발 직후 방사선 감소속도

핵폭발 직후에는 고강도의 방사선이 나오는 만큼 대피시설에 머물러야 한다. 7시간이 경과하면 방사선 양은 1/10로 줄어든다. 만약 핵폭발 1시간 뒤 방사선 양이 1,000뢴트겐이면 7시간 뒤에는 1/10로 감소되면서 100뢴트겐이 되고, 다시 49시간이 되면 10뢴트겐으로 줄어든다. 약 2주가 지나면 방사선 양은 1/1,000의 수준으로 하락한다. 가능하다면 핵 대피소에 2주간 생존할 물자를 준비해놓을 것을 권하는 것은 바로 이러한 이유 때문이다.

---

13) Federal Emergency Management Agency, op. cit., pp. 5~6.

14) FEMA, *Are You Ready: An In-depth Guide to Citizen Preparedness,* 2004, pp. 165~168.

〈표 2-5〉 핵폭발 직후 시간경과에 따른 방사선 감소량(7-10 법칙)[15]

핵폭발 직후 시간경과	방사선 감소량	방사선 양
1		1,000 R/hr
7(1*7)	1/10	100 R/hr
49(7*7)	1/100	10 R/hr
343(7*49)	1/1,000	1 R/hr

그 외에 핵폭발 시 강력한 에너지를 띠는 전자가 발생하고 이것이 진동운동으로 대기 중으로 퍼지면서 전자기파(電磁氣波, EMP: Electromagnetic Pulse)가 발생한다. 이것이 전자회로로 들어가 전류가 되면서 과전류 상태로 돼 전자기기가 마비된다. 전자기파가 IT 기반시설의 핵심설비를 파괴하면서 전자장비나 유도무기 등의 군사장비 가동을 중단시킴으로써 군사작전 수행에 막대한 영향을 미친다. 피해는 여기에서 그치지 않고 통신, 방송, 인터넷, 금융, 교통 등 산업 전반에 걸쳐 막대한 피해를 입히면서 경제에도 커다란 영향을 미친다. 1961년 소련이 고고도에서 6Mt의 핵실험을 했을 때 미국의 알래스카에서 조기경보 레이더와 반경 4,000km 내의 장거리 고주파 통신이 하루 이상 단절된 적이 있다.[16] 또한 1962년 태평양에서 1.45Mt의 수폭을 탑재한 핵탄두를 지상 400km에서 폭발실험을 실시(일명 'Starfish Prime' 프로그램)하자 핵 실험장에서 800km나 이격한 곳에서는 관측 장비가 파손됐고 1,300km 이격된 하와이에서 통신망 두절, 가로등 파괴, 통신망 두절 외에 인공위성 일부 작동 불능 등의 현상이 발생했다.[17]

---

15) Federal Emergency Management Agency, op. cit., pp. 5~6.

16) 이춘근 · 김종선, 「고고도 핵폭발 피해 유형과 방호 대책」, 과학기술정책연구원, 제189권, 2016, p. 12.

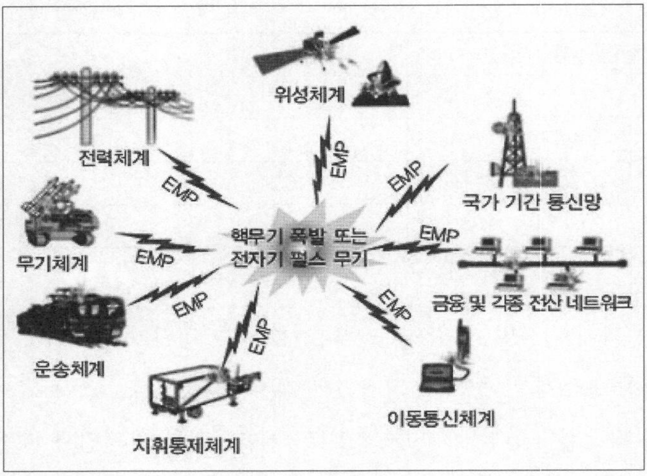

〈그림 2-13〉 핵폭발 시 전자기파에 의한 피해 발생

출처: http://www.di-focus.com(검색일: 2018. 3. 15).

핵폭발 시 발생하는 피해현상은 이와 같이 열 복사선과 폭풍, 방사선 및 전자기파 등의 형태로 나타나며 그로 인한 범위 및 규모는 폭발 방식이나 위력 등 조건에 의해 매우 다양하게 발생한다. 일반적으로 핵무기가 폭발할 시 발생하는 피해를 요약하면 다음의 〈표 2-6〉과 같다.

17) http://www.ctbto.org/special/testing-times/9-July-1962starfish-prime-outer-space(검색일: 2017. 9. 1).

〈표 2-6〉 핵폭발 시 발생현상 및 피해(요약)

구분	현상 및 피해양상
열 복사선	• 수백만 도의 열 발생 • 열 및 섬광에 의한 피해(사망~화상, 실명, 망막 손상 등) • 가연성 물질 화재와 폭발 야기(가스, 유류, 수목 등) • 고온의 열로 구조물 강재 휨 현상 발생으로 건물 붕괴 초래 등 ※ 핵폭발 시 피해의 35% 발생
폭풍	• 충격파 및 1·2차 충격파 발생 • 인원, 시설, 장비, 물자 등에 피해 발생 • 건물, 시설물 붕괴 시 사망 또는 부상 야기 • 비산물(건물, 유리 파편 등)에 의한 2차 피해 야기 ※ 핵폭발 시 피해의 50% 발생
방사선, 낙진	• 초기 방사선 및 잔류방사선 발생 • 인체 피폭량에 따라 다양한 증세 발생(사망~장기치료, 기형아) • 감응방사선 발생: 광범위 오염지역 형성 • 방사능 낙진(죽음의 재): 지역오염, 생물체 피해 야기 ※ 핵폭발 시 피해의 15% 발생
전자기파	• 전자기기 파손 및 작동 방해, 오작동 초래 - 군: 전력·통신, 유도무기, 감시 및 정찰장비 등 - 민간: 교통, 통신, 인터넷, 금융, 전력 등 • 공중 폭발 시 정전 유도 등

열 복사선과 폭풍, 방사선에 의한 인체의 피해는 피폭 당시 지상에 노출된 상황이나 지하시설 등 어디에 있었는지, 핵 방호능력을 가진 시설 또는 임시적 시설 등 어떻게 방호된 시설에 있었는지, 엄폐 및 은폐 정도, 피폭거리 등에 따라 다음의 〈표 2-7〉에서 보는 바와 같이 안전한 상황으로부터 사망에 이르기까지 다양하게 발생한다.

환자의 상태도 다양하게 발생한다. 핵 피폭 이후 즉시 여하한 응급치료에도 불구하고 곧 사망할 사람으로부터 심각한 화상이나 부상 및 방사선 피폭으로 인해 즉각적인 응급치료와 더불어 장기적인 치료

〈표 2-7〉 핵폭발 시 발생하는 인명피해 유형

구분	안전	부상			사망
		단일요인	2중 요인	3중 요인	
유형	경미한 부상, 안전	화상, 부상, 방사선 피폭	화상+부상, 화상+방사선 피폭 부상+ 방사선 피폭	화상+부상 +방사선 피폭	사망
비고	약간의 치료	부상 정도 및 적시 치료 유무에 따라 생존 또는 사망, 중·장기적인 치료 요구			즉각, 지연

가 필요한 사람, 적시에 적절한 치료만 제공되면 생존에 지장 없이 회복할 수 있는 사람, 경미한 부상만 입어 생명에는 전혀 지장 없이 일상적인 생활로 곧 복귀할 수 있는 사람, 지하실 등으로 대피함으로써 아무런 부상을 입지 않은 사람 등이 발생한다.

심지어는 신체에 과도한 방사선이 피폭됐음에도 핵 공격 당시에는 외관상 아무런 피해 흔적도 없고 당장 신체적인 이상 증세가 없자 아무 이상이 없는 것으로 알고 부상자 구조 등의 활동에 참여했다가 며칠 뒤 구토와 설사, 빈혈, 탈모 등의 방사선 피폭 증세가 나타나고 악화되면서 사망할 수도 있다. 이는 히로시마에서 발생한 일이며, 실제 핵 피폭 시 발생 가능하다. 따라서 핵 피폭 당시에는 외관상 아무런 부상을 입지 않았다고 할지라도 피폭지역에서 있었던 사람들에 대해서는 면밀한 관찰과 이상 증세가 나타날 시 조치가 필요하다.

히로시마에서는 피해의 60%가 화상, 20%가 부상, 20%가 방사선에 의한 것으로 알려지고 있지만, 그 피해는 복합적으로 작용해 발생했으며, 사망자의 절반 이상이 치사량의 방사선을 받은 것으로 알려지고 있다.[18)]

이렇게 다양한 증세를 보이는 부상 또는 피폭환자들이 대규모로 발생한 상황에서 모든 환자를 병원에 입원시키고 치료하기에는 화상이나 방사선 치료의사 및 간호사 등의 전문 치료인력이나 특수병원과 특수장비와 약품의 부족, 이들을 입원시킬 전문시설의 부족 등 모든 분야에서 그 역량이 제한적일 수밖에 없다. 따라서 환자의 형태와 부상 위치와 상태, 중증 및 경증 등 환자의 상황과 치료 시 생존 가능성, 전문 치료인력과 장비와 약품, 병원의 수용능력 등 제반 상황을 고려해 적절히 분류하고 치료하기 위한 방침과 계획이 평시에 수립되어 있어야 한다.

경우에 따라서는 수천 도의 열로 심각한 화상을 입거나 폭풍으로 인한 골절상 등의 부상을 입을 경우, 또는 과도한 방사선 피폭으로 고통이 극심하면서 여하한 치료에도 불구하고 회복이 불가능하다고 판단되는 환자는 고통을 줄여주기 위해 안락사를 시켜야 할 상황도 발생할 수 있다. 히로시마에서는 원폭 피폭 시민들 가운데 일부가 심각한 화상을 입으면서 고통을 참기가 어려워지자 그대로 강물로 투신하는 등 자살을 택했다는 사례가 적지 않은 만큼 이러한 상황도 염두에 두어야 한다. 핵 피폭 시는 이러한 상황이 발생할 수 있음을 감안, 의료진의 조언을 들어 중증 및 경미 부상자 등을 처리할 방침을 미리 설정해놓되, 실제의 시행은 당시의 상황을 보아가면서 하면 될 것이다.

핵무기는 대량살상무기로 그 위력과 폭발형태 및 당시의 기상여건 등에 따라 피해 규모와 범위는 다르기는 하지만 대규모의 피해를 동반한다. 따라서 특정한 표적만 타격하고자 한다면 종래의 핵무기로는 원치 않은 피해를 초래할 수 있다. 근래에는 이러한 피해를 줄이면서 핵무기를 사용하는 목적을 달성하고자 저강도(低强度, Lowyield) 핵무기가

18) 국방부, 『대량살상무기에 대한 이해』, p. 70.

개발되고 있다. 일반적인 핵무기를 사용할 경우, 그 피해가 대규모로 발생하기 때문에 특정한 표적만 선별적으로 타격해 인명피해를 최소화하면서 목적을 달성하려는 것이다.

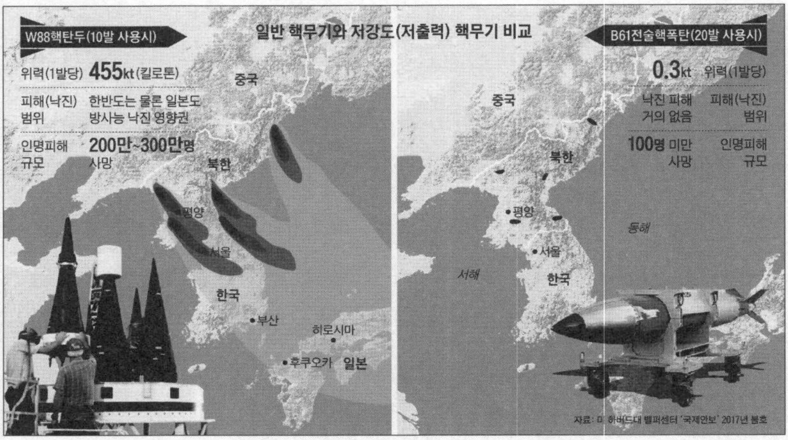

〈그림 2-14〉 일반 핵무기와 저강도 핵무기[19)]

출처: 『조선일보』(2018. 1. 12).

위의 그림은 한 발당 위력이 455kt인 W88 핵탄두를 열 발 사용할 경우, 인명피해가 200~300만여 명에 달하며, 낙진은 한반도는 물론 일본도 영향권에 들어가면서 광범위한 피해가 발생한다. 반면에 한 발당 위력이 0.3kt의 B61전술핵폭탄을 북한의 핵시설 5곳을 선정해 타격할 경우, 낙진 피해 없이 아주 적은 100명 미만의 피해로 목표물을 파괴할 수 있다.

---

19) 유용원, "저강도 핵무기로 북핵시설 5곳 타격 땐: 인명피해 100명 선 작전가능"(『조선일보』, 2018. 1. 12). 예를 들어 저강도의 전술핵무기인 0.3kt의 B61은 정확도가 30m 이내로 땅속으로 100m 이상을 뚫고 들어가 지하벙커를 파괴하며 낙진을 최소화하고, 인명피해도 극소화할 수 있다.

제3장
1945년 8월의 히로시마

제1절 아시아-태평양 지역 전투의 발발 및 전개

1. 일본군의 진주만 기습과 태평양전쟁의 발발[1)]

'메이지 유신(明治維新)'의 성공으로 국력을 나날이 확대한 일본은 청나라와 조선에 대한 주도권을 놓고 벌인 청일전쟁(清日戰爭, 1894. 6~1895. 4)에서 승리하면서 조선에서 영향력을 강화하기 시작했다. 한편 만주와 조선에서 영향력 강화를 시도하던 러시아가 점차 세력을 확대하자 일본은 러시아와 결전이 불가피한 것으로 생각해 마침내 러시아에 전쟁을 선포함으로써 러일전쟁(露日戰爭, 1904. 2~1905. 9)을 했다. 이 전쟁에서는 일본이 열세할 것이라는 국제적인 전망과는 달리 승리하였다. 이렇게 청일전쟁과 러일전쟁에서 승리한 일본은 마침내 조선을 강제적으로 합병(1910)하는 데 성공했다. 그러나 조선에 대한 합병만으로 일제의 야욕

1) 박계호, 『총력전의 이론과 실제』, 북코리아, 2012, pp. 309~316을 수정 및 보완했음.

을 채우기에는 부족해 만주를 침공하면서 만주사변(滿洲事變, 1931)을 일으켰고, 중국을 침공하면서 중일전쟁(中日戰爭, 1937)을 일으켜 그 야욕을 중국을 향해 거침없이 확대해나갔다.

일본은 여기에 그치지 않고 소위 '대동아공영권(大東亞共榮圈, Greater East-Asia Co-Prosperity Sphere)'을 주장하면서 동남아지역으로 세력을 확대하기 시작했다. 이렇게 '대동아공영권'을 주장한 이유는 일본제국이 팽창해나가는 데 필요한 자원을 확보하기 위한 주장에 불과하다. 인구는 많으나 부존자원이 없는 일본으로서는 석탄과 철광석이 풍부한 만주와 식량을 공급할 충분한 농지와 풍부한 노동력이 있는 중국, 석유가 풍부한 인도네시아, 주석과 천연고무 등의 자원이 풍부한 말레이시아 등이 필요했다. 일본은 이러한 자원을 수탈하기 위해 '아시안을 위한 아시아'라는 명분으로 대동아공영권을 표방했지만, 사실은 일본을 위한 것에

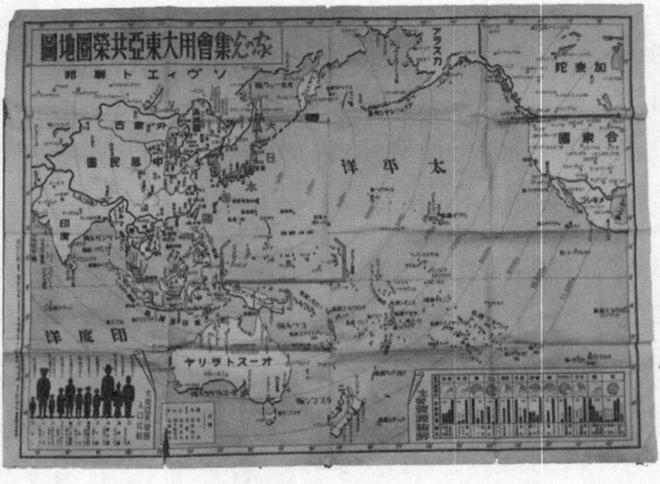

〈그림 3-1〉 일본이 대동아공영권 주장을 위해 만든 지도(1942)

출처: https://www.google.co.kr(검색일: 2018. 3. 15).

불과했던 것이다. 따라서 일본은 서구세력을 아시아에서 축출해 '아시아인을 위한 아시아'를 건설한다는 미명 아래 그 야욕을 동남아시아로 뻗어나가고자 했다.

일본은 이미 조선을 합병하고 만주사변과 중일전쟁을 도발하는 등으로 그 야욕이 점차 노골화되면서 1940년 초가 되자 일본과 미국의 충돌 가능성이 점증했다. 이렇게 상황이 악화되자 미국은 중국에서 일본군이 철수하지 않을 경우 일본이 절대적으로 필요한 석유를 포함한 물자의 일본에 대한 수출 금지와 미국 내 일본인의 자산을 동결할 것이라고 경고했다. 그러나 일본은 미국의 경고에 아랑곳하지 않았으며, 그 해 9월 27일 독일 및 이탈리아와 3국 동맹을 체결(日獨伊三國間條約)했다.[2] 프랑스가 독일군에 항복한 1940년 6월 이후에는 비시(Vichy)정권에게도 압력을 가해 프랑스령 인도차이나에 일본군을 진주시키면서 중국에 대한 봉쇄를 더욱 강화했으며, 소련과는 1941년 4월 13일에는 5년간의 중립조약(日蘇中立條約)도 체결했다.

상황이 악화되어가자 미국이 영국과 네덜란드, 중국과 더불어 'ABCD라인(America-Britain-China-Dutch)'을 구성해 일본을 정치 · 경제 · 군사적으로 봉쇄하면서 일본은 전쟁을 수행하는 데 필수적인 석유와 주석, 니켈 및 고무의 수입이 막히게 됐다. 따라서 일본은 이를 해소하기 위해 인도네시아나 말레이의 자원지대를 점령하는 전쟁을 하든지 아니면 자급자족을 하든지 그것도 아니면 대동아공영권을 포기하든지 택일을 해야만 하는 상황이 됐고 결국 군부가 주도해 전쟁을 택한 것이다.

미국과 일본의 대립으로 상황이 악화되어가면서 일본은 전직 해

---

2) 김용구, 『세계외교사』, 서울대학교 출판부, 2006, p. 808.

군대장이자 루스벨트(Franklin D. Roosevelt) 대통령과 친분이 있는 '노무라 기치사부로(野村吉三郎)'를 주미 일본대사로 임명해 악화되고 있었던 상황을 타개하고자 워싱턴과 협상을 벌이기도 했으나 양국의 견해차 때문에 실패했다.[3)]

당시 일본은 만주사변과 중일전쟁을 하면서 숙달된 관동군 전투병력 등 240만여 명의 상비전력 외에 300만여 명의 예비전력과 7,500여 대의 항공기 및 220척의 주력함선과 600만 톤의 수송선 등 강력한 군사력을 보유하고 있었다.

이 시기에 유럽에서는 독일군이 1941년 6월 프랑스를 점령했고 8월 이후에는 런던 등 영국의 주요도시를 폭격하면서 막대한 피해가 발생하고 있었다. 영국을 폭격하던 독일군은 그해 10월 돌연 영국에 대한 폭격을 중지하고 전력을 동부지역으로 전환해 1941년 6월에 이미 불가침조약을 체결한 바 있는 소련마저 침공하는 바바로사 작전(Barbarossa Operation)을 개시해 모스크바 부근까지 진출하면서 전 유럽지역이 전쟁터가 됐다.

한편, 태평양 일대의 광범위한 도서지역에는 미군이 주축이 되어 영국과 오스트레일리아 및 네덜란드군 등 연합군 병력 35만여 명과 전함 90척, 항공기 1,000여 대가 있었으나 언어와 풍습의 차이 등으로 지휘체계에 문제가 있었다. 여기에 태평양 상의 도서지역 여러 곳에 병력과 부대가 분산되어 있어 지휘와 보급 및 작전, 훈련 등에 있어서도 어려움이 많았다.

미군은 1941년 12월 7일 진주만 기습 이전에 하와이 등 태평양의 도서 일대에 병력 150만여 명과 항공기 1,157대, 전함 347척, 수송선

3) 당시 미일 간의 주요 협의 내용은 위의 책, pp. 813~814 참조.

1,000만여 톤을 보유하고 있었다. 그러나 당시 미국은 유럽에서 독일과 전쟁을 하는 연합국들을 지원하기에도 역량이 부족해 태평양 지역의 전투 준비 상태는 그다지 만족할 만한 위치에 있지 못했다. 유럽에서 독일군이 승승장구하고 있고, 아시아에서는 일본군의 침략이 노골화되고 있을 때에도 1941년도의 미국은 무기대여법(Lend-lease Act)을 제정하고 전시 생산량을 확대하는 등의 노력을 통해 장비와 물자의 생산을 늘리면서 영국 등 연합국을 지원하고는 있었지만 그렇다고 완전히 전시체제로 전환되어 있지 않았기 때문에 전쟁 잠재력을 최대한 동원한 상태는 아니었다.

일본군이 최대의 군사력을 건설하고 전쟁을 도발할 수 있는 준비 태세를 갖추는 동안 미군은 전쟁 준비 속도가 느린 상황이었기 때문에 태평양 지역에서는 일본군에 비해 불리한 위치에 있었다. 이러한 미군의 전투 준비의 미흡을 알고 있었던 일본은 미국을 상대로 전쟁을 신속히 종결할 수 있는 방법을 택한다면 승리할 수 있을 것으로 판단해 '대본영(大本營)'에서는 기습으로 전쟁을 시작해 공세적이며 속전속결로 작전을 수행하기로 했다.

1941년 12월 7일, 일본군 '야마모토 이소로쿠(山本 五十六)' 대장이 지휘하는 연합함대가 하와이 진주만(Pearl Harbor)의 태평양 함대(Pacific Fleets)를 기습 공격해 애리조나와 네바다호 등의 전함 7척을 격침시키고 테네시함 등 11척의 함정을 파손시켰으며, 해군수병 2,400여 명이 전사하는 등 3,581명의 인원도 피해를 입었다. 또한 인근 히캄(Hickam) 공군기지의 항공기 357대를 파괴 또는 파손시켰다.

당시 진주만의 태평양 함대는 항모 3척과 전함 9척, 중순양함 2척, 경순양함 18척, 구축함 54척, 잠수함 22척 및 450대의 항공기를 보유하고 있었다. 그나마 불행 중 다행이었던 것은 일본군이 진주만을 기습 공격할 당시 엔터프라이즈를 포함하는 항모 3척이 훈련 등의 목적으로 출동했기 때문에 피해를 모면한 것과 항공기나 함정 정비시설 및 450만 배럴의 유류 저장고가 피해를 받지 않은 것이었다.

〈그림 3-2〉 일본군 진주만 기습(1941. 12. 7)

출처: https://www.historyonthenet.com(검색일: 2018. 1. 10). 왼쪽은 기습 당일 일본군 공격기에서 촬영한 진주만의 모습이고 오른쪽은 불타고 있는 미 전함임.

진주만 기습 이전 미군의 암호해독 전문가들은 일본군의 암호전문을 입수하고 해독하는 데 성공해 일본군의 침공 가능성을 경고했다. 이미 독일군과 전쟁 중에 있었던 영국군도 일본군이 진주만을 공격하기 위해 전함을 출항시켰다는 내용의 첩보를 입수해 미국에게 알려주었다고 한다. 이렇게 미국은 일본군의 공격 가능성을 경고 받고 있었지만, 시기와 장소와 방법 등 그 내용이 구체적이지 못해 일본군의 기습을 막지 못했다는 견해도 있다. 아무튼 일본군은 적어도 미군을 속이면서 진주만을 기습하는 데 성공했다.[4]

---

4) 폴 콜리어 지음, 강만수 옮김, 『제2차 세계대전』, 플래닛 미디어, 2008, pp. 473~474. 미국이 진주만 기습을 당한 이유에 대해서는 몇 가지 주장이 있다. 첫째, 전후 미국의 역사가인 월스테터(Roberta Wohlstetter)는 "미국이 적절한 정보가 부족해서 일본의 공격을 모른 것이 아니라 부적절한 정보가 너무 많아서 진주만 공습을 예측하는 데 실패했다"고 했다. 둘째, 또 다른 주장으로 전쟁기간 중 정보 책임자였던 레이튼(Edwin Layton) 해군 소

The New York Times.

"All the News That's Fit to Print."

LATE CITY EDITION

JAPAN WARS ON U.S. AND BRITAIN;
MAKES SUDDEN ATTACK ON HAWAII;
HEAVY FIGHTING AT SEA REPORTED

CONGRESS DECIDED

Roosevelt Will Address It Today and Find It Ready to Vote War

CONFERENCE IS HELD

Legislative Leaders and Cabinet in Sober White House Talk

TOKYO ACTS FIRST

Declaration Follows Air and Sea Attacks on U.S. and Britain

TOGO CALLS ENVOYS

After Fighting Is On, Grew Gets Japan's Reply to Hull Note of Nov. 26

GUAM BOMBED; ARMY SHIP IS SUNK

U.S. Fliers Head North From Manila—Battleship Oklahoma Set Afire by Torpedo Planes at Honolulu

104 SOLDIERS KILLED AT FIELD IN HAWAII

Japanese Envoys, at Moment of Attack, Deliver Reply to U.S. Note—President Sees Cabinet and Drafts Message to Congress

PACIFIC OCEAN: THEATRE OF WAR INVOLVING UNITED STATES AND ITS ALLIES

New York World-Telegram

7TH SPORTS

LATEST RACING

PRICE THREE CENTS

1500 DEAD IN HAWAII

Congress Votes War on Japan;
Manila Bases Bombed Again

Tally in Senate Is 82 to 0, In House 388 to 1, with Miss Rankin Sole Objector

100 to 200 Soldiers Killed in Japanese Raid On Luzon in Philippines

〈그림 3-3〉 진주만 기습과 희생자를 보도한 당시의 신문

출처: https://www.history.com/topics/world-war-2(검색일: 2018. 1. 10).

〈그림 3-4〉 대일본 선전포고를 하는 루스벨트(1941. 12. 8)

출처: https://www.usnews.com/opinion/articles(검색일: 2018. 1. 10).

장은 1985년에 정보전에서 실패한 이유를 각 군 내부의 분열과 각 군 간의 분열에 기인한다고 했다. 셋째는 루스벨트 대통령이 일본군의 기습 가능성을 알았으면서도 참전의 구실을 찾고자 아무런 조치를 하지 않았다는 주장이고, 넷째는 영국 정보기관이 암호를 해독해 일본군의 공격 가능성을 알고 있었지만, 처칠 수상이 미국을 전쟁에 끌어들이기 위해서 미국에 알리지 않았다는 것이다. 어느 것이 맞는지 명확히 확인된 것은 없다.

일본군은 진주만 기습에 성공해 태평양 함대에 막대한 피해를 입혔다. 이후 미국은 전쟁수행 체제로 전환해 대량생산 체제를 갖추고 법령을 제정하면서 대규모의 병력을 동원해 부대를 확장했으며 태평양 함대도 피해를 복구해 전력을 회복했다. 일본군은 1942년 6월 미드웨이 해전에서 대패하기 이전까지 수개월 동안 태평양 지역에서 제공 및 제해권을 장악하고 행동했다.

2. 일본군 공세와 미군의 반격(1941. 12~1945. 1)

일본군의 진주만 기습으로 미국의 태평양 함대가 입은 손실을 만회하기 위해 미국은 항모와 전투함을 생산하는 등으로 해군력을 증강하고 육군이 대규모의 병력을 동원해 부대를 창설하는 등 전투 준비를 갖추었다. 그동안 일본군은 남방지역으로 진격해 1941년 12월 10일에 태평양 상의 미 영토인 괌(Guam)섬을, 25일에는 웨이크(Wake)섬을 점령했으며, 26일에는 영국령 홍콩(Hong Kong, 香港)도 점령했다.

일본군은 여기에 그치지 않고 여세를 몰아 말레이반도에서 퍼시발(Percival) 장군의 영 연방군을 공격해 1942년 2월 15일 싱가포르(Singapore)를 점령했다. 특히 일본에 있어 말레이가 중요한 이유는 전쟁수행에 필요하면서 세계 생산량의 42%에 달하는 천연고무와 27%에 달하는 주석을 확보할 수 있었기 때문이다. 말레이반도를 점령한 일본군은 여기에 그치지 않고 남중국해와 인도양을 연결하는 말라카 해협도 장악했다.

일본군은 1941년 12월 8일부터 맥아더(Douglas MacArthur) 장군이 주둔하고 있었던 필리핀(Philippine) 공격을 시작해 1942년 4월 9일까지 5개월 동안의 전투 끝에 점령했다. 필리핀 전역에서 미군은 많은 희생 속에서 5개월이라는 귀중한 시간을 확보했지만, 반면에 일본군은 뉴기니아(New Guinea)와 솔로몬(Solomon) 방면에 대한 공세계획에 차질이 발생했다.

필리핀 공격과 동시에 일본군은 중국군의 보급로인 '버마통로'를 차단하고 인도양으로 진출할 기회를 잡기 위해 1942년 1월 16일 버마(Burma, 현재의 Myanmar) 공격을 시작해 5월 20일경에는 대부분을 점령했다. 또한 네덜란드 군이 수비하고 있었던 네덜란드령 동인도제도(현재의 Indonesia)에 대한 공격을 시작해 3월 9일 네덜란드군의 항복을 받고 유전지대를 장악했다.

일본군은 여기에 그치지 않고 남태평양 상에 위치한 섬들마저 침공했다. 미군이 사용하고 있었던 뉴기니아의 포트 모레스비(Port Moresby)를 점령할 목적으로 5월 3일 공격을 시작해 남부 솔로몬제도(Solomon Is.)

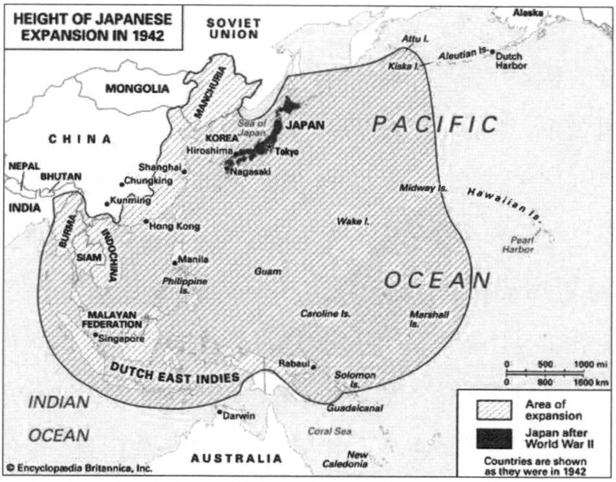

〈그림 3-5〉 전성기의 일본군 점령지역(1942)

출처: https://www.britanica.com/topic/pacifis-war(검색일: 2018. 1. 20).

의 툴라기를 점령했다. 이어서 7~8일에는 산호해(珊瑚海, Coral Sea)에서 일본군과 미 해군의 항모전단이 역사상 처음으로 근거리에서 항모의 함재기 간 공중전을 했다. 이 산호해 해전을 계기로 연합군은 반격으로 전환했다.

1942년 4월 18일 미 육군 항공대의 두리틀(James H. Doolittle) 중령이 지휘하는 B-25경폭격기 16대가 항모 호넷(Hornet)에서 출발해 도쿄(東京)와 요코스카(橫須賀) 가와사키(川崎), 나고야(名古屋), 고베(神戶)시 등을 폭격하고 중국으로 날아가는 사건이 발생했다. 이 폭격은 일본의 역사에서 외국군이 일본 본토를 처음으로 공격했던 중대한 사건으로, 일본 본토가 미군의 폭격권 내에 들어 있음을 알게 된 군부는 큰 충격을 받았다. 따라서 일본이 궁극적으로 전쟁에서 승리하려면 미 해군의 항공모함을 격파해야만 한다는 것을 인식한 군부는 일본 본토에 대한 안전선을 확보하고자 중부 태평양 상의 미드웨이(Midway)섬을 점령하기로 결심해 야마모토 제독의 지휘 아래 해군의 전 역량을 동원해 공격하기로 결정했다.

이때 일본군이 동원한 해군력은 아카기(赤城)와 카가(加賀) 등 항모 4척과 함재기 250여 대, 그 외의 전함과 알루샨 공격함대에는 항모 5척과 전함 11척 등 다수의 전함이 포함되어 있었다. 그러나 이미 미군은 일본군 간 교신하는 암호를 입수해 해독함으로써 일본군의 의도를 사전에 알았다. 따라서 미 해군은 결전을 위해 엔터프라이즈 등의 항모 3척과 순양함 8척 등 다수의 전함을 미드웨이 해역으로 투입했다.

진주만 기습작전에 성공한 이래 연전연승에 도취되어 미 해군을 경시하고 있었던 일본군은 미군이 이미 암호해독으로 자신들의 기도를 인지하고 있다는 것을 몰랐기 때문에 미 해군 항모전단에 대한 정찰을 소홀히 했다.

1942년 6월 4일부터 일본군 함재기의 공격으로 시작한 미드웨이 해전에서 일본군 정찰기가 미 항모전단을 발견해 신호를 보냈다. 이에 따라 일본군 함재기가 폭탄을 어뢰로 교체하는 순간에 미 항모에서 발진한 항공기들이 일본군 항모를 기습해 4척을 침몰시키는 등 대승을 거둠으로써 일본군의 팽창욕은 미드웨이 해전에서 패배를 계기로 좌절됐다. 이후 태평양 상의 제공권과 제해권이 미군으로 기울기 시작했다.

〈그림 3-6〉 미드웨이섬과 엔터프라이즈 항공모함

출처: https://www.google.co.kr(검색일: 2018. 3. 15).

한편 남태평양에서 일본군은 1942년 7월 6일부터 솔로몬제도의 과달카날(Guadalcanal)섬에 상륙해 미국에서 오스트레일리아와 뉴질랜드로 향하는 보급선을 차단할 목적으로 비행장을 건설했다. 미군은 일본군이 비행장 건설을 완료하면 보급선이 차단당할 우려가 발생됨에 따라 이들을 축출하고자 8월 7일 과달카날 섬과 툴라기섬(Tulagi Is.)에 기습적으로 상륙해 비행장을 점령함으로써 과달카날 전투는 시작됐다.

이렇게 시작된 전투는 1943년 2월 9일까지 6개월여 기간에 걸쳐 태평양 상 도서에서의 지상전과 해상전, 공중전이 반복되는 지루한 소모전(消耗戰, Nutrition War) 양상으로 전개됐다. 그러나 이 전역에서 일본군은 도서지역에 산재한 부대에 보급이 차단된 가운데 미군의 압도적인 화력에 많은 피해를 입고 생존한 일부의 병력만이 철수함으로써 전투는 종료됐다.

과달카날 전투에서 승리한 미군이 필리핀과 일본 본토로의 진격을 위해서는 남태평양의 솔로몬제도 일대의 크고 작은 수많은 섬들에 배치되어 있는 일본군을 격멸해야만 했다. 당시 남태평양의 솔로몬제도 일대에는 일본군 제8방면군 예하의 17군과 18군 등이 배치되어 있었는데, 이들에게 물자를 보급하던 일본군 수송선단이 미 해군의 공격으로 격멸된 이후는 물자보급이 거의 중단되어 있었지만, 항복을 거부하면서 정글에서 항전을 계속했다.

일본군이 남태평양 도서지역의 정글에서 저항을 계속하는 동안, 이들을 모두 소탕하면서 일본 본토로 전진하기에는 많은 시간이 소요될 것으로 판단한 미군은 이른바 'By pass' 전술을 구사, 일본군이 강력하게 저항하는 곳은 우회하고 후방의 방어 준비가 덜 된 곳을 점령한 뒤 차단 및 고립된 적을 해군의 함포사격이나 항공폭격을 이용해 무력화하는 방법으로 최소의 손실로 일본군을 공략해나갔다.

솔로몬제도 전투에서 일본군은 야마모토 대장을 포함해 장병의 다수와 많은 전투함과 항공기를 상실했다. 미군에 비해 절대적으로 불리했던 일본의 군사력은 솔로몬제도 일대에서의 소모전으로 도저히 회복할 수 없을 정도로 피해를 입고 있었다. 1943년 들어 미국이 전시체제로 완전히 전환하면서 전투장비와 탄약 생산을 대폭 확대할 무렵, 일본의 전쟁지속능력이 서서히 한계에 봉착해가면서 일본군의 전황은 더욱 어려운 상황으로 몰리기 시작했다.

서남태평양 일대에서 맥아더 장군의 육군이 반격하고 있을 무렵,

중부 태평양 일대에서는 니미츠(Chester Nimitz) 제독이 해군을 지휘해 반격하고 있었다. 중부 태평양의 마리아나제도(Mariana Is.)는 일본군이 상실하면 남북으로 연결되는 태평양 병참선이 차단되고 일대에서 제일 큰 기지인 트럭(Truck)섬이 고립되는 문제가 발생된다. 반면에 미군으로서는 일본 본토를 폭격할 수 있는 B-29기지를 확보할 수 있는 지리적 이점이 있다. 이러한 취약점을 인식한 일본은 본토를 방위하기 위해 1943년 9월 30일, 대본영과 정부는 어전회의에서 이른바 '금후의 전쟁지도대강'을 결정하면서 '절대국방권(絶對國防圈 또는 絶對防禦線)'[5]을 설정하고 이

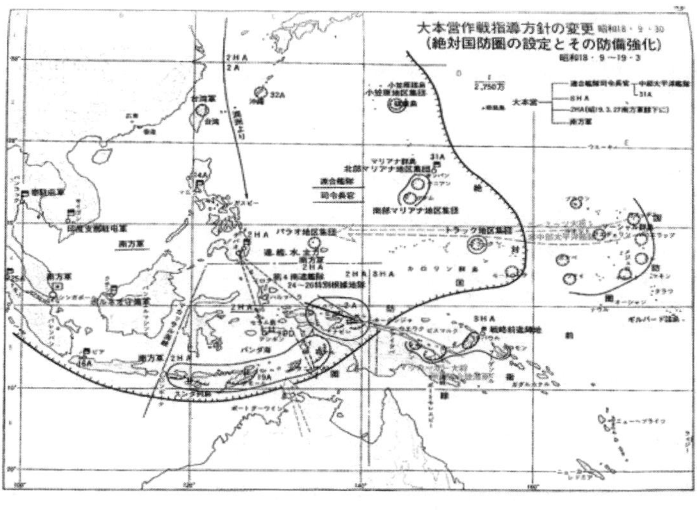

〈그림 3-7〉 일본군의 절대국방권(1943. 9. 30)

출처: https://namu.wiki(검색일: 2018. 2. 20), 절대국방권은 지시마(千島)-오가사와라(小笠原)-남양군도 중・서부-서부 뉴기니아-순다(Sunda, 인도네시아)-버마(현재의 미얀마) 선을 연결한다.

---

5) 태평양전쟁에서 일제가 패퇴를 하던 시기인 1943년 9월 30일 일본 어전회의에서 결정해 사용하기 시작한 용어이다. 미드웨이 해전에서 패배하면서 일본 본토가 미군기의 폭격범위에 들어가자 위기감을 느낀 대본영은 인도네시아-필리핀-캐롤라인제도-마리아나제도-오가사와라제도 등을 연결하는 해상방위선을 설정하면서 이를 절대방위선이란 명명했고, 이를 사수하겠다고 주장했다.

를 사수하기로 결정했다.[6]

절대국방권을 설정한 일본군은 이른바 '아호 작전계획(ア號 作戰計劃)'을 수립하고 함대와 항공기를 집결시켜 전투 준비를 했다. 일본군이 절대국방권을 설정하기는 했으나 이를 유지할 항공력이나 해군력과 보급 능력 및 해상교통로 유지 능력 등 모든 면에서 부족했다. 그러던 중 미군이 1943년 6월 11일 기습적으로 먼저 중부 태평양의 사이판(Saipan)섬 등을 점령했다. 이에 일본군도 즉시 대응해 마리아나 해역 일대에서 해상 및 공중전이 전개됐으나 미군의 압도적인 전력에 일본군이 궤멸적인 타격을 입고 일부만 철수함으로써 미군의 승리로 끝났다. 솔로몬 전역에 이은 마리아나 전역의 패전으로 일본군은 항공모함을 대부분 상실했다. 연이은 패배로 1944년 7월 '도조 히데키(東條英機)' 내각은 붕괴됐고, '고이소 구니아키(小磯國昭)' 내각이 출범했다.

'아호작전'이 실패로 돌아가자 이번에는 대본영에서 '필리핀-대만-류큐-일본 본토-홋카이도-쿠릴열도'를 연결해 '이 선 안의 어떤 지역으로 공격하는 적은 어떤 적이든지 신속히 병력을 집중해 격퇴한다'는 '쇼호 작전계획(捷號 作戰計劃)'을 수립했다. 이에 따라 일본 본토와 남방의 말레이-인도네시아 등의 자원지대를 연결하는 필리핀의 중요성이 제기됐다. 이에 따라 베트남의 사이공(Saigon)에 있는 남방군 총사령부를 마닐라(Manila)로 옮기고 제14방면군을 창설해 필리핀 방어임무를 맡기는 등 필리핀을 고수하기 위해 전투 준비를 했다.

1944년 10월 23일 필리핀의 레이테(Leyte)에서 일본군은 연합함대의 주력을 투입해 미 해군을 격멸시키면서 전세를 만회하고자 결전을

---

6) 후지와라 아키라 지음, 서영식 옮김, 『일본군사사(상)』, 제이앤씨, 2013, p. 325.

시도했으나 미 해군의 압도적인 전력과 효과적인 작전으로 항모 4척과 전함 3척, 중순양함 6척, 경순양함 3척, 구축함 11척을 상실하는 대패를 당했고, 미 해군은 경항모 1척과 호송항모 2척, 구축함 3척을 잃는 데 그쳤다. 필리핀 레이테 해전에서의 결정적인 패배를 계기로 일본군의 남방 자원지대로의 연결은 사실상 끝났다.

3. 원폭 투하와 일본의 항복[7)]

레이테 해전에서 승리한 미군은 필리핀을 점령하기 위해 작전을 전개했다. 이때 일본군 '야마시타 도모유키(山下奉文)' 사령관은 일본군이 제공권과 제해권을 상실한 상황에서 결전이 불가능할 것으로 판단해 최대한 지구전(持久戰)을 실시하기로 결심했다. 1945년 1월부터 시작된 필리핀 전역에서 미군과 일본군은 7개월간에 걸쳐 루손(Luzon)섬 일대에서 지루한 전투 끝에 일본군이 다수의 사상자를 내면서 항복했다.

한편 이오지마(Iozima, 硫黃島)섬에서도 일본군과 미군의 처절한 전투가 진행됐다. 유황도는 일본 본토로부터 남쪽으로 약 1,080㎞ 떨어져 있으며, 면적은 약 11㎢에 불과한 작은 섬이나 일본으로서는 일본 본토 방위에 전초기지가 되는 매우 중요한 섬이었다. 미군으로서도 일본 본토를 폭격할 수 있는 B-29폭격기가 이곳에서 발진할 수 있어서 피차간에 반드시 확보해야만 하는 전략적으로 매우 중요한 기지였다.

일본군은 유황도를 방어하기 위해 미군의 어떤 폭격에도 견딜 수 있도록 섬 전체에 동굴진지나 교통호 등을 깊게 굴토했으며, 전 장병에게는 목숨이 붙어 있는 한 끝까지 싸울 것을 강조했다.

7) 박계호, 앞의 논문, pp. 256~277 인용 및 수정.

미군은 1945년 2월 16일부터 3일 동안 밤낮 없이 해군 전함에서 막대한 양의 함포사격을 한 뒤 19일에 상륙해 이후 3월 16일까지 한 달간 작은 섬 하나를 두고 치열한 교전과 커다란 희생을 치른 끝에 점령했다. 이 전투에서 일본군은 이른바 '옥쇄전술(玉碎戰術)'[8]로 모두가 죽을 때까지 끝까지 항복을 거부하고 저항하는 일본군의 전형을 보여주었다.

오키나와(沖繩)도 미군이 일본 본토로 진격하기 위해서는 반드시 점령해야 할 섬이었고, 일본으로서는 당연히 이를 지키고자 약 10만여 명의 일본군 병력을 배치하고 있었다. 미군은 약 8만 5천여 명의 병력과 해·공군력을 투입, 1945년 4월 1일부터 작전을 실시해 이후 3개월간에 걸친 치열한 전투 끝에 점령함으로써 오키나와에서의 전투는 끝났다. 오키나와 전투에서 미군이 승리함으로써 일본의 패망은 눈앞으로 다가오고 있었다. 이렇게 일본군의 패색이 짙어지고 종전이 다가오면서 나온 것이 인간병기인 가미카제(神風)와 가이텐(回天)이다.[9]

가미카제는 항공기에 폭탄을 적재해 미 항공모함이나 구축함 및 순양함 등의 전함을 침몰시키기 위해 만들어낸 인간병기로, 이로 인해 미군은 많은 항모와 전투함이 격침되는 등의 피해를 입었다. 가이텐은 일본군 해군이 미 전함을 공격하고자 어뢰를 개조해 만든 전술무기로,

---

8) 앞의 책, p. 347. 1941년 1월 8일, 도조는 전군에 배포한 '前進訓'에서 "살아서 포로가 되는 치욕을 당하지 말라"고 전하며 포로가 되느니 죽으라고 했다. 이것이 계기가 되어 어떤 상황에서도 포로가 되는 것은 허락하지 않고 절망적인 상황에서도 죽을 때까지 싸울 것을 요구되면서 이른바 옥쇄(玉碎)가 반복됐다.

9) 일본군이 폐색이 짙어지면서 투입한 특종작전 부대에는 이 밖에도 오오카(櫻花), 진양(震洋), 복룡(伏龍) 등이 있다. 오오카는 글라이더 두부에 약 1톤의 폭약을 장진하고 모기(母機)에 예인되어 비행하다가 약 1,800m 상공에서 모기를 이탈해 미 함선에 돌입했다. 진양은 목제의 고속모터 보트 두부에 폭약을 장진하고 미 함대에 충돌했으며, 복룡은 잠수부가 기뢰를 가지고 함선 밑바닥에 충돌했다. 자세한 사항은 다음의 자료를 참조. 정하명 외, 『세계전쟁사』, 도서출판 황금알, 2005, pp. 435~438.

〈그림 3-8〉 가미카제의 미 항모 공격

출처: https://www.google.co.kr(검색일: 2018. 3. 15).

어뢰에 조종장치와 스크류를 부착했으며, 미 전함이 나타나면 승무원이 직접 조종해 충돌함으로써 전함을 격침시키는 역할을 한 인간어뢰였다. 가이텐은 잠수함처럼 오래 항해할 수 없었기 때문에 잠수함 모함에 탑재되어 있다가 미 전함을 발견하면 모함을 떠나 미 전함을 공격했다. 총 330여 대가 제작됐으며, 가이텐 공격으로 미 전함이 4척이 격침됐고, 8척이 피해를 본 것으로 알려지고 있다.

〈그림 3-9〉 가이텐(왼쪽: 모함에 탑재, 오른쪽: 출격 준비)

출처: https://www.hnsa.org(검색일: 2018. 3. 15).

전쟁이 막바지에 다다를 무렵인 1945년 3월부터 시작된 전략폭격(Strategic Bombing)에서 미군은 일본 본토에 10만 톤 이상의 폭탄을 투하했다.[10] 당시 도쿄를 포함하는 대도시들의 주택은 대부분 목재로 되어 있었기 때문에 네이팜탄(Napalm Bomb)[11] 같은 소이탄 공격에 대단히 취약했다. 미군은 도쿄를 비롯해 오사카(大阪), 나고야(名古屋), 요코하마(横浜), 가와사키(川崎) 등 일본의 66개의 도시에 전략폭격을 가해 26만여 명이 목숨을 잃은 것 외에도 42만여 명의 부상자가 발생했으며, 230만여 채의 건물이 불속으로 사라져 갔고 920만여 명이 집을 잃은 것으로 알려지고 있다.[12] 이는 일본 군국주의자들이 무모하게 전쟁을 지속하려고 했기 때문에 자초한 것이지만, 그 피해는 아무런 죄가 없는 국민들에게 고스란히 돌아간 것이다.

〈그림 3-10〉 1944년의 사이판 미 공군 기지

출처: https://www.airports-worldwide.com(검색일: 2018. 3. 15).

10) 존 키건 지음, 류한수 옮김, 『2차 세계대전』, (주)청어람미디어, 2009, pp. 853~856; 후지와라 아키라, 앞의 책, p. 336. 미군은 마리아나제도를 점령해 B-29를 전개하고 1944년 9월 24일부터 일본 본토를 공습하기 시작했다. 처음에는 비행기 공장 등 군사시설을 목표로 폭격했으나 효과가 없자 1945년 3월 이후 도시에 대한 폭격으로 전환했다. 일반 국민에게 피해를 주면 국민 사기에 영향을 미쳐 조기 전쟁 종결을 기대한 것이다.

11) 주 연소제인 나프타에 네이팜이라 불리는 증점제를 첨가해 젤리 모양으로 만든 것을 충전한 유지(油脂) 소이탄(燒夷彈)으로, 연소온도가 매우 높고(900~1,300℃) 광범위한 지역을 불태워 파괴한다. 일단 폭발하면 물을 부어도 잘 꺼지지 않고, 다량의 산소를 사용함으로 산소 결핍으로 질식사시킨다.

12) 앞의 책, p. 336. 1945년 8월 23일 일본 내무성 방공총본부가 발표한 자료에 의해 100만 이상의 사상자를 낸 도시가 94개에 이르고, 가옥소실 230만 호, 사망자 26만 명, 부상자 42만 명, 이재민 920만 명(사상자 제외)로 되어 있다. 그러나 실제 수치는 이보다 더 많을 것으로 보인다.

미군의 전략폭격으로 막대한 피해가 발생하고 전쟁지속능력이 급격히 약화되어 감에도 불구하고 일본군은 이번에는 이른바 '게츠고 작전(決號作戰)'을 계획, 본토에서 지상군이 중심이 되어 전투를 수행할 병력과 항공기를 준비하고 있었다. 당시 일본은 200만여 명의 병력과 8,000여 대의 각종 항공기를 보유한 것으로 알려지고 있다. 1945년 6월 8일, 어전회의에서는 '금후의 전쟁지도 기본대강'을 결정하고, 일본 본토를 지킨다는 이유로 '국민의용병역법'과 '전시긴급조치법' 등을 제정했으며, '1억 옥쇄(一億玉碎)'를 주장하면서 전 국민의 총동원을 준비했다.[13]

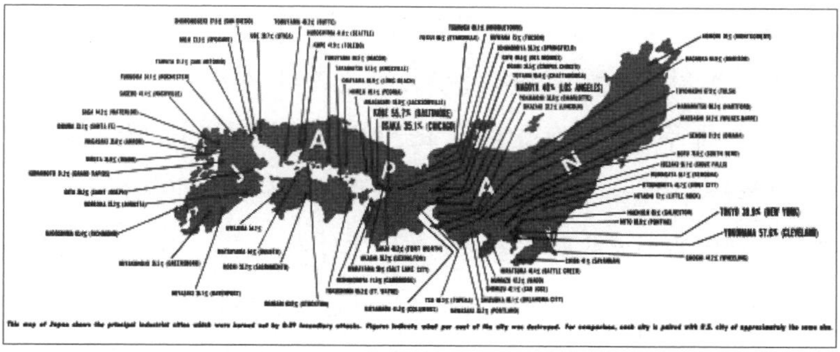

〈그림 3-11〉 미군의 일본 주요도시 폭격지역

출처: https://www.reddit.com(검색일: 2018. 3. 15).

미군은 전쟁을 끝내기 위한 방법으로 일본 본토에 대한 상륙작전 계획(일명 沒落作戰, Operation Downfall)을 수립하고 있었다(이 작전계획은 Operation Olympic, Operation Coronet 두 부분으로 되어 있었다).[14] 그러나 미 합참에서는 태평양

13) 앞의 책, p. 337. '국민의용병역법'은 15~60세의 남자 및 17~40세의 여자에게 의용병역 복무를 부과한 것이고, '전시긴급조치법'은 국가의 위기를 극복하기 위해 긴급을 요할 때는 정부가 다른 법령에 구애받지 않고 필요한 명령을 발령할 수 있는 법이었다.

14) Operation Olympic은 1945년 11월에 미 제6군이 규슈(九州)에 상륙하기 위한 계획이고, Operation Coronet은 1946년 3월에 제8군과 10군이 혼슈(本州)에 상륙하기 위한 계획이다.

전역에서 일본군의 옥쇄전술(Mass Suicides Tactics)이나 가미카제와 가이텐 등의 발악적 저항을 보면서 일본에 대한 작전을 끝내기 위해서는 25만 명 이상의 희생이 발생될 것으로 예상됨에 따라 이러한 피해를 최소화하기 위해 다른 방안을 고려하지 않을 수 없었다.[15]

그러던 중 7월 16일 이른바 '맨해튼 프로젝트(Manhattan Project)' 계획으로 '원자탄(Atomic Bomb)'을 만드는 데 성공했다. 7월 26일 독일의 포츠담에서 미국의 트루먼(Harry S. Truman) 대통령과 영국의 처칠(Winston Churchill) 수상 및 중국의 장제스(蔣介石) 총통, 소련의 스탈린(Joseph Stalin) 등이 참석한 연합국 수뇌회담에서는 일본의 무조건 항복 등을 요구하는 포츠담 선언을 발표했다.[16] 하지만 일본이 이를 거절함에 따라 마침내 8월 6일 히로시마에 원자탄을 투하한 것이다. 원폭 투하 이후 다시 트루먼 대통령은 일본에 무조건 항복을 다시 요구했지만 일본이 거듭해 이를 거부함에 따라 9일에는 나가사키에 다시 원폭을 투하했다.[17] 이 시기에 소련군도 대일본 선전포고와 동시에 만주에서 관동군을 공격함으로써 더 이상 전쟁을 지속하기에는 어렵다고 판단한 일본이 8월 15일 무조건 항복을 한 것이다.[18] 이로써 제2차 세계대전은 완전히 종결됐다.

---

15) 앤터니 비버 지음, 김규태 · 박리라 옮김, 『제2차 세계대전』, 궁항아리, 2017, p. 1171. 미군이 규슈를 점령할 Olympic 작전에서 10만 명, 이듬해인 1946년 3월에 실시할 Coronet 작전에서 혼슈를 점령하면서 25만 명이 사망할 것이라는 추산이 나왔다(또 다른 자료에서는 미군이 100만여 명의 희생을 우려했다는 자료도 제시되고 있다. 정하명 외, 앞의 책, p. 40 참조).

16) 포츠담 선언은 총 13개 항목으로 구성돼 있으며, 주요 내용은 일본의 군국주의 배제(6항), 일본 영토의 점령 보장(7항), 카이로 선언과 일본 영토의 한정(8항), 일본군의 무장해제(9항), 전쟁범자의 처벌과 민주주의 부활(10항), 군수산업의 금지와 평화산업 유지의 허가(11항), 일본의 민주주의 정부 수립과 동시에 점령군의 철수(12항), 일본군대의 무조건 항복(13항) 등이다.

17) 위의 책, p. 1173. 미국이 일본에 원폭을 두발 투하한 이유는 당시 유럽에서 소련군이 중부유럽 지역을 점령해 위세를 강화시켜나가자 이에 원폭을 투하함으로써 미국의 힘을 보여주기 위한 의도도 있다는 분석이 있다.

〈그림 3-12〉 일본의 항복 서명과 승전 기념식

출처: 왼쪽은 https://en.www.wilipedia.org, 오른쪽은 https://www. history.com(검색일: 2018. 3. 15).
일본의 항복 조인식은 1945년 9월 2일 도쿄 만에 정박 중이던 미주리호 함상에서 진행됐다.

1939년 9월 1일 독일군의 폴란드 침공으로 시작된 제2차 세계대전은 1940년 5월 베네룩스 3국(Belgium, Netherlands, Luxemburg)과 프랑스 침공 및 점령과 항복, 그리고 8월에 시작된 영국에 대한 폭격(바다사자 작전, Sea Lion Operation), 이듬해인 1941년 6월 22일 시작된 소련에 대한 침공(바바로사 작전, Barbarossa Operation)으로 전 유럽지역이 전장에 휘말려들게 됐다. 아시아-태평양 지역에서는 1941년 12월 7일 일본군 진주만 기습으로 전쟁이 시작됐다. 1945년 5월 7일 독일이 항복한 뒤 이어 8월 15일 일

18) 『아사히신문』은 2005년 8월 14일, 패전 60돌을 앞두고 게재한 사설을 통해 태평양전쟁을 1년 전에는 끝낼 수 있었지만 지도층의 무책임한 태도로 무고한 죽음을 크게 늘렸다고 비판했다. 이 신문은 "왜 전쟁을 계속했는가?"라는 제목의 사설에서 중일전쟁부터 패전까지 8년 사이에 숨진 일본인 310만 명 가운데 200만 명 정도는 마지막 1년 동안 숨졌다며, 1944년 6월 사이판에 미군이 상륙했을 때 군사적 패배는 결정됐다고 지적했다. 신문은 당시 일본군 지휘부의 일부 참모들은 "앞으로 크게 만회할 전망이 없다"고 내부 일지에 기록했으며, 한 참모는 도조 총리에게 종전작업을 시작할 것을 건의했다가 경질됐다고 전했다. 일왕 주변의 중신들이 종전을 위해 도조 내각을 총사직으로 몰아넣기도 했으나 군부는 특공이라는 무모한 전술로 나아가 많은 젊은이들에게 터무니없는 죽음을 강요했다며, 이는 군대로서, 국가로서 자기 붕괴라고 말할 수밖에 없다고 비판했다. 이 신문은 1945년 2월 고노에 전 총리가 "패전은 유감스럽지만 이젠 불가피하다"며 일왕에게 종전을 제안했지만 지도층이 결단을 내리지 못하다가 원폭 투하와 소련군 참전 이후에야 때늦은 결정을 했다고 전하고, 군부에 패배를 인정하지 않으려는 광신적 무리가 있기는 했지만 이를 억누를 권한과 책임은 지도층에 있다고 지적했다("태평양전쟁 질질 끌다 피폭 등 자초" '아사히신문' 사설서 비판, 『한겨레신문』, 2005. 8. 14. http://www.hani.co.kr/kisa/section-/2005/08/14).

본이 항복하면서 장장 6년여 기간 계속된 전쟁에서 미국과 영국 및 프랑스, 소련 등 연합국의 승리로 끝난 것이다(태평양 지역 전투는 3년 8개월여 기간 동안 진행됐다).

The New York Times.
JAPAN SURRENDERS, END OF WAR!
EMPEROR ACCEPTS ALLIED RULE;
M'ARTHUR SUPREME COMMANDER;
OUR MANPOWER CURBS VOIDED

JAPANESE SURRENDER;
WORLD WAR II ENDS
Pearl Harbor Is Avenged!
AMERICAN POWER
OVERWHELMS FOE

〈그림 3-13〉 일본의 항복과 제2차 세계대전 종전을 전하는 당시의 신문
출처: https://www.nytimes.com(검색일: 2018. 3. 15).

제2절 1945년 8월의 히로시마

1. 맨해튼 프로젝트와 원자탄 개발

핵물질을 이용해 처음으로 완전한 원폭을 만드는 데 성공한 나라는 미국이고 처음으로 사용한 나라도 미국이다. 그러나 미국이 원폭을 만들기 전에 독일이나 일본 모두 원폭 개발을 시도했다. 만약 그들이 미국보다 먼저 이에 성공했다면, 그래서 전쟁기간 중 먼저 사용했다면 인류의 역사는 누구도 생각하지 못했을 참담한 방향으로 진행됐을지도 모른다.

먼저 독일의 원폭 개발 시도를 간단히 살펴보자. 1932년 독일의 물리학자 하이젠베르크(Werner Heisenberg)는 양자물리학 연구로 노벨물리

학상을 받았다. 나치 독일은 이후 과학자들을 이용해 1939년 4월에는 Uranverein(Uranium Club)이라는 비밀계획을 만들었다. 이 계획은 나치 독일이 원폭을 만들기 위한 계획으로 알려지고 있다.

나치 독일은 전쟁기간에는 1940년에 노르웨이에서 만든 400리터의 중수(Heavy Water)를 압수했고, 벨기에로부터는 1,200톤의 우라늄도 빼앗은 것으로 알려지고 있다. 1944년도에는 소형 원폭도 개발했다고 한다. 그러나 끝내 완전한 원폭 개발에는 성공하지 못했는데, 여기에는 여러 가지 원인이 있다. 원폭을 만들기 위해서는 막대한 비용의 소요와 더불어 정부의 지원도 필요하나, 당시 독일의 과학자들은 이러한 지원을 받지 못했다. 나치는 원폭보다는 오히려 V-2로켓의 개발에 더 관심이 많았다. 이런 상황이 지속되면서 원폭 개발이 중단되어 우라늄 농축이나 연쇄반응을 성공하지 못했다. 나치 독일은 원폭을 개발하는 명령을 하지 않았다고 한다. 과학자들은 독일 패망 후 히틀러가 원폭을 갖는 것을 반대했다고 말했는데 성공하지 못한 것인지, 아니면 실패한 것인지는 불분명하다.

여기서 간과할 수 없는 것 중의 하나는 나치 독일의 억압에 많은 유태인 과학자들이 미국으로 망명해 맨해튼 프로젝트에 참여해 원폭 개발에 도움을 주었으며, 아인슈타인이 대표적인 사람이라는 것이다. 원폭에 대한 연구는 독일에서 먼저 시작됐지만, 어느 과학자의 말처럼 미국에서는 과학자와 정부, 산업체가 광범위하게 긴밀히 협력하고 막대한 군수 및 재정적 지원으로 원폭을 개발할 수 있었음에 비해 독일은 이러한 지원의 부족과 더불어 나치의 관심 부족으로 근본적으로 불가능한 상황에서 원폭 개발에 성공할 수 없었던 것이다.[19] 미국은 독일의 원폭 개발을 우려하면서 이른바 'Alsos Mission'이라는 비밀계획을 추진해 핵 개발에 참여한 물리학자를 제거하거나 시설을 파괴하기 위한 계획을 추진했다. 1945년 독일이 패망한 뒤에는 하이거로흐(Haigerloch)의 교회 아래에 위치한 지하동굴에 있는 핵 연구소 시설을 해체해 시설과 자료 등을 가져간 것으로 알려지고 있다.

일본도 원폭 개발에 성공하지는 못했지만 이를 만들기 위한 시도가 전혀 없었던 것은 아니다. 군부에서 원폭을 개발하기 위해 다양한 연구와 노력을 했으나 무기를 만들 정도로 충분히 우라늄을 농축하지 못했고, 미국이 원폭을 만들 때까지 기폭장치를 만들지 못했을 뿐이다. 일본은 도쿄 부근에 리켄(RIKEN, 理研)[20]이라는 연구소를 만들고 덴마크의 닐스 보어(Niels Bohr) 교수 지도 아래서 공부한 물리학자 요시오 니시나(Yoshio Nishina)를 불러다 핵무기 개발을 시작했다.

그는 1937년에 최초로 전자 가속장치인 사이클로트론(Cyclotron)을 만드는 데 성공했고, 1944년에는 보다 커다란 사이클로트론을 만드는데도 성공했다(이 계획은 'Ni-Go Project'로 알려지고 있다. 그 외에도 'F-Project'도 있었다). 또한 원폭이론과 U-235 분리기술 발전 등 5개의 연구주제를 갖고 연구도 진행하고 있었다. 그들은 핵무기는 이론적으로 가능하며 기술적으로도 실행 가능한 것으로 판단했다. 그러나 끝내 일본은 원폭을 개발하지는 못했다.

이 연구소는 1945년 연합군 폭격으로 부분적으로 파괴됐으며, 항복 이후에는 미군이 Ni-Go Project를 압수한 것으로 알려지고 있다. 후일 연구소 시설은 미국의 전쟁성 지시에 의해 완전히 분해되고 그 시설

19) http://www.atomicheritage.org/history/german-atomic-project(검색일: 2018. 1. 20).

20) 이 연구소는 1913년에 과학연구를 위해 창설 필요성이 제기되어 1917년에 설립됐다. 제2차 세계대전 당시는 일본 육군의 원폭 개발 프로그램이 여기서 실행됐다. 1945년 미군이 연구소를 폭격했으며, 전쟁 이후 연합군이 연구소의 사이클로트론 시설을 파괴했다.

들은 해체되어 도쿄만에 수장됐다.[21] 이렇듯 독일과 일본도 원폭 개발을 시작했으나 성공하지 못하면서 미국이 먼저 개발했고 일본에 사용한 것이다.

한편 영국에서도 원폭 관련 계획이 없었던 것은 아니다. 이른바 '마우드 위원회(MAUD Committee)'라 불리는 조직에 참여했던 과학자들은 1940년 4월에 당시 물리학자들이 발견한 핵물질의 분열이 장차 핵무기를 만들 수 있을 것이라고 했다. 1940~1941년에 걸쳐서 물리학자들은 10kg의 우라늄만 있으면 이론적으로는 큰 폭발을 일으키는 데 문제점이 없을 것으로 예상했다. 위원회의 보고서를 이용해 영국은 핵무기를 만들기 위한 비밀계획으로 캐나다가 참여하는 'Tube Alloys' 계획을 만들었으나 많은 비용이 소요되는 점과 영국이 독일 공군의 폭격권에 있는 점 등을 감안해 더 이상 추진하지는 못했다. 이 보고서는 후일 미국에 넘겨져 맨해튼 프로젝트에서 유용하게 사용됐다.[22]

미국의 원자탄 개발 계획은 일명 '맨해튼 프로젝트(Manhattan Project)'로 알려져 있다. 이 계획은 1939년 처음 시작되기는 했지만 1942년부터 미 육군장군 그로브스(Leslie Groves)에 의해 주도됐으며, 연구를 실제로 실행한 과학자는 오펜하이머(Robert Oppenheimer)였다. 미국의 여러 정부기관들이 원폭을 개발하고 실험하는 데 소요되는 비용과 시설 등을 지원했으며, 미국 외에 영국과 캐나다의 학자들도 참여했다. 원폭 제조에 필요한 우라늄은 미국과 캐나다, 체코, 벨기에령 콩고 등에서 조달했으며, 핵 개발을 위해 약 20억 달러(2016년 기준: 270억 달러)의 예산과 13만여 명의 인력이 투입됐다. 1945년 7월 16일 뉴멕시코(New Mexico)의 앨라모고

21) http://www.atomicheritage.org/history/japanese-atomic-project(검색일: 2018. 1. 20).

22) http://www.atomicheritage.org/history/britains-atomic-project(검색일: 2018. 1. 20).

도(Alamogordo)에서 처음으로 원폭 폭발실험(Trinity Test)이 성공적으로 실시됐다.

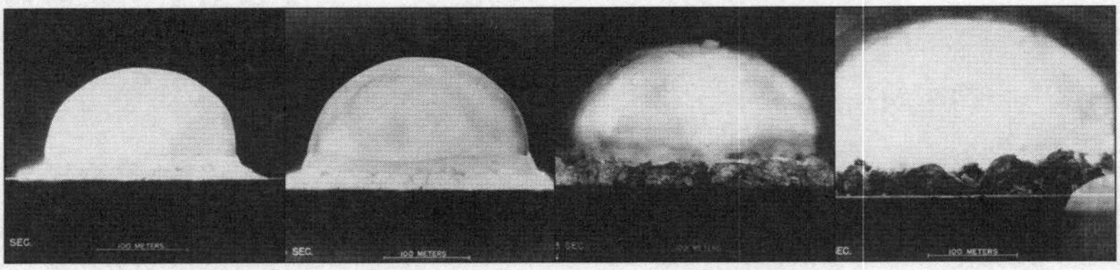

〈그림 3-14〉 맨해튼 프로젝트 원폭실험(1945. 7. 16)
출처: http://www.atomicheritage.org/history/trinity-test-1945(검색일: 2018. 1. 20).
왼쪽의 그림으로부터 0.13초, 0.25초, 0.53초, 1초 뒤의 화구이다.

2. 히로시마 원자탄 투하 과정

미국에서 장차 일본에 원폭을 투하하는 문제를 처음으로 논의한 시기는 원자탄 실험을 성공하기 이전인 1943년 5월 5일 군사정책을 논의하는 자리로 거슬러 올라간다. 당시 원폭의 개발은 물론 무기로 사용될 수 있을 것인지도 불확실한 때였지만 논의가 있었던 것이다.[23]

맨해튼 프로젝트를 총괄했던 그로브스 장군과 파렐(Thomas Farrel) 장군은 일본을 항복시키기 위해서는 두 발의 원폭 투하를 주장했다. 그 이유로, 첫 번째는 원폭을 만들어낸 미국의 힘을 보여주기 위한 것이고, 두 번째는 미국이 일본을 항복시킬 수 있는 충분한 무기를 갖고 있다는 것을 일본에 확신시키기 위한 것이라고 했다.[24]

히로시마와 나가사키에 대한 원폭 투하 결정은 일련의 과정을 거

23) Martin Zuberi, *Atomic Bombing of Hiroshima and Nagasaki,* Strategic Analysis, August. 2001, p. 633.

24) Ibid., pp. 624~625.

쳐 결정됐다. 1945년 4월 27일, 그로브스와 오펜하이머 등이 참여하는 제1차 표적위원회(Target committee)가 열려 도쿄와 히로시마, 교토, 나가사키, 요코하마 등이 선정됐다. 그러나 도쿄에 원폭을 투하하는 것은 불발을 염려해 취소됐다. 당시 일본의 많은 도시들이 미군 폭격기의 폭격을 받아 상당한 피해를 입고 있었지만, 히로시마는 아직 미 공군기의 재래식 폭격을 받지 않은 가장 큰 도시였으며, 도시가 평탄하며 주변의 산악들도 높지 않은 것으로 평가됐다.[25)]

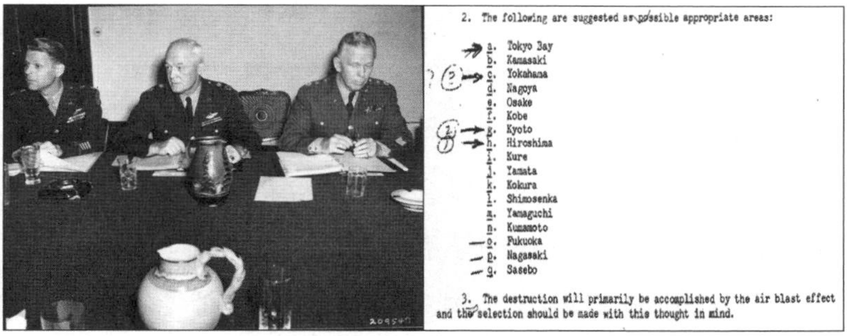

〈그림 3-15〉 원폭표적위원회와 당시 표적대상 도시

출처: https://apjjf.org/Sean-Malloy/3114/article.html(검색일: 2018. 2. 5).

1945년 5월 10일 열린 제2차 표적위원회에서는 원폭 투하 고도, 기상과 운용 관련 보고와 이 · 착륙 시 원폭을 적재했을 경우 야기될 문제, 논의되고 있었던 표적들을 선정했을 때 나타날 현상, 일본 내 주요 군사표적에 대한 사용 여부, 폭발 시의 방사선 효과, 항공기간의 협조, 원폭 투하를 위한 예행연습, 일본까지 원거리 비행 간 야기될 수 있는 안전을 위한 협조사항 등이 논의됐다. 여기서 표적은 교토와 히로시마,

25) Ibid., p. 635.

요코하마, 고쿠라 병기공장, 니가타 등이 논의됐으며, 교토와 히로시마, 요코하마, 고쿠라가 우선순위 투하지역으로 검토됐다.[26] 표적 선정 시 트루먼 대통령은 단순히 군사표적을 원했다는 말도 있지만, 히로시마는 당시 중요한 항구이자 제2군 군사령부가 위치하고 있었기 때문에 전략적인 표적이었다고 할 수 있다.

비록 미국이 일본에 인류 최초의 원폭을 투하할지라도 인도주의적인 국가로서 피해를 최소화할 수 있도록 하는 차원에서 원폭을 투하하기 2~3일 전에 일본에 이러한 사항을 경고하는 방안도 논의했다.[27]

사실 1945년 5월 7일, 독일군이 항복하면서 유럽지역에서 전쟁이 끝났고, 유일하게 일본만 연합국과 전쟁을 지속하는 과정에서 그것도 일본의 전쟁지속능력이 바닥에 다다르고 있는 상황에서 원폭을 투하하지 않고도 미국이 일본을 항복시킬 수 있는 방법에는 몇 가지가 있었다. 이를 보면, 먼저 미 육군항공(공군)의 재래식 폭격에 의한 방법[28]이다. 미군은 1945년 3월 9일 334대의 폭격기가 도쿄에 2,000톤의 소이탄(Incendiary)을 투하해 도쿄를 태워버렸고, 5월 23일에도 3,645톤의 소이탄을 도쿄에 투하했다.

---

26) "Summary of Target Committee Meeting on 10 and 11May 1945," http://www.trumanlibrary.org (TOP SECRET 해제자료, 검색일: 2017. 9. 1).

27) "Memorandum on the use of S-1 Bomb"(1945. 6. 27, TOP SECRET 해제자료.

28) Martin Zuberi., *Atomic Bombing of Hiroshima and Nagasaki.* Strategic Analysis, August. 2001, p. 628. 제2차 세계대전 당시에 공군은 육군항공대 소속이었다. 제2차 세계대전 이후 1947년에 공군이 육군으로부터 독립됐다.

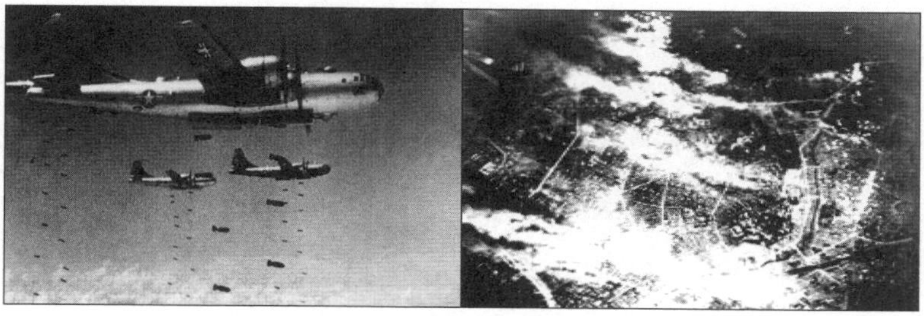

〈그림 3-16〉 미군 폭격기의 폭격과 불타고 있는 도쿄(1945. 3. 10)
출처: http://www.uncensoredhistory.blogspot.kr(검색일: 2018. 2. 10).

1945년 7월까지 일본 전역에는 41,000톤 이상의 폭탄이 투하됐으며, 그 가운데는 소이탄이 많았다. 그 이유는 당시 일본의 주택들은 목조가옥이 많아 소이탄 공격으로 화재가 발생할 가능성이 높았기 때문이다. 일본의 66개 도시 가운데 44개 도시가 소이탄의 공격을 받았으며 수십만 명이 사망하고 수백만 명이 집을 잃었다.

다음은 해상봉쇄에 의한 방법[29]이다. 전쟁을 지속하려면 인적자원은 물론 각종 금속이나 유류와 고무 등의 물자가 절대적으로 필요하다. 그러나 일본은 전쟁을 지속할 물적 자원이 매우 부족한 나라로, 이를 충당하려고 동남아의 인도네시아와 말레이시아 등 자원지역을 침공했다. 그러나 미 해군이 제공 및 제해권을 장악하면서 1943년 들어 일본에 대한 해상봉쇄로 일본 경제는 휘청거리고 있었다. 당시 어느 일본 제독의 지시로 연구된 보고서에 의하면 1944년 3월 일본은 이미 석유나 고무와 철광석 등을 운반해야 할 상선을 대부분 상실하면서 동남아로부터 천연자원의 수송이 막히고 있었다고 한다. 미 해군과 전략공군에서는 해상 및 공중 우세권을 확보하면서 해상봉쇄와 전략폭격만으로

29) Ibid, p. 628.

일본을 굴복시키기에 충분하다고 주장했고, 미 육군은 육군대로 전쟁을 끝내기 위해서는 일본에 대한 상륙작전이 필요하다고 주장했다. 이러면서 등장한 제3의 방법이 일본 본토에 대한 상륙작전을 실시하는 것이었다.[30]

1945년 6월 18일 일본 본토 상륙작전을 논의하기 위해 트루먼(Harry Truman) 대통령 주재로 회의가 열렸다. 이 회의에서는 1945년 11월 1일 일본 본토 상륙을 목표로 하는 이른바 '올림픽 작전계획(Operation OLYMPIC)'이 논의됐다. 회의에는 육군참모총장 마셜(Georges Marshall) 장군과 대통령 군사고문 레이히(William Leahy) 제독, 해군의 킹(Earnest King) 제독, 해군장관 포레스탈(James Forrestal), 전쟁성 장관 스팀슨(Henry Stimson) 등이 참여했다.

이상의 방법은 모두 재래식 전투로 일본을 패배시키기 위한 방법이었다. 마지막으로 원자탄을 투하해 일본을 항복시키는 것이 논의됐다. 이 네 가지는 미국이 군사적으로 선택 가능한 상황이었다. 여기에 러시아 옵션, 즉 러시아의 대일본 전쟁선포도 중요한 한 가지였다. 이는 이미 1945년 7월의 포츠담 회의에서 연합국 지도자 사이에 합의된 것이었다.[31] 이와 같이 일본을 항복시키기 위한 방안이 여러 가지로 논의됐지만 최종적으로 원폭을 사용하기로 결정된 것이다. 그렇다면 미국은 왜 원폭 사용을 결정했을까?

1944년 3월 1일부터 1945년 5월 1일까지 14개월 동안 맥아더 장군이 태평양전쟁을 하면서 미군 13,742명이 전사(일본군은 310,165명)했다. 반면에 1945년 필리핀 레이테 전역 이후 전사 및 부상자, 실종자는 중

30) Ibid, p. 630.
31) Ibid, p. 627.

가하고 있었다.[32] 일본 본토로 전선이 근접해지면서 일본군의 극렬한 저항이 증가하고 있었기 때문이다.

〈표 3-1〉 태평양전쟁 당시의 미군 및 일본군 손실

전 역	미군 (전사, 부상, 실종)	일본 (전사, 전쟁포로)	미군 : 일본군 피해 비율
레이테(Leyte)	17,000	78,000	1 : 4.6
루손(Luzon)	31,000	156,000	1 : 5.0
이오지마(Iwozima)	20,000	25,000	1 : 1.25
오키나와(Okinawa)	34,000(지상) 7,700(해상)	81,000	1 : 2
(유럽) 노르망디(Normandy)	42,000		

출처: "Minutes of Meeting held at the White House," http://www.nationalarchive.gov, June 18, 1945, p. 2(검색일: 2018. 3. 20).

일본을 항복시키는 과정에서 발생할 미군의 희생자 규모에 대해 대통령이나 합참에서는 커다란 우려를 갖고 있었다. 일본의 무조건 항복을 요구하는 포츠담 선언을 일본이 거부했을 때 트루먼 대통령은 일본 본토에 상륙작전을 할 시 100만여 명의 병력이 필요하고 그 가운데 25만 명의 희생을 감수하며 해야 할 것인지, 아니면 원폭을 사용할 것인지 결심을 해야만 했는데 원폭 투하를 결심한 것이다.[33]

당시 트루먼 대통령은 25만여 명의 미군이 전사하는 것보다는 히로시마 인구가 6만여 명이라면 이를 희생시키고 일본을 항복시키는 것이 더 바람직한 것이기 때문에 히로시마와 나가사키에 원폭을 투하하도

32) "Minute of Meeting held at the White House on Monday," 18 June 1945 at 1530, http://www.nationalarchives.gov (TOP SECRET 해제 자료, 검색일: 2017. 9. 1).

33) Paul Ham, *HIROSHIMA NAGASAKI: THE REAL STORY OF THE ATOMIC BOMBINGS AND THEIR AFTERMATH*, St. Martin's Press, 2014, p. 473.

록 명령했다고 말했다. 후일 그는 결과적으로 원폭의 투하가 미군 25만 명과 일본인 25만 명의 목숨을 구했으며, 전쟁을 끝내기 위한 수단으로 원폭을 투하한 것을 후회하지 않는다고 말했다.

당시 일본은 오키나와 전역기간 동안 가미카제(神風) 공격을 감행해 미군이 수많은 피해를 입으면서 값비싼 전쟁을 하고 있었다.[34] 3개월간의 오키나와 전역에서 미군은 수만 명이 전사하거나 부상을 입었으며 해군은 36척의 함정 격침과 368척이 대파되는 피해를 입었다. 이것은 대부분 가미카제의 자살공격으로 인한 피해였다. 한편, 일본군은 본토방위를 위해 결호작전(決號作戰)을 준비하면서 200만여 명의 병력과 8,000여 대의 각종 항공기를 준비하는 등 본토를 방위하겠다고 주장하고 있었다.[35] 그런 상황에서 미군의 인명피해를 최소화하기 위해 원폭 사용을 결심한 것이다.[36]

1945년 7월 25일 육군참모총장 마셜 장군이 서명한 원폭 투하 명령이 스파츠(Carl Spaatz) 전략공군 사령관에게 하달됐다. 여기에는 원폭 투하 목표로서 히로시마와 고쿠라, 니가타, 나가사키가 포함됐다. 원폭 투하 일시는 기상상황에 따라 8월 3일 이후에 하되 육안으로 목표를 확인해 폭격이 가능할 때 투하하도록 지시됐으며, 폭격고도와 투하시간 등은 폭격기를 지휘하는 지휘관에게 위임됐다.[37]

---

34) 앞의 책, 2005, p. 435.

35) 위의 책, p. 441.

36) 트루먼 대통령은 종전 이후 미국이 일본에 원폭을 투하한 이유로 첫째, 일본군이 경고 없이 진주만을 기습한 데 대한 보복과 둘째, 일본군이 필리핀 등지에서 미군 전쟁포로를 학대하고 굶기고 처형한 데 대한 보복과 셋째, 국제법의 전쟁법을 지키지 않은 일본에 대한 응징, 넷째, 미국 젊은이의 희생을 줄이기 위해 사용했다고 말한 바도 있다.

37) "Official Bombing Order, July 25, 1945," http://www.dannen.com/decision/handy.html (검색일: 2017. 9. 3); Martin Zuberi, op. cit, p. 643.

미군은 원폭을 투하하기 전에 일본의 주요 도시에 이른바 '르메이 전단(LeMay Leaflets)'을 살포했다. 이 전단에는 "일본 국민에게 고함(日本國民に告ぐ)"이라고 쓰여 있었으며, 다음 내용을 포함했다.[38)]

> "이 전단을 주의 깊게 읽어 당신과 가족, 친구의 생명을 구하기 바란다. 가까운 시일 안에 여기 전단에 포함된 도시의 전부 또는 일부가 미군기의 폭격에 의해 파괴될 것이다. 이 표적에는 군수물자를 생산하는 시설이나 공장이 포함돼 있다. 우리는 무의미한 전쟁을 지속하는 데 이용되고 있는 이러한 시설들을 파괴하기로 결정했다. 불행하게도 폭탄에는 눈이 없다. 우리는 무고한 일본 국민에게 피해를 주기를 원치 않는다. 여러분들은 빠른 시간에 전단에서 언급된 도시를 떠나 목숨을 구할 수 있도록 해주기 바란다. 미국은 일본 국민과 싸우는 것이 아니다. 미국은 일본 국민을 노예로 만드는 군부와 싸우는 것이다. (중략) 빠른 시간에 전단에 언급된 도시를 떠나기 바란다."

히로시마에 원폭을 투하한 이후에도 일본이 항복을 거부하자 미국은 히로시마에 원폭을 투하했음을 경고하면서 다시금 도시를 떠나 다른 곳으로 대피하도록 경고했다.

"일본 국민에게 경고한다. 일본 국민들은 이 전단에서 언급하는 바와 같이 즉시 대피하기 바란다. 우리는 지금 종전에 없었던 파괴적인 무기를 갖고 있다. 우리는 지금 B-29 폭격기 2,000대가 운반할 수 있는 폭발물의 양에 해당되는 무기와 같은 폭발력을 갖는 신형의 원폭을 갖고 있다. 우리는 이제 이 무기를 일본에 사용하기 시작했다. 이 경고가 의심된다면 히로시마에서 무슨 일이 일어났는지 알아보기 바란다. 전

38) http://www.atomicheritage.org/key-documents/warning-leafleats(검색일: 2018. 1. 20).

쟁을 지속하는 모든 군수시설에 이 폭탄을 다시 사용하기 전에 여러분들이 일왕에게 전쟁을 끝낼 수 있도록 요구해주기 바란다. 미국 대통령은 일왕이 명예롭게 항복할 수 있도록 13개 항을 요구한바 있다. 우리는 일본이 이 13개 항을 받아들여 새로운 일본을 건설하는 데 함께 하기를 바란다. 여러분들은 군부가 저항을 중지하도록 힘써주기 바란다. 그렇지 않으면 우리는 신속하게 강력히 이 무기를 사용해 전쟁을 끝낼 것이다. 즉시 여러분이 살고 있는 도시를 떠나기 바란다."

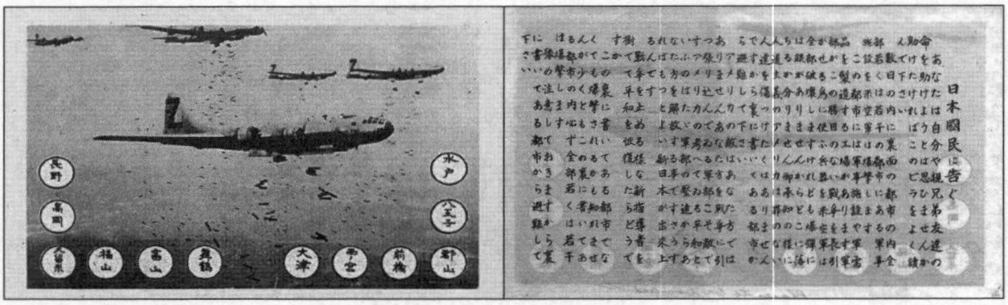

〈그림 3-17〉 르메이 전단과 일본 국민에 대한 경고문

출처: http://www.atomicheritage.org/key-documents/warning-leafleats (검색일: 2018. 1. 20).

히로시마와 나가사키에 투하된 원폭은 종전에 없었던 대규모의 인명을 살상했고 도시를 일순간에 폐허로 만들었다. 이는 폭격기 수백대가 동시에 폭격을 했던 것과 비슷한 피해를 단 한 발의 핵폭탄으로 입힌 것이다. 이 당시 미 전략공군에서는 원폭과 재래식 폭탄의 폭격효과를 다음과 같이 비교 평가했다.

〈표 3-2〉 핵 및 재래식 공격에 의한 피해 비교

구 분	히로시마 원폭 공격	나가사키 원폭공격	도쿄 대공습	평균 93개 도시 폭격
투입 폭격기(대)	1	1	279	173
폭탄 투하량	원자탄 1	원자탄 1	1,667t	1,129t
인구 밀도(명) (평방마일당)	46,000	65,000	130,000	미확인
파괴지역 (평방마일)	4.7	1.8	15.8	1.8
사망/실종(명)	70,000 ~80,000	3,500~40,000	83,600	1,850
부 상(명)	70,000	40,000	102,000	1,830
사 망(명) (평방마일당)	15,000	20,000	53,000	1,000
피 해 율(명) (평방마일당)	32,000	43,000	11,800	2,000

출처: The US Government Printing Office, "The United Strategic Bombing Survey: The Effect of Atomic Bombs on Hiroshima and Nagasaki," The US Government Printing Office, June 30, 1946, p. 33.

위의 〈표 3-2〉가 보여주듯 원자탄 한 발의 위력은 B-29폭격기 수백 대가 동시에 출격해 폭격을 했을 때와 비슷한 효과를 발휘할 정도로 강력하다. 여기에 치명적인 방사선에 의한 피해도 발생한다.[39] 재래식 탄은 포격이나 폭격 당시의 인명살상과 파괴 등의 피해로 끝나지만, 핵무기는 폭발 당시의 인명살상은 물론 방사선 피폭량에 따라 수개월~수십 년에 걸쳐 백혈병이나 암 같은 병의 유발과 기형아 탄생과 같은 비극으로 후손에게까지 그 영향을 미치는 것이다.

39) 히로시마와 나가사키 원폭 투하로 인한 피해는 화상, 열상, 무너진 건물의 파편이나 붕괴된 건물 등으로 약 85%가 사망하고 15%만이 원폭 폭발 시 발생한 방사선으로 죽었기 때문에 일본의 다른 도시가 폭격 시 죽은 원인도 이와 비슷하다고 주장하는 경우도 있다.

3. 원자탄 투하로 인한 피해

1) 공습 당일 상황

그렇다면 히로시마 원폭 당일의 상황은 어떠했을까? 1945년 8월 6일 새벽, 태평양 상의 작은 섬 티니안(Tinian)에서는 1대의 B-29폭격기(Enola Gay)가 이륙했다. 이 폭격기에는 인류 최초로 일본에 투하될 원폭인 '작은 꼬마(Little Boy)'가 적재되어 있었다. 폭격기는 일본을 향해 비행하다가 다른 폭격기 2대와 합류했다. 폭격기가 일본 열도로 접근함에 따라 히로시마 레이더 관측소에서는 폭격기의 접근을 탐지해 공습경보를 발령했다가 7시 30분에 해제했다. 통상적으로 미군 폭격기들이 일본을 폭격하기 위해 올 시는 수십~수백 대가 왔는데 이날은 원폭을 탑재한 폭격기 1대와 관측기 2대 등 3대밖에 오지 않자 곧 공습경보를 해제했던 것이다. 공습경보가 해제되면서 많은 시민들은 학교로, 공장으로 이동했고, 일부는 이미 직장에 출근해 업무를 시작했다. 이렇게 시민의 이동이 많은 시간에 히로시마에 원폭이 투하됐다.

원폭 투하 이후 도쿄의 방송에서는 히로시마 방송국이 파괴된 것을 알고 다른 전화로 접촉을 시도했으나 실패했다. 20분 뒤에는 도쿄의 철도전신센터에서도 히로시마 북쪽에서 전신선이 작동하지 않음을 알았다. 히로시마에서 10마일 떨어진 기차역에서는 히로시마에서 대폭발이 발생했다는 확인되지 않은 비공식적인 보고가 왔고 이러한 사항들은 도쿄의 대본영으로 보고됐다.

〈그림 3-18〉 히로시마와 나가사키에 대한 원폭 투하

출처: https://apjjf.org(검색일: 2018. 2. 10). 왼쪽은 히로시마에 원폭을 투하한 에놀라 게이(Enola Gay)와 리틀 보이(Little Boy) 및 원폭 폭발 모습이고 오른쪽은 나가사키에 원폭을 투하한 복스카(Bockscar)와 팻 맨(Fat Man) 및 원폭 폭발 모습임.

히로시마가 피폭되자 군부에서는 그곳에 주둔하고 있는 2군을 호출했으나 많은 피해를 입고 있는 상황에서 반응이 없었다. 군부에서는 히로시마에 미군 폭격기의 대규모 폭격이 없었고, 그렇다고 대폭발을 일으킬 폭발물도 없는 것으로 알고 있었다. 따라서 대본영에서는 히로시마에서 발생한 상황을 확인하고자 비행기를 타고 가서 확인해 보고토록 했다. 지시를 받은 장교는 3시간 비행 끝에 히로시마에 가서 처참하게 파괴된 상황을 대본영으로 보고했다. 원폭 투하 이후 미국은 일본에 다시 무조건 항복을 요구했지만 일본은 이를 거부했다. 그리고 3일 뒤에는 나가사키에도 원폭이 투하됐다. 히로시마와 나가사키에 투하된 원폭을 비교하면 다음과 같다.

〈표 3-3〉 히로시마와 나가사키에 투하된 원폭 비교

구 분	히로시마(廣島)	나가사키(長崎)
길 이	3m	3.2m
직 경	0.7m	1.5m
무 게	4t	4.5t
핵물질	우라늄 64kg (89% 농축: 50kg, 50% 농축: 14kg)	플루토늄 10kg
위 력	16kt(우라늄탄)	21kt(플루토늄탄)
폭발고도	600m	605m
폭발방식	포신형	내폭형
별 칭	Little Boy	Fat Man

출처: Masao Tomonaga et al, *Research of on Impacts of Nuclear Weapon in Various* Aspects, Ministry of Foreign Affairs of Japan, 2014, p. 14.

히로시마와 나가사키에 원폭이 투하되면서 도시의 대부분이 흔적도 없이 사라졌다. 히로시마는 90% 이상의 도시가 화재와 폭풍으로 불타거나 파괴됐으며, 나가사키도 많은 부분이 불타거나 파괴되는 피해를 입었다.

〈그림 3-19〉 히로시마와 나가사키 핵 피폭 전후의 모습(왼쪽: 히로시마, 오른쪽: 나가사키)
출처: https://www.google.co.kr(검색일: 2018. 3. 15).

다음의 사진은 당시 히로시마와 나가사키에 원폭이 투하되어 막대한 피해가 발생했음을 보도하는 미국의 신문이다. 원폭이 TNT 폭약 20,000톤에 해당되며, 트루먼 대통령이 일본에 '파멸의 비(Rains of Ruin)'가 될 것임을 경고하고 있다는 기사 제목이 보인다.

"All the News That's Fit to Print"

The New York Times.

LATE CITY EDITION

FIRST ATOMIC BOMB DROPPED ON JAPAN; MISSILE IS EQUAL TO 20,000 TONS OF TNT; TRUMAN WARNS FOE OF A 'RAIN OF RUIN'

Jet Plane Explosion Kills Major Bong, Top U. S. Ace

KYUSHU CITY RAZED

REPORT BY BRITAIN

Steel Tower 'Vaporized' In Trial of Mighty Bomb

NEW AGE USHERED

THE BOSTON HERALD

LATE CITY EDITION

ATOMIC BOMB HITS NAGASAKI, SOVIET ENTERS WAR, U.S. BIDS TOKYO QUIT

Vital Kyushu City Is Second Atom Target

BYRNES TELLS HOW TRUMAN PRODDED REDS

〈그림 3-20〉 히로시마와 나가사키 핵 피폭 보도 신문

출처: https://www.google.co.kr(검색일: 2018. 2. 20).

2) 피해 상황

1945년 8월 15일 아침 8시 15분에 인류 최초의 원폭이 히로시마에 투하됐다. 투하된 원폭 '작은 꼬마(Little Boy)'는 1/100만 초라는 극히 짧은 시간에 핵분열(nuclear fission)이 종료되면서 수백만 도의 온도를 방출했고, 엄청난 기압도 발생했다. 당시 시간대별 발생한 상황을 일본의 자료를 통해 살펴보면 〈표 3-4〉와 같다.

이로 인해 발생한 인명피해는 〈표 3-5〉에서 보는 바와 같다. 단 한 발의 폭탄으로 대규모 인원이 살상됐음을 볼 수 있지만, 당시는 물론 한동안 원폭에 의한 열 및 화상, 방사선에 의한 인명피해가 광범위한 지역에서 발생했기 때문에 피해 현황을 집계하기가 쉽지 않은 상황이었다. 그러한 피해규모에 대한 조사가 다음의 〈표 3-5〉에 제시되어 있다. 이 표를 보면 피해 조사일시와 기관에 따라 피해규모가 상당한 차이가 있음을 볼 수 있다.

〈표 3-4〉 원폭 투하 이후 시간대별 발생 상황

시간	현상
0초	• Enola Gay호, 지상 9,600m 상공에서 원폭 투하 • 43초 낙하 뒤 지상 600m 상공에서 폭발
1/1,000,000초 (1μs)	• 핵분열 종료, 감마선(Gamma rays)과 중성자(Neutrons) 다량 방출 • 원자탄 내부 수백만 도 도달 및 수백 기압 발생
1/10,000초	• 반경 14m 화구(Fireball)와 표면온도 30만℃ 발생
1/100초	• 반경 90m 화구로 확대, 표면온도 1,700℃로 하강
0.3초	• 화구 표면온도 7,000℃로 상승, 섬광 관측 및 폭풍 발생
1초	• 화구 반경 140m(최대), 표면온도 5,000℃로 하강
3초	• 화구 표면온도 1,700℃로 하강, 모든 에너지 방출
10초	• 히로시마 거의 파괴, 화염 사라짐
3분 경과	• 버섯구름(Mushroom Cloud) 보이기 시작
20분 경과	• 방사능에 오염된 검은 비(Radioactive Black Rain) 내리기 시작

출처: Ibid., p. 18.

〈표 3-5〉 히로시마 원폭피해 조사결과

단위: 명

일시	조사기관	계	사망	부상
1945. 8. 20	히로시마	42,550	32,959	9,591
1945. 8. 25	히로시마 보건국	63,614	46,185	17,429
1945. 11. 30	히로시마 경찰국	92,133	78,150	13,983
1946. 3. 8	히로시마 행정국	64,610	47,185	17,425
1946. 8. 10	히로시마 피해조사팀	122,338	118,661	3,677
1951	미일 합동조사팀	64,602	64,602	-
1961	일본 원폭-수폭반대특별위원회	151,900~ 165,000	119,000~ 133,000	-

출처: Ibid., p. 16.

이렇게 피해 현황에 있어 차이가 발생하는 이유는 그만큼 원폭이 폭발할 시 발생하는 다양한 피해유발 요인, 즉 열 복사선과 폭풍 및 방사선 등으로 인해 그 피해가 오랜 기간에 걸쳐 광범위하게 발생하면서 폭발 당시로만 국한되지 않는다는 것을 보여주기 때문이다.

1945년 8월의 히로시마의 인구는 약 27만여 명으로 알려지고 있다. 이 인구 가운데 일본 정부의 사망자에 대한 공식적 현황은 핵 피폭 이후 즉시 사망한 인원으로부터 그해 12월까지 5개월 이내에 사망한 인원을 14만여 명이라고 제시하고 있다.[40)]

히로시마에서는 처음 조사에서 사망 68,670명과 부상 72,880명이라고 했다가 이내 건물에서 수백 명의 사망자가 무더기로 발견되자 이 숫자에 대해 의문을 가지면서 도외시됐고, 결국 그해 연말에는 14만 명으로 늘어났다. 특히 폭발 순간 반경 450m의 '죽음의 동그라미' 안에 있었던 사람 약 3,483명 가운데 88%가 즉시 또는 그날 안에 죽었다.[41)]

한편, 건물에 대한 피해로 히로시마에는 피폭 전에는 76,327동의 건물이 있었는데 이 가운데 70,147동의 건물이 파괴되거나 불에 타버렸다. 이는 당시 건물의 92%가 피해를 입은 것이다. 또한 당시 330만여 제곱미터의 농지 가운데 40%가 오염된 재로 인해 사용할 수 없게

---

40) Ibid., pp. 11, 15~16. 히로시마 피폭 피해에 대한 자료는 1971년 히로시마시에 의해 출판된 히로시마의 『전쟁피해 평론(*War Damage Journal*)』에 근거한다. 이 자료는 1976년 유엔 사무총장에게 보고하기 위한 유엔의 특별위원회자료와 유엔의 원폭피해 조사단의 자료에 의한 것이다. 여기에는 군인을 제외한 31~32만여 명(군인 포함 시 35만)이 직접적으로 영향을 받았으며, 이 가운데 14만여 명이 사망했다고 기록했다. 이 숫자에는 외국인도 포함된다. 히로시마시의 자료에 의하면 핵 피폭으로 영향을 받은 인원은 320,081명이며, 그 가운데 사망 또는 실종자는 122,338명이고, 부상자는 78,130명이다. 이러한 수치를 토대로 1945년 12월 31일 현재 군인을 포함한 사망자를 14만여 명이라고 했다. 히로시마 평화기념관에 의한 자료에서는 13~15만여 명이 죽었다고 제시하고 있기도 하다 (http://www.hiroshimapeacemedia.jp, 검색일: 2017. 9. 2).

41) 케이스 휠러, 『원폭과 일본 패망』, (주)한국종합물산, 1987, p. 135.

됐다.[42]

8월 9일 나가사키 핵 피폭 이후 발생한 사망자 현황에 대한 조사 결과도 히로시마 원폭 투하 이후 발생된 현상과 비슷한 상황이 발생되고 있음을 보여준다. 당시 나가사키 인구는 24만여 명으로 추산됐으며, 초기의 조사에서는 사망 37,507명과 부상 26,709명으로 집계됐으나 그 해 말 70,000여 명의 사망자가 발생한 것으로 다시 집계가 됐고,[43] 피폭 즉시부터 5개월 이내 사망한 인원은 73,000여 명으로 집계됐다.[44]

〈표 3-6〉 나가사키 원폭 피해 조사결과

단위: 명

일 시	조사기관	계	사망	부상
1945. 8. 31	나가사키현	21,672	19,748	1,924
1945. 10. 23	나가사키현 외무업무 부서	25,677	23,573	1,924
1947년 이전	영국에서 파견된 조사팀	39,500	39,500	-
1949	나가사키 원폭자료보관 위원회	73,884	73,884	-
1951	미일 합동조사팀	29,570~ 39,214	29,570~ 39,214	-
1956	미일 합동조사팀	39,000	39,000	-

출처: Masao Tomonaga et al., op. cit., p. 17.

히로시마에 투하된 원폭(16kt)보다 나가사키에 투하된 원폭(21kt)의 위력이 더 강했음에도 불구하고 히로시마에서 발생한 희생자가 더 많

42) Hiroshima Prefecture and The City of Hiroshima, *Hiroshima Reconstruction and Peacebuilding Research Project: Hiroshima's Path to Reconstruction,* Rijo Printing Co. Ltd, 2015, p. 7.

43) 케이스 휠러, 앞의 책, p. 135.

44) Masao Tomonaga et al., op. cit., pp. 11, 16~17. 또 다른 자료에서는 1945년 12월까지 히로시마 원폭으로 인한 사망 130,000~150,000명과 나가사키 사망은 73,000~75,000명을 제시하고 있다(Hiroshima Prefecture and The City of Hiroshima, op. cit., p. 9).

은 이유는 지형적 요인에 의한 바가 크다. 즉, 히로시마는 도시 중심부의 평탄한 지형의 상공에서 폭발하면서 핵폭발 효과가 컸고, 여기에 인구도 더 많았던 반면에 나가사키는 도시 중심부를 벗어나 계곡의 상공에서 폭발하면서 그 효과가 감소됐다.

위의 두 표는 단 한 발의 핵 공격으로도 대규모의 인명피해를 야기하는 것을 보여준다. 그런데 앞의 두 표가 의미하는 것은 핵폭발 시 발생할 인명피해에 대한 조사 역시 쉽지 않다는 것이다. 그 이유는 피해현황을 집계하는 데 있어 원인은 물론 기간을 특정하기 어렵기 때문이다. 핵폭발 시 발생하는 고온의 열 복사선과 폭풍으로 야기되는 건물 붕괴로 압사되거나 과도한 방사선 피폭 등으로 인해 현장에서 사망하는 사람은 물론, 심각한 부상을 입었음에도 적절한 치료를 받지 못하거나 시기를 놓치면서 수일~수 주 만에 사망하는 사람, 장기간의 치료에도 불구하고 끝내 사망하는 사람, 면역력이 악화되거나 영양 부족으로 사망하는 사람, 폭발 당시의 고온으로 인한 증발현상으로 영원히 사망자를 확인할 수 없는 경우도 발생할 수 있기 때문이다.

또한 고온에 의한 화상이나 폭풍에 의한 부상, 방사선 피폭 등 단일요인에 의한 부상은 물론, 열과 폭풍과 방사선 피폭이나 열과 방사선 피폭, 폭풍에 의한 부상에 방사선 피폭, 화상에 방사선 피폭 등 다양하게 부상자가 발생한다. 여기에 방사선으로 인해 그 피해는 오랜 기간 동안 지속된다. 이렇듯 핵무기로 인한 피해를 판단하고 종합하기에는 여러 어려움이 따른다.

원폭이 대량살상무기(WMD)인 만큼 히로시마나 나가사키의 피해규모가 보여주듯 통상 핵무기에 피폭되면 대규모의 인적 피해가 발생하면서 피해지역에서는 모두 사망하는 것으로 알고 있다. 이는 반은 맞고

반은 틀린 말로 보아야 할 것이다. 또한 동시에 많은 피해가 발생하면서 오랜 기간에 걸쳐 치료를 요하는 환자가 발생하는 것도 맞다. 그러나 다음의 〈표 3-7〉은 평시 완벽한 지하 대피시설을 준비하고 핵 공격이 경고될 시는 신속히 대피시설로 대피하면 그만큼 생존 가능성을 높일 수 있음을 보여준다. 다시 말하면, 지하 대피시설에 방폭문을 갖추고 핵 공격이 우려되거나 민방위 공습경보가 발령됐을 때는 신속히 지하 대피시설로 대피할 수만 있다면 핵 공격을 받은 근접한 지역에 위치

〈표 3-7〉 히로시마 원폭 피폭거리별 인원 피해 발생[45)]

피폭거리(km)	인명피해(명)						구성(%)		
	계 (Total)	사망 (Dead)	중상 (Severely Injured)	경상 (Slightly Injured)	미확인 (Unknown)	안전 (Uninjured)	사망 (Total)	부상 (Injured)	안전 (Uninjured)
0.5 이내	21,662	19,329	478	338	593	924	92	3.8	4.2
0.5~1	53,036	42,271	3,046	1,919	1,366	4,434	82.2	9.4	8.4
1~1.5	65,271	37,689	7,732	9,522	1,188	9,140	59.6	25.4	14.0
1.5~2	44,490	13,422	7,627	11,516	227	11,698	30.7	43.0	26.3
2~2.5	52,686	4,513	7,830	14,149	98	26,096	8.8	41.7	49.5
2.5~3	30,796	1,139	2,923	6,795	32	19,907	3.8	31.6	64.6
3~3.5	12,777	117	474	1,934	2	10,250	0.9	18.8	80.2
3.5~4	15,679	100	295	1,768	3	13,513	0.7	13.2	86.2
4~4.5	4,705	8	64	373		4,260	0.2	9.3	90.5
4.5~5	6,817	31	36	156	1	6,593	0.5	2.8	96.7
5 이상	12,162	42	19	136	167	11,798	1.7	1.3	97.0
계	320,081	118,661	30,524	48,606	3,677	118,613	38.2	24.7	31.7

출처: Ibid., p. 16.

45) 〈표 3-7〉에서 보여주는 바와 같이 핵 피폭 원점으로부터 500m 이내에서는 많은 사망자가 발생했지만, 경상자와 안전한 인원도 다수 있었다. 이는 그만큼 지하로 대피할 시는 안전함을 의미하며, 핵 공격에 대비해 대피시설을 제대로 준비할 필요성을 제기한다.

할지라도 생존할 가능성이 커진다는 것이다.

〈표 3-7〉은 핵 공격에 대비해 정부나 개인이 제대로 방호규격을 갖춘 대피시설을 준비하고 경보발령 시는 신속히 대피시설로 대피한다면 생존 가능성을 높일 수 있음을 보여준다는 차원에서 매우 중요한 의미를 갖는다. 핵 공격에 대비해 방폭문과 환풍구 및 방벽의 두께 등 규격을 갖춘 지하 대피시설을 설치하고 내부에는 생존에 필요한 식수와 식품 및 침구류, 의약품 등을 준비하며, 핵 공격이 예상될 시는 적시에 준비된 시설로 대피할 수 있다면 그 피해를 대폭 줄일 수 있다는 것을 보여주기 때문이다.[46)]

〈표 3-8〉 피폭거리별 사망률

피폭지역으로부터 거리(km)	히로시마(%)	나가사키(%)
0.5 이내	96.5	88.5
0.5~1.0	83.0	
1.0~1.5	51.6	51.5
1.5~2.0	21.9	28.4
2.0~2.5	4.9	6.4
2.5~3.0	2.7	2.1
3.0~4.0	2.5	1.2
4.0~5.0	1.1	0.7

출처: Masao Tomonaga et al., op. cit., p. 17.

위의 〈표 3-8〉은 피폭지역으로부터 멀수록 사망률이 현저히 낮아지는 것을 보여주는 표로서, 핵 공격 경고를 받을 경우 또는 민방공 경보 발령 시 가급적이면 예상되는 피폭지역으로부터 원거리로 이격될수

46) 박휘락, 『핵전쟁에서도 살아야 한다: 생존상식 10단계』, 21세기 군사연구소, 2015 참조.

록 안전하다.

핵 공격으로 방사선에 인체가 피폭될 시는 피폭량에 따라 신체에 다양한 증상이 나타난다. 방사선이 인체에 미치는 단기적 효과는 인체에 흡수되는 방사선 양과 방사선이 인체조직에 영향을 미칠 수 있는 능력, 인체조직의 감염 정도 등에 따라 다르며, 탈모 증상과 갑상선 질환, 백혈구 및 적혈구 감소와 백혈병, 심장 및 위장계 질환 등으로 나타난다.

〈표 3-9〉 방사선 피폭 시 증상

방사선 노출량 (Dose-rem)	증상
5~20	• 염색체 피해
20~100	• 일시적 백혈구 감소
100~200	• 수 시간 내 경미한 방사선 피폭 증상 • 구토 및 설사, 면역체계 저항력 감소
200~300	• 100~200rem 노출 시 응급 방사선 질환 및 출혈 • 30일 이내 노출 인원의 10~35% 치사량
300~400	• 중대한 방사선 질환 발생, 골수 및 장 파열 등
400~1,000	• 급성 질환 발생, 조기 사망
1,000~5,000	• 급성 질환, 조기 사망

출처: http://atomicarchive.com(검색일: 2017. 7. 1).

방사선 피폭으로 인한 장기적인 피해는 피폭 후 2~3년 후로부터 길게는 10년이 지날 때까지 나타나며, 그 현상으로는 빈혈 증세와 백혈구 및 적혈구의 지속적인 감소, 백내장 환자와 암이나 백혈병 및 인체의 켈로이드 현상 증가 등이 있다.[47]

핵 공격 전 적시에 대피해 생존했다고 할지라도 간과할 수 없는 다

47) http://atomicarchive.com, p. 16(검색일: 2017. 8. 31).

른 하나는 언제 피폭지역을 이탈해 안전지역으로 이동할 것인가의 문제이다. 왜냐하면 피폭지역에서는 오랜 기간에 걸쳐 낙진이 떨어져 인체에 피해를 줄 수 있기 때문이다. 따라서 정부는 핵 공격을 받을 시 낙진 위험지역을 판단해 방송을 통해 알리고 안전지역을 설정해야 하며, 낙진위험 정도를 판단해 안전한 시간대에 주민들을 방독면이나 보호복 착용 등의 방호대책을 갖춘 상태에서 안전지역으로 소개해야 한다.

원폭 공격을 받을 당시는 비록 화상이나 부상을 입지 않았다고 할지라도 방사선이나 낙진에 피폭됐음에도 이를 인지하지 못하면서 피해가 발생될 가능성이 있다. 실제로 히로시마에서는 핵 공격을 받을 당시 열 복사선이나 폭풍으로 피해를 입지 않았던 소방대원 가운데 인명 구호 및 구조활동에 참여했던 사람들이 며칠 뒤 설사와 구토, 탈모, 얼굴에 반점 등의 다양한 피폭 증상을 보이다가 당시에는 원인도 모른 채 사망했던 사례들이 있다.[48] 눈에 보이지 않는 방사선이나 방사능에 피폭되면서 발생한 현상인 것이다.

〈표 3-10〉 히로시마와 나가사키 피폭상황 비교

구 분	히로시마	나가사키
피폭일시	1945. 8. 6, 08:15	1945. 8. 9, 11:02
피해(사망자)	70,000~80,000명	35,000~40,000명
지 형	평탄 지형	계곡 지형
기 상	맑음	구름
피해면적	4.4평방마일	1.8평방마일

출처: The US Government Printing Office, op. cit., pp. 3~15 요약.

48) Paul Ham, op. cit., pp. 418~419.

그러면 히로시마 피폭 당시 발생한 피해현상을 살펴보자. 당시 발생한 상황은 정부가 관심을 갖고 대비해야 할 많은 사항을 제시한다는 점에서 매우 중요하다.

먼저 열 복사선으로 인한 피해이다. 핵폭발 시 열 복사선이 발생한 시간은 불과 수초에 불과했지만, 그러나 그 피해현상은 참담했다. 핵폭발 당시 순간적으로 발생한 수백만 도의 온도는 즉시 지표면에 4,000~5,000도에 달하는 고온을 만들었고 이로 인해 흔적도 없이 증발하면서 흔적만 남긴 사람, 피부를 검게 태우면서 현장에서 바로 사망한 사람, 심각한 화상을 입었으나 적절한 치료를 받지 못하면서 사망한 사람, 경미한 화상을 입은 사람 등 다양하게 피해가 발생했다.

고온의 열 복사선은 사람들의 옷을 불태웠고, 곧이어 폭풍이 닥치면서 타다 남은 옷을 벗겨 화상을 입은 모습이 그대로 드러났다. 열을 흡수하는 검은 옷을 입었던 사람들은 그 가운데 더 심한 피해를 입었고, 흰색 옷을 입은 사람은 그나마 피해를 조금 덜 입었다. 심각한 화상을 입은 사람들 가운데 일부는 인근의 강가로 이동하면서 죽어갔고, 강가에 도착한 사람들은 고통을 이기지 못하면서 그대로 강물에 투신자살 했다.

군부대와 학교, 병원과 같은 사람들이 많이 집중된 곳에서도 대규모의 피해가 발생했다. 당시 히로시마에 위치했던 2군 예하의 부대에서는 약 10,000여 명의 병력과 부대 보충을 위한 병력(약 30,000~40,000명 추산) 가운데 연병장에 집결했던 4,000여 명은 현장에서 대부분 즉사했다. 학교에서는 노동력을 제공하기 위해 동원된 12~17세의 학생들 가운데는 8,500여 명이 즉시 또는 그 주일 내 사망했고 나머지는 심각하게 화상이나 부상을 입었거나 방사선에 피폭됐다.

HIROSHIMA

Table 6

CASUALTIES AMONG SCHOOL CHILDREN

(As of 28 October 1945)

FIRST GROUP (WITHIN APPROXIMATELY 1 KILOMETER)

Key No.	District	Distance	Situation	Total Number	Known Dead	Missing	Un-traced	In-jured	Wel
1	Motokawa Primary School	0.5	Pupils inside or outside of the school or at home	192	192				
2	Otemachi Primary School	1.0	"	430	35	16		166	21
3	Dobashi	0.9	Motokawa Higher Primary School Pupils: Clearing firebreaks	80	80				
		0.9	3rd Year Class of First Prefectural Middle School: Clearing firebreaks	54	54				
	Koamicho	0.8-1.1	3rd Year Class of Sutoku Middle School: Clearing firebreaks	150	50	100			

〈그림 3-21〉 학생 피해 현황을 집계한 자료(1945. 8. 29)

출처: http://blog.nuclearsecry.com(검색일: 2018. 3. 15). 위의 그림을 보면 1945년 10월 28일 현재, 피폭 지점으로부터 500m 떨어진 모토코마 초등학교의 경우는 학교 실내외 또는 가정에 있다가 192명이 사망했고, 1km 떨어진 오토마키 초등학교에서는 430명의 학생 가운데 사망 35명, 실종 16명, 부상 166명, 안전 213명 등의 수치를 제시하고 있다.

이렇게 피폭 원점으로부터 반경 1km 내에 위치하고 있었던 사람들은 현장에서 사망하거나 심각한 화상을 입었으며, 건물도 완전 파괴 또는 화재로 흔적도 없이 사라졌다. 그 외에도 반경 2km 내에 위치하는 건물은 완전히 파괴되거나 불타버렸고, 폭풍이 확산되면서 화재가 전 지역으로 확대됐다. 가연성 물질이 모두 불타면서 화상이나 부상으로 인해 거동이 불가능한 많은 사람들이 또다시 이 화재로 인해 목숨을 잃는 상황이 발생한 것이다.

다음은 폭풍으로 인한 피해의 발생이다. 먼저 핵폭발 시 발생하는 폭풍에 의한 피폭거리별 폭풍에 의한 압력 및 풍속에 관한 것이다.

〈표 3-11〉 피폭거리별 폭풍에 의한 압력 및 풍속

피폭거리(m)	압력(kPa)	도달시간(초)	풍속(m/sec)
100	185.85	0.82	277.7
500	109.63	1.23	189.3
1,000	69.56	2.15	132.3
1,500	38.74	3.32	80.6
2,000	24.51	4.60	53.5
2,500	17.16	5.93	38.4
3,000	12.88	7.34	29.3
3,500	10.15	8.74	23.4
4,000	8.29	10.16	19.2
4,500	6.95	11.59	16.2

출처: Masao Tomonaga et al., op. cit., p. 21.

다음의 〈표 3-12〉는 핵폭발 시 발생하는 폭풍의 풍압에 의해 건물에 발생하는 물리적 현상이다. 표를 보면 풍압이 5psi 이상이 되면 건

〈표 3-12〉 풍압별 물리적 현상

풍압(psi)	현 상
20	• 콘크리트 강화 건물 심각한 피해 또는 붕괴
10	• 콘크리트 강화 건물 심각한 피해 또는 파괴 • 대부분의 인명 사망
5	• 대부분의 건물 파괴 • 광범위한 지역에서 인명 사망, 피해 발생
3	• 거주 건물 붕괴 • 심각한 부상자 발생, 사망자 발생 가능
1	• 유리 파괴 • 유리 파편 등에 의한 경상자 발생

출처: http://atomicarchive.com(검색일: 2017. 7. 1).

물에 심각한 파괴가 동반하면서 광범위한 인명피해가 발생되는 것을 볼 수 있다.

폭풍으로 인해 건물이 붕괴되면서 내부에 있다가 압사하거나 콘크리트 조각이나 유리 파편, 돌 등이 폭풍에 의해 총알 속도로 비산하면서 무서운 흉기가 되어 인체를 공격해 심각한 부상을 야기했다. 특히 히로시마와 나가사키에서는 피폭자들이 건물 내부 또는 외부에 있다가 핵폭발 시 발생한 폭풍에 의해 건물의 유리가 파손되어 수많은 작은 파편이 인체에 박히면서 심각한 부상이 발생했음을 자주 언급하고 있다.

따라서 핵 피폭 시에는 최대한 지하시설로 대피해야 하겠지만, 그럴 시간적 여유가 없는 상황에서 건물 내부에 있을 시는 최대한 유리창이 있는 곳을 피해서 콘크리트 벽으로 둘러싸인 화장실 같은 곳에 있는 것이 그나마 피해를 줄일 수 있을 것이다. 히로시마와 나가사키 핵폭발 시 폭풍으로 인한 피해 범위를 보면, 폭발 원점으로부터 800m 이내에 있었던 사람은 폐와 고막이 파열됐고, 2㎞ 이내에 있었던 모든 건물들은 완전히 파괴됐다. 4㎞ 이내 건물들도 절반 정도가 파괴됐으며, 5㎞ 이내는 약간 경미한 피해를 입었다.

한편, 파괴된 건물의 잔해들이 도로를 막아 소방대원이나 구조차량의 진출입을 막는 등으로 부상자 구조 작업을 지연시키면서 어려움도 발생했다. 도시를 재건하기 위해서는 파괴된 건물의 폐기물을 제거하기 위해 많은 시간도 필요했다.

세 번째 방사선 피폭으로 인한 피해이다. 방사선 피폭으로 인한 피해는 열과 폭풍에 의한 피해 못지않게 많으며 오랜 기간에 걸쳐 지속된다. 특히 감마선과 중성자에 의한 피해는 심각하다. 히로시마 피폭 당시 반경 1km 안에 위치하고 있었던 사람들은 2명 가운데 1명은 죽음을 맞았다는 이야기가 있다. 과도한 방사선 피폭으로 핵 피폭 이후 곧 증세를 보이면서 사망하는 경우도 있었지만, 처음에는 증상을 보이지 않다가 며칠 지나서 구토, 현기증, 출혈, 탈모 등의 피폭 증세가 나타나면서 죽는 사람도 다수 발생했다. 핵폭발 시 과도하게 방사선에 피폭되면 이는 직접적으로 인체에 영향을 미치며, 화상이나 부상에 상관없이 사망하거나 심각한 결과를 초래한다는 것을 알아야 한다.

〈표 3-13〉 피폭거리별 방사선과 인체 피폭량

거리(m)	중성자(mGy)	감마선(mGy)	총선량(mGy)	인체 피폭량(mSv)
100	32,000	115,000	147,000	435,000
200	25,100	95,600	120,000	346,000
300	17,500	73,000	90,500	248,000
400	11,100	52,600	63,800	163,700
500	6,480	35,700	42,180	100,500
600	3,610	23,600	27,210	59,700
700	1,950	15,500	17,450	35,000
800	996	10,000	10,996	19,960
900	517	6,470	6,987	11,640
1,000	260	4,220	4,480	6,820
1,500	9	527	536	617
2,000	0.4	76	77	80
2,500	0.0	13	13	13

출처: Masao Tomonaga et al., op. cit., p. 19.

낙진에 피폭될 경우에도 그 피해가 오랫동안 계속될 수 있다.[49] 방사선에 노출되어 인체에 나타나는 피해는 피폭량과 인체 조직에 피해를 가할 수 있는 방사선 능력, 방사선에 오염된 인체 기관 등에 의해 나타난다. 특히 흡수된 방사선 양이 많을수록 그 피해는 빠르게 나타난다. 그 효과는 탈모와 갑상선과 혈관 및 심장계통의 질환, 설사와 구토 등의 위장질환, 식욕 감소 등을 야기하며 심할 경우 죽음에 이르게 한다.

〈표 3-14〉 단일 방사선 피폭량 및 인체에 미치는 영향

방사선 피폭량	인체 영향
250mSv 이하	• 인체 증상 없음
500mSv	• 일시적 백혈병
1,000mSv	• 구토 및 설사
1,500mSv	• 50%의 사람에게서 방사선 숙취현상(전신 권태, 식욕 부진 등)
2,000mSv	• 5% 인원 사망
4,000mSv	• 30일 이내 50% 사망
7,000mSv	• 100% 사망

출처: Masao Tomonaga et al., op. cit., p. 20.

49) 이동휘, "히로시마 방사선 낙진 맞은 여성, 몸속 우라늄이 53년간 '내부 피폭' 일으켜", 『조선일보』(2015. 6. 8). 일본 히로시마 대학과 나가사키 대학 연구팀은 2015년 6월 7일 "지난 1945년 히로시마 원폭 때 원폭지점으로부터 4.1km 떨어진 지점에서 피폭한 여성(당시 29세)의 암 조직에서 내부 피폭을 확인해주는 방사선 흔적이 발견됐다"고 밝혔다. 원폭 투하 당시 이 여성은 출산 직후라 피신하지 못했고, 집 주변에서 뜯은 야채와 우물물을 먹으며 지냈다. 이 여성은 82세에 폐암과 위암, 84세에 대장암이 발병했으며, 94세에 숨졌다. 원폭 투하 당시 직접 피폭을 당하지는 않았지만 근거리에서 '방사능 낙진(落塵)'을 맞은 여성의 폐 조직에서 우라늄이 방사선을 방출하고 있는 것으로 확인된 것이다. 연구팀은 여성의 폐 조직에서 핵물질이 방출하는 알파선의 흔적을 확인했는데, 흔적의 길이와 반감기 등을 고려해볼 때 이 핵물질은 히로시마 원폭에서 유래했을 가능성이 매우 높은 것이라고 했다. 연구팀 관계자는 "히로시마 피폭자에 내부 피폭의 존재가 증명된 것은 이번이 처음이다"라며 "과학적 · 생리적 증명이 어려운 내부 피폭의 실태를 한 사람의 사례를 통해 증명할 수 있었다"고 교도통신은 전했다.

장기간에 걸쳐 나타날 수 있는 현상으로는 백혈병과 암(유방, 폐, 갑상선 등) 및 악성종양, 켈로이드(Keloids) 등이 있다. '켈로이드'란 피부 손상 후 발생하는 상처 치유 과정에서 비정상적으로 섬유조직이 밀집해 성장하는 질환으로, 본래의 상처나 염증 부위의 크기를 넘어 주변으로 자라는 성질이 있다. 켈로이드는 2년이나 3년 심지어는 10년 뒤에도 나타날 수 있다.

〈표 3-15〉 핵 피폭 이후 일자별 켈로이드 발생

구분(일)	1~30	31~60	61~90	91~120	121~150	151~180	181~210	211~240
인원수	11	81	86	27	17	3	3	2
비율(%)	4.6	33.8	35.9	11.2	7.1	1.2	1.2	0.8

출처: http://atomicbombmuseum.org/2 health.shtml(검색일: 2018. 2. 20).

당시 히로시마에는 시 병원, 철도병원 등 4개의 병원이 있었는데, 이 병원들은 핵폭발 시 대부분 완전히 파괴 및 붕괴되면서 의료진과 입원했던 환자들은 죽었다. 적십자 병원은 철근 콘크리트 건물이었음에도 폭풍에 의해 내부가 붕괴 및 파괴되면서 안에서 일하던 의료진과 환자들의 90% 이상이 사망했다.[50)]

3) 피폭자 증언

원폭이 투하될 당시 히로시마나 나가사키에 있었지만 당시 죽음을 모면하면서 생존했던 이들은 이른바 피폭자(被爆者, Hibakhusha)라 불린다. 이들의 증언을 통해 피폭으로 인한 고통이 얼마나 심했는지 살펴보

50) Paul Ham., op. cit., p. 407.

는 것도 원폭 피폭 시 대비책의 강구와 관련해 경각심을 준다는 차원에서 중요하다.

먼저 육군의사인 28세 청년 히로시 사와치카의 증언이다. "나는 당시 피폭지역으로부터 4.1km 떨어진 병원에 있었다. 원폭 폭발 시 얼굴이 몹시 뜨겁게 느껴졌다. 그리고 20~30초간 의식을 잃었다 깨어났다. 잠시 후 나는 셔츠가 피로 붉게 변한 것을 보았다. 주변을 돌아보니 많은 사람들이 전신에 유리 파편이 박혀 심한 부상을 입고 있었다. 이상한 소리가 들려 바라보니 심각하게 부상을 입고 옷이 너덜너덜해진 유령처럼 보이는 사람들이 병원을 향해 오고 있었다. 그들을 위해 병실을 하나 준비했지만 워낙 많은 사람들이 왔기 때문에 이들을 모두 입원시킬 병실이 없었다. 병실마다 수많은 부상자들로 넘쳐 났다. 어느 병실을 지나다가 고약한 냄새가 나서 안을 들여다보니 화상을 입은 환자들로부터 오징어를 말리는 듯한 역한 냄새가 나고 있었다. 밖으로 나오니 곧 죽을 것 같은 임신한 여자가 나의 다리를 잡았다. 그 여자는 말하기를 "나는 곧 죽어도 상관없다. 내 뱃속에 있는 아이를 꺼내주면 내가 죽어도 상관없으니 이 아이를 살려 달라"고 말했다. 그러나 나는 수술장비는 물론 약품과 간호보조원도 없는 상황에서 아무런 조치를 할 수 없었다. 그 임신한 여자를 차마 잊을 수 없다."

다음은 32세의 소방대원인 요사쿠 미카미의 증언이다. "나는 야간 소방서 근무를 마치고 집으로 복귀 도중 피폭지로부터 1.9km 지역에서 원폭이 폭발하는 상황을 경험했다. 원폭이 터지면서 모든 것이 불탔고, 하늘은 검은 구름으로 뒤덮였다. 나는 급히 소방서 사무실로 뛰어갔다. 모든 것이 불타고 있었기 때문에 아무것도 할 수 없었다. 부근의 다리로 가보니 그곳에는 수많은 사람들이 고통 속에 죽어가고 있었다.

다른 곳에서는 화상으로 피부가 벗겨지고 다리가 골절되는 등 심각하게 부상을 입은 사람들이 도움을 호소하고 있었다. 그들을 병원으로 데리고 갔으나 이미 병원에는 많은 부상자들로 가득 차 있었기 때문에 군 병원으로 다시 데리고 갔다. 다음 날 나는 어느 소방서에 소방대원들이 모두 사망한 상태로 있는 것을 보았다. 나의 동료들 중 당시 생존했던 소방대원 가운데 구조작업에 참여했던 몇몇은 후일 구토와 설사, 탈모 등의 증상을 겪다가 한 달 뒤 사망한 친구도 있었다."

세 번째는 33세 여자 이사오 키타의 증언이다. "나는 원폭 폭발 당시 피폭 중심지로부터 3.7km 떨어진 히로시마 기상청에 있다가 섬광이 번쩍이는 것을 보았다. 곧이어 매우 뜨거운 열파가 도착했는데, 창문이 있었음에도 불구하고 너무나 뜨거움을 느꼈으며, 마치 키친 오븐을 직접 보는 것과 같은 느낌이었다. 잠시 뒤 고막이 찢어지는 듯한 엄청난 소리가 들리면서 유리창이 깨지고 건물이 폭풍에 의해 흔들렸다. 핵폭발 이후 5분 정도 경과할 무렵 도시가 불바다로 뒤덮였다. 불이 점차 확산되면서 연기가 도시를 덮어 더 이상 도시를 볼 수 없었다. 밖에 나가 보니 많은 사람들이 병원을 향에 가고 있었다. 그들은 모두 심각하게 화상이나 부상을 입은 상태였고 피복이 없거나 너덜거리는 상태였다."

네 번째는 20세 여성의사인 마키고 다카구라의 증언이다. "나는 히로시마 은행에서 근무하고 있었으며, 피폭지로부터 300미터 이내에서 생존한 몇 안 되는 사람 중의 1명이다. 원폭이 폭발하는 순간 마그네슘이 터지는 것과 같은 밝은 빛이 보였다. 그 순간 나는 의식을 잃었다가 이내 의식을 찾은 후 밖으로 나왔다. 히로시마시가 전체적으로 불타고 있어 몹시 뜨거움을 느끼면서 숨쉬기가 어려웠다. 불이 도처로 확산되면서 나도 귀와 다리에 화상을 입었다. 나는 화상을 입었지만 당시에는 이를 잘 인식하지 못했다가 나중에 알았다. 불타는 히로시마는 마치 지옥과도 같았다. 목이 말랐으나 마실 물이 없었다. 비가 오기 시작하자 그 비를 받아 마셨다. (이 빗방울이나 수돗물을 마신 사람들 가운데는 후일 설사, 구토, 탈모, 출혈 등의 증상을 보이다가 숨진 사람들이 있다. 그들이 마신 물이 낙진에 의해 오염됐기 때문에 발생한 현상이다.) 그 빗방울은 하도 커서 피부에 맞을 경우 고통을 느낄 정도였다. 도로에서도 많은 사람들이 고통 속에 죽어갔다. 죽은 사람들의 손가락에 불이 붙었고 점차 전신으로 번졌다. 맑은 회색빛의 액체가 손가락에서 나왔다. 나는 손가락과 몸이 그렇게 불타는 것을 보면서 큰 충격을 받았다."

다섯 번째는 15세 여성 타에코 테라마에의 증언이다. "나는 원폭 피폭지점으로부터 500미터 떨어진 중앙 전화센터에 있었지만 생존했다. 그곳에는 동원된 7,000여 명의 학생들이 있었는데 대부분 사망했다. 원폭 폭발 시 파란 하늘에서 무엇인가 밝게 빛나는 것을 보면서 무엇일까 궁금해 바라보았다. 순간적으로 불덩이가 점점 커졌고 그 빛이 더 밝게 비추었다. 그 순간 카메라 빛보다 더 밝은 빛이 보였다. 그것이 내 눈앞에서 터졌고, 내 주변의 건물들이 모두 붕괴되면서 엄청난 소리가 들렸다. 잠시 후 유황 냄새가 나는 듯하면서 화산이 폭발한 것 같았다. 나는 도대체 무슨 일이 일어났는지 알 수 없었다. 많은 학생들이 사망했고, 개중에는 고통을 못 이겨 강물로 뛰어들면서 그대로 익사했다. 선생님이 도와주지 않았으면 나도 그곳에서 죽었을 것이다. 나는 얼굴에 부상을 입었는데 내가 볼 수 없어서 나의 부상을 처음에는 알 수 없었다. 뒤에 얼굴 부상이 점차 좋아지면서 내가 얼마나 심각한 부상을 입었는지 알 수 있었다. 얼굴만 아니라 턱과 눈, 코도 부상을 입어 마치 괴물처럼 보이는 것을 보고 매우 충격을 받았다."

여섯 번째는 21세 군인인 다케이코 사카이의 증언이다. "나는 원폭 폭발 당시 서부 연병장에서 훈련 중이었다. 나는 원폭 폭발 직전, 낙하산이 투하되고 있다는 소리를 들었고, 이어서 마그네슘이 터지는 듯한 섬광을 보았다. 그 순간 엄청난 힘에 의해 나는 쓰러졌다. 폭풍이 왔을 때 눈을 감았지만 너무나도 뜨거웠던 그 열을 아직도 생생히 기억한다. 그 열이 얼마나 뜨겁던지 나는 아무것도 할 수 없었다. 깊은 숨을 쉬자 진흙과 모래가 입속으로 들어왔다. 몸이 매우 뜨거워 보니 군복에 불이 붙어 있었다. 여기 보이는 부위가 그 당시 상처를 입은 곳이다. 나는 있는 힘을 다해 옷을 벗어 던졌다. 주위를 보니 여러 명이 옷에 불이 붙어 고통을 호소했고, 일부는 불을 끄기 위해 연병장에서 뒹굴고 있었다. 그 당시 나는 얼굴이 부풀어 오르고 입술과 얼굴에 심한 부상을 입었다. 눈을 뜰 수가 없어서 강제로 눈을 뜨려고 했다. 많은 사람들이 부상을 입어서 할 수 있는 일이 거의 없었다. 얼마 뒤 검은 비가 억수처럼 내렸다. 그 비가 화재를 줄이는 데 기여한 것 같았다. 저녁 무렵에도 도시는 불타고 있었고, 사람들은 "도와주세요. 너무 뜨거워요"라고 외치고 있었다."

그 외에 다른 증언도 보자.[51] 먼저 이토 가나치는 "폭탄이 히로시마를 덮친 후 10분 뒤, 쓰러진 집에서 불이 타오르는 동안 그 속에 갇힌 한 부인이 살려달라고 외치고 있었다. 그 여인의 고통스러워하는 얼굴이 아직도 기억에 생생하다", "무너져 내려 연기가 나는 지붕의 대들보 사이에 아기가 끼여 빼낼 수 없게 된 가운데 그 아이의 엄마가 "우리 아기를 살려줘요, 우리 아기를!" 하면서 계속 외치고 있었다"고 증언하고

51) 케이스 휠러, 앞의 책, pp. 106~119 요약.

있다.

다케우리 하츠는 “열 때문에 화상을 입었고 이틀 동안 맹위를 떨친 대화재로 많은 사람들이 고통을 겪으며 죽어갔다”고 했고, 후루가와 소이치는 “물탱크 위에 한 임신부가 죽어 있었다. 폭발에 노출된 사람들이 모두가 극심한 갈증 때문에 방화용 물통 주위로 모여들었다”고 증언하고 있다.

또한 오노키 아키라는 “30세 전후로 보이는 세 명의 젊은 여자가 발을 질질 끌며 히로시마 병원으로 걸어갔다. 그들은 화상으로 벗겨진 살이 옷에 스치지 않도록 두 팔을 들어 올리고 있었다”고 했고, 시게노리 아자치는 “시커먼 비가 내리는 속에서 알몸의 한 사나이가 빠져나온 한쪽 눈알을 손바닥에 올려놓은 채 서 있는 것을 보았다”고 했으며, 니시다 겐조는 “원폭이 터진 그날, 방사선 오염의 위험을 알지 못하는 소방대원들이 멀리서 와서 연기가 자욱한 폐허에서 희생자를 운반했다”고 증언했다.

야마구치 다케이치는 “생존자들 가운데 피폭 시 의식을 잃었다가 나중에 의식이 돌아와 주변을 보니 유리나 건물 파편 조각들이 몸에 박혀 피를 흘리고 있었다”고 증언했다. 이와 같이 원폭 피폭에 대한 비참한 증언들만이 있을 뿐이다. 이러한 증언을 입증이나 하듯 다음 몇 장의 원폭 피폭 이후의 상황은 당시의 비참한 모습 그대로를 보여주고 있다.

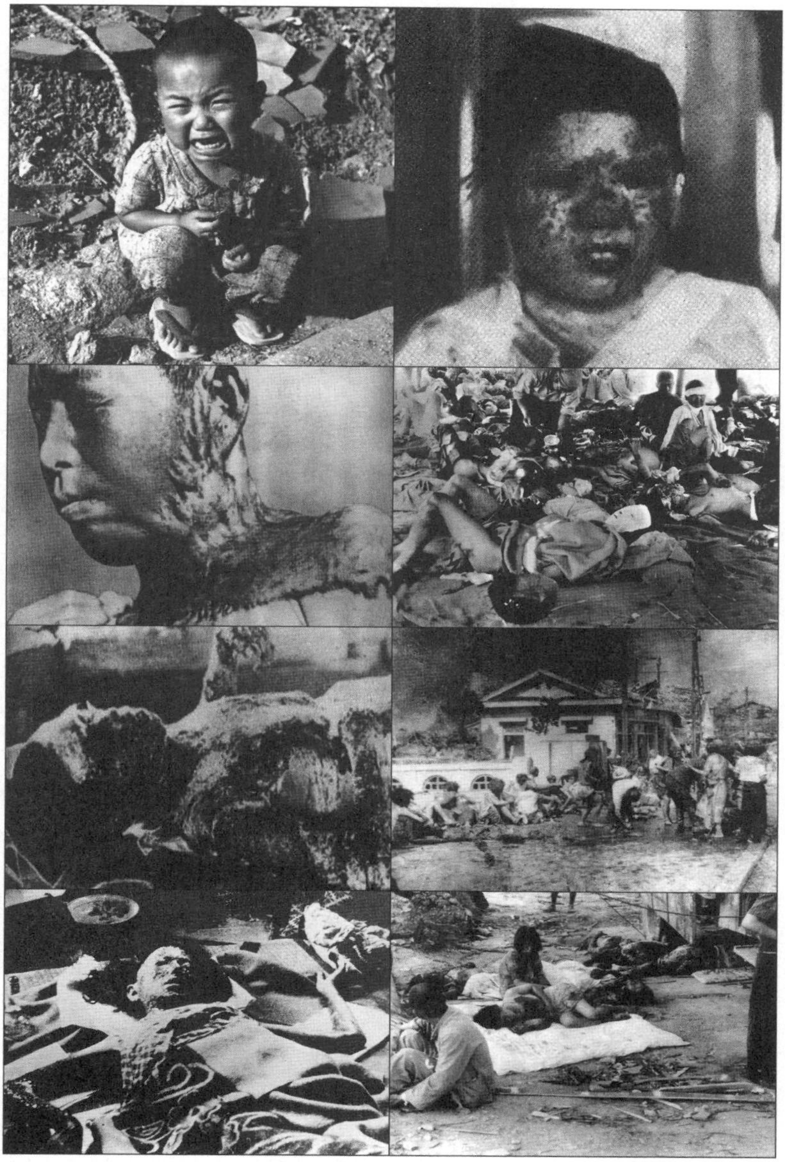

〈그림 3-22〉 핵 피폭 참상

출처: https://goole.co.kr(검색일: 2018. 2. 20).

4. 군과 정부 및 히로시마의 대응

핵 피폭 당시 일본으로서는 원폭이 무엇이며 폭발 시 어떤 현상이 발생하고 이로 인해 얼마나 많은 피해가 발생하는지 등에 대해 전혀 알지 못하던 상황이었다. 이런 상황에서 대규모의 피해가 발생했다. 히로시마 핵 피폭 직후에는 78,000명이 죽고 37,000명이 부상을 입은 것으로 알려지고 있으며,[52] 1945년 말에 이르러서는 14만여 명이 사망한 것으로 집계됐다.

원폭이 투하되면서 일순간에 대규모의 사망자와 부상자가 발생했고, 따라서 사체 처리와 부상자 구조 및 치료, 전재민에 대한 구호 및 구조와 수용 등이 당면한 문제가 됐다. 군은 물론, 정부와 자치단체 등 국가의 총력적인 피해 최소화를 위한 노력이 요구되는 상황이 발생한 것이다. 이러한 상황에서 당시 일본에서 커다란 영향력을 발휘하고 있었던 군부는 무엇을 했을까? 정부는 무엇을 했으며, 또한 히로시마시는 부상자를 구호 및 구조하거나 생존자들을 수용하고 지원하기 위한 역할을 제대로 했을까?

먼저 일본 군부가 조치한 사항을 보자. 히로시마와 나가사키에 대한 핵 공격 전후 일본 군부의 국민 생명을 지키기 위한 조치는 비난을 받아 마땅할 정도로 무관심했고 무능했다. 미군의 핵무기 개발을 알고 있었고, 미군이 원폭을 투하하기 전에 전단을 살포해 사전 경고를 했음에도 불구하고 이를 무시하고 국민들에게 대피할 수 있도록 경고하지

---

52) 일본 외무성 자료는 히로시마 원폭 피폭 사망자가 14만여 명이라고 하고 있지만 명확하게 일치된 숫자는 없고 자료에 따라 다르다. 여기 제시된 숫자는 피폭 직후 발생된 숫자에 대한 추정치이다(Paul Ham, op. cit., p. 408). 히로시마에서 발생한 사망자는 화상(60%), 부상(30%), 기타(10%)로 알려지고 있다[http://atomicarchive.com(검색일: 2017. 9. 2)].

않았다. 원폭 투하 이후에는 대단히 많은 인명이 살상됐음에도 불구하고 이를 내각이나 국민에게 즉시 전파하지 않으면서 인명 구호 및 구조활동에 지연을 초래해 적절한 치료만 제공되면 생존할 수 있는 많은 인원이 죽도록 방임했다.

히로시마에서 많은 피해가 발생했음을 알면서도 사실을 숨기고 대형폭탄이 투하됐다는 식으로 사실을 왜곡해 정부 각료와 국민들을 속였고 언론을 통제했으며, 오히려 국민들은 걱정할 필요가 없다고까지 했다.[53] 일본군 정보부에서는 히로시마에 투하된 폭탄이 폭발력이 큰 재래식 폭탄이라고 하면서 처음에는 3~4톤이라고 했다가 나중에는 100톤에 달할 것이라고 기만하기도 했다. 대규모 인원 피해가 발생한 뒤 히로시마 주둔 2군과 인접한 우지나(Ujina)에 주둔했던 육군의 해상사단(Maritime Division)을 히로시마 피해 중심지역에 투입토록 했으나 이 부대 역시 히로시마가 워낙 큰 피해를 입었기 때문에 구호 및 구조활동에 적극적으로 임하기에는 어려운 상황이었다.

8월 7일 이른 아침에는 히로시마의 육군부대 부지휘관 지휘 아래 '히로시마 안전본부(Hiroshima Security Headquarter)'를 설치했다. 여기서는 구조작업의 전개와 사체처리 업무, 히로시마 진·출입을 위해 도로의 각종 잔해물을 3일 이내에 제거토록 목표를 세우고 작업을 시작했으나 워낙 대규모의 피해 상황이 발생했기 때문에 어려움에 직면했다.[54]

군부는 수상과 외상 등 정부 각료의 원폭 투하 확인 요구를 거절함으로써 정부의 히로시마 구호 및 구조활동을 지연시키는 장본인이 되

53) Ibid., pp. 340~341.

54) Hideaki Shinoda, http://ir.lib.hiroshima-u.ac.jp/enlist/AA10456537/zz/item/30724(2008.3), p. 8.

기도 했다.[55] 각료들이 포츠담 선언을 받아들이자고 할 때도 아직 일본이 패배하지 않았다고 하면서 저항을 주장하는 등으로 상황을 호도하면서 피해를 확대시켰다.[56] 일본 군부에서 국민의 생명을 존중하는 정신을 찾아보기 어렵지만, 그럼에도 대규모의 인원 피해가 발생한 상황에서 이를 적극적으로 나서 피해 최소화를 위한 활동이 부족했던 것이다.[57]

그렇다면 정부는 무엇을 했을까? 히로시마 핵 피폭 당시 일본이 핵무기 폭발 시 발생하는 현상을 알고 이에 대비하기 위한 별도의 계획은 없었다. 당연히 원폭 폭발 시 현상을 알지 못했기 때문에 적절한 대응책을 강구할 처지도 되지 못했다. 그랬기 때문에 원폭 피폭을 상정한 대규모 피해가 발생할 경우에 대응하기 위한 계획도 당연히 없었다. 일본이 패전의 위기로 몰리는 절박한 상황에서 원폭 투하로 대규모 피해가 발생했기 때문에 정부가 나서서 피해 복구를 주도할 수 있는 역량도 부족할 수밖에 없는 상황이었다.

이와 같은 상황이 일반적이기는 했지만, 히로시마 핵 피폭 당시 인명 구호 및 구호나 피해복구 활동에 있어 군부의 역할이 없었던 만큼이나 정부의 역할도 찾기 어렵다. 군부가 핵 피폭상황을 통제했기 때문에 피폭 당일에는 제대로 그 피해 상황을 모르고 있다가 8월 7일 아침에 가서야 수상이나 외상은 히로시마에 핵을 투하했다는 트루먼 대통령의 발표를 들은 뒤 핵 피폭상황을 알고 이를 확인하며 피해 상황을 조사토

55) Ibid, p. 341.

56) Martin Zuberi, op. cit., pp. 645~647; Paul Ham, op. cit., pp. 342~343.

57) 히로시마 피폭 이후 군부가 인명 구조 및 사체처리, 건물 폐기물 처리 등을 했다고는 하나 관련 자료를 찾기는 어렵다. Hiroshima Prefecture and The City of Hiroshima, op. cit., p. 11.

록 하는 등 부산을 떨기는 했지만,[58] 대규모로 발생한 피해를 극복하기 위해 정부가 나서서 적극적으로 피폭 주민에 대한 구호 및 구조활동을 전개했다는 기록을 찾기는 어렵다.

부분적으로 피폭 주민들에 대한 식량 등의 공급이나 구호활동이 없었던 것은 아니지만 정부 차원에서 생존자를 일정한 장소에 수용하고 부상자를 치료했다는 기록을 보기가 쉽지 않은 것이다.[59]

히로시마시 당국의 부상자에 대한 구호와 구조활동이나 생존자를 수용하기 위한 활동 역시 미흡했다. 피폭 당시 도시와 병원 등 대부분의 시설이 파괴되거나 화재로 타버리고 의사와 간호사들이 사망하거나 부상을 입은 상황에서 대규모의 인명피해가 발생했다고 할지라도 시 당국이 나서서 구호 및 구조활동을 하기는 어려울 수밖에 없는 상황이었기 때문일 것이다. 여기에 히로시마 시장을 포함한 다수의 시청 직원이 사망하면서 구조활동 등을 전개하는 데도 어려움이 있었다.[60]

피폭 당일 10,000여 명이 치료를 받기 위해 적십자 병원으로 모여들었지만 병원도 파괴된 상황에서 이들을 수용할 곳이 없어 운동장에 그대로 방치했다. 그곳에서 한 의사가 몇몇의 사람들과 함께 붕대와 소독약을 이용해 가장 상태가 나쁜 환자를 돌보기 위해 여기저기 돌아다녔다.[61] 이와 같이 개인적으로 일부의 의사가 부서진 병원과 얼마 남

58) Paul Ham, op. cit., p. 341.

59) 히로시마와 나가사키가 피폭됐을 시 인명 구호와 구조 등의 활동을 전개하기 어려웠던 상황을 일본은 많은 의사와 간호인력의 사망과 부상, 약국 피해 등으로 의미 있는 활동을 전개할 수 없었으며, 다수의 부상자가 인접 지역의 병원으로 후송되기는 했지만 이들도 심각한 외상(外傷)이나 과도한 방사선 피폭으로 숨졌다고 기술하고 있다(Masso Tomonoga, op. cit., p. 5).

60) Hideaki Shinoda, http://ir.lib.hiroshima-u.ac.jp/enlist/AA10456537/zz/item/30724(2008. 3), p. 7.

61) Paul Ham, op. cit., p. 415.

지 않은 약품을 이용해 치료를 한 것이 거의 전부였다.

일시에 대규모 사망자가 발생하면서 사체 수습은 비교적 부상이 경미한 민방위 대원이나 경찰 등이 했으며, 임시로 병원과 학교 등을 이용해 화장장을 설치하고 사체를 화장했다. 워낙 사망자가 많다 보니 한 사원에서는 한 번에 수백 구의 사체를 대형화장로에서 화장했다.[62] 화장 후 뼈는 가족이나 친구들에게 인계했으며, 만약 가족이나 친구가 없을 경우에는 시청에 안치했다. 워낙 짧은 시간에 사체를 처리해야 했기 때문에 여기에 참여했던 한 지원자는 아침부터 저녁까지 사망자가 너무 많아 하루 종일 사체를 처리해야만 했다고 말할 정도였다.

정부가 정상적이라면 아무리 전쟁이라 할지라도 사망자가 발생할 경우, 어떤 원인으로 누가 죽었는지 신원확인이 되어야 한다. 그러나 히로시마에서는 대규모 사망자가 발생하면서 누가 죽었는지에 대한 신원확인 등의 절차는 소홀히 될 수밖에 없는 상황이었으며, 실제로 사망자 신원을 확인하기 위한 절차도 미흡했다.

대규모로 사망자가 발생한 상황에서 이를 체계적으로 수습하기 위해서는 정부 또는 시 차원의 노력이 필요하다. 아울러 수습된 사체들을 어디에 매장할지 등에 대한 정부와 시 당국의 조치도 필요하다. 그러나 당시 이러한 조치들은 미흡했던 것으로 보인다.

뿐만 아니라 핵 피폭 시 많은 약품들이 불타버리거나 건물이 붕괴되는 등으로 사용할 수 없게 되면서 부상자에게 필요한 약품이 절대적으로 부족했다. 무엇보다도 핵폭발 시 발생하는 현상을 잘 알지 못했기 때문에 화상에 대비하기 위한 치료제는 절대 부족했으며, 방사선에 피

62) Ibid..

폭됐으나 당장 이상이 없는 것 같아 구조활동에 참여했지만 며칠 뒤부터 증세가 나타나면서 사망한 사람들도 다수 있었다.

히로시마 사체처리팀은 8월 21일까지 32,959구의 사체 가운데 17,865구를 화장했다. 사체를 화장하면서도 당시 8월, 즉 여름이었기 때문에 그들이 우려했던 것 중의 하나는 미수습된 사체의 부패로 인한 장티푸스나 이질, 콜레라 같은 전염성 질환의 발생이었다. 그러나 당시 75건의 장티푸스가 발생했다는 보고만 있었을 뿐 다행히 큰 질병은 발생하지 않았다.[63)]

히로시마시에서는 피폭 이후 자체 긴급복구 계획에 따라 전차와 기차를 처음으로 복구했다. 이에 따라 피폭 3일 이후부터 전차가 운행되기 시작해 산요와 히로시마 간 철도가 개통됐다. 도로에서는 폐기물 제거 작업 병행으로 도로 통행이 가능토록 여건을 마련했으며, 상수도도 심각하게 피해가 발생해 상수도 펌프를 4일 후 작동토록 했으나 상수관이 파열되면서 이를 복구하기 위한 작업에 어려움 발생했다. 이를 복구하는 데는 9개월의 기간이 소요됐다.[64)]

8월 14일 완전하지는 못했지만 보험과 우편업무가 부분적으로 재개됐다. 12개의 은행에서는 계좌를 갖고 있는 사람들에게 현금 지급 업무를 시작했지만 많은 사람들이 고객임을 입증할 만한 증거가 없어 문제가 됐다. 상가들도 서서히 문을 열면서 토마토와 쌀과 같은 생존에 필요한 물자를 팔기 시작했다. 공공기관이나 회사 등의 생존한 직원들은 파괴된 사무실의 폐기물을 치우는 등 청소를 시작하면서 제한적이

---

63) Ibid., p. 408.

64) Hiroshima Prefecture and The City of Hiroshima, *Hiroshima Reconstruction and Peacebuilding Research Project: Hiroshima's Path to Reconstruction,* Rijo Printing Co. Ltd, 2015, p. 11.

기는 했지만 피해 복구를 시작했다. 그해 말 학생들도 학교 교실이나 운동장 등을 청소하고 응급 복구를 하면서 수업을 재개했다.

어느 조사에 의하면 히로시마에는 78개의 학교가 있었는데 이 중 34개 학교는 완전 파괴 및 소실됐고, 7개 학교는 완전히 파괴됐으며, 4개 학교는 소실되면서 무너졌고, 20개교는 반파됐으며, 1개교는 반쯤 소실됐고 12개교는 사용 가능한 상태였다. 핵 피폭 이후 일시적으로 학교는 구호소나 부상자 치료소로 사용돼 처음에 학교수업을 진행할 수 없었다. 1945년 10~11월에 다시 수업을 시작했으나, 학생도 선생도 피해를 입어서 학업에 참여한 학생은 많지 않았다.[65)]

시의 유일한 언론사인 주고쿠(中國) 뉴스통신사는 280여 명의 종사원 가운데 100여 명이 죽고 80여 명이 부상을 입거나 실종됐다. 그럼에도 불구하고 8월 21일 생존한 100여 명이 시설을 응급 복구해 새로운 신문을 발행하기 시작했다.[66)] 시간이 조금씩 지나가면서 생존자들은 그들의 집터에서 잡석을 이용하거나 방공호를 이용하는 등으로 작은 거주공간을 마련하기 시작했다. 시에서는 건물의 파괴된 폐기물을 치우는 작업에 들어가서 주요 도로와 붕괴된 건물의 잔해는 1946년 3월경에 가서 대부분 제거됐다. 그러나 주거시설의 재건은 매우 더뎌 1947년 8월, 피폭 2년이 지나가는 당시에도 여전히 대부분이 임시시설에 거주했다.[67)]

일본인 사이에서는 커다란 피해를 입은 두 도시를 도와주기 위한 움직임이 점진적으로 나타났다. 8월 7일, 피폭 다음 날 히로시마시의

---

65) Ibid,, p. 12.

66) Paul Ham, op. cit., p. 417.

67) “How did cleanup in Nagasaki and Hiroshima proceed following the atom bombs?,” https://www.reddit.com(검색일: 2018. 2. 20).

인접한 지역에서 33명이 자발적으로 응급구조팀을 편성해 히로시마에 도착했다. 그들은 약품과 소독제, 식품 등 모든 것이 부족한 가운데서도 부서진 병원이나 학교 및 사원 등을 이용, 간단한 치료시설을 설치하고 치료활동을 전개했다.[68)]

인접한 도시에서는 민방위대를 파견해 구호 및 구조활동을 했다. 이들은 4개의 구호 및 구조팀으로 편성해 외부로부터 식량 등을 지원받아 피해자들에게 분배를 했다. 일본이 항복한 8월 15일 이후에는 시에서 이 임무를 인수해 희생자들에 대한 지원활동을 시작했다. 히로시마 평화기념관에 따르면 이 당시 지원된 물자들은 식량 916포대, 소금 83포대, 콩기름 33,701리터, 채소 10,713킬로그램 등이었다. 민방위대는 경찰의 통제를 받아 부상자 수송이나 파괴된 잔해물 제거, 보급품 분배, 사체 처리 등의 업무를 수행했다.[69)]

원폭 투하로 히로시마의 90%가 파괴됐다. 개인 주택은 물론 병원이나 공공기관, 은행이나 전신전화국, 철도 등의 시설도 파괴됐다. 평상시 보기 힘든 고도의 화상환자나 당시로서는 아주 생소한 방사선 피폭환자 등이 대규모로 발생하고 죽어갔지만, 이들을 치료할 병원은 파괴됐고 의사와 간호사들의 대부분이 죽었으며 이들이 필요한 약품도 남아 있지 않았다. 이 상황에서 원폭 피폭 이후 부상을 입거나 생존했던 사람들은 처음에는 폐허로 변한 도시를 떠났다. 히로시마의 인구는 당시 83,000여 명으로 줄어들었으나 1946년 2월경에는 169,000여 명으로 늘어났다. 이렇게 인구가 늘어난 이유는 다른 곳으로 대피했던 시민

68) Paul Ham, op. cit., p. 414.

69) http://hiroshimapeacemedia.jp(검색일: 2017. 8. 15).

이 돌아오거나 해외 식민지에서 귀국한 사람, 동원이 해제된 군인이 복귀하는 등으로 증가했기 때문이다.

폐허가 된 상황에서 인구가 갑자기 증가하자 원폭 피폭자는 물론 히로시마 거주 주민도 식량이 부족해지면서 생존은 어려운 문제가 됐다. 암시장(暗市場, Black Market)이 생겨났으나 그래도 식량을 충족시키지 못하면서 기아 문제가 대두됐다. 그러나 히로시마시가 할 수 있는 일이라고는 채소 씨앗을 구해서 이를 재배토록 분배하는 일에 불과했다.

주민들이 증가하면서 모든 것이 파괴된 상황에서 대두된 또 다른 문제는 거주할 집이 없다는 것이었다. 히로시마로 돌아온 사람들은 피폭지역에서 임시로 가옥을 짓고 살기 시작했다. 여기저기 집을 지으면서 도처에서 피폭자들의 슬럼(Slum)가가 만들어졌다. 특히 히로시마 북부지역의 한곳에서는 20,000명이 모였고, 강의 하상에서는 900여 채의 가건물이 세워지면서 원폭 빈민가가 형성됐다.[70] 집을 짓기 위해서는 목재가 필요했지만 부족해 시가 나서서 겨우 1946년에 392채를 건축했고, 주민들이 종전 이후 6개월 동안 5,000여 채를 건축했을 뿐으로 수요를 충족하기에는 부족했다.

이렇게 어려운 상황에서 1945년 9월 17일, 강력한 태풍인 마쿠라자키(枕崎)가 히로시마를 덮쳐 홍수와 산사태가 발생했다. 임시로 설치된 움막과 가건물 등의 피난처에 있었던 생존자와 육군병원에 입원했던 환자 등 히로시마에서만 2,000여 명의 사망 및 실종자가 발생하면서 원폭 피폭으로 이미 피해가 극심한 가운데 또 다른 피해가 발생했다.

1945년 12월 초, 전쟁피해자협회(War Victims Associations)가 설립됐다.

---

70) Hideaki Shinoda, http://ir.lib.hiroshima-u.ac.jp/enlist/AA10456537/zz/item/30724(2008. 3), p. 18.

여기서는 가옥용 목재와 못과 유리창 등을 분배했으며, 피폭 시 부모를 잃은 고아의 보호와 주거 문제를 해결하기 위해 인접한 지역의 창고 등을 거주용 임시시설로 사용할 수 있도록 하는 데 도움을 주기도 했다.

생존자들의 거주와 식량 조달의 문제와는 별도로 파괴된 도시를 어떻게 할 것인가도 중요한 문제로 대두됐다. 핵 피폭 이후에는 히로시마에서는 방사능으로 인해 75년간 농작물이나 꽃 등이 자라지 못할 것이라는 소문이 돌았다. 이런 말이 돌다 보니 종종 히로시마를 복구할 수 있을 것인지, 복구할 필요가 있는 것인지에 대한 의문도 제기됐고, 원폭으로 많은 사람들이 사망한 히로시마를 세계평화를 기념하는 곳으로 보존하자는 일부의 의견도 나왔다.

일본 정부는 1945년 11월에 히로시마와 나가사키를 포함하는 전쟁기간 중 많은 피해를 입은 115개 도시에 대한 피해복구계획(War Disaster Reconstruction Plan)을 수립했다. 이를 전담할 전시피해복구청도 설립했다. 히로시마도 이에 보조를 맞추어 1946년 1월에 1실, 2국, 7과로 히로시마 재건부서를 설립했다. 2월에는 히로시마 재건을 위해 시장 보좌기관으로 히로시마 재건위원회도 설립했다. 여기서는 사회적으로 다양한 경력을 가진 26명의 전문가들이 모여 재건계획을 논의했으며, 인근의 구레(吳)에 주둔하고 있었던 미 점령군의 육군 장교가 이 위원회에 고문으로 참여했다.[71]

히로시마의 도시재건부서에서 시 복구업무를 주도하면서 여기서는 1946년 11월 도로와 공원 및 녹색지대, 주거지역 등으로 구분된 복구계획을 마련했다. 이렇게 130만 제곱미터를 복구함으로써 약 35만여

71) Hideaki Shinoda, http://ir.lib.hiroshima-u.ac.jp/enlist/AA10456537/zz/item/30724(2008. 3), p. 10.

명이 살 수 있도록 도시를 재건할 계획이었다. 문제는 히로시마를 재건하는 데 필요한 예산으로, 히로시마에서는 1947년에 20조 엔(약 500~600억 달러) 정도가 필요할 것으로 판단했으나 실제로 가용한 예산은 5,600만 엔(약 15~16만 달러)에 불과했다.[72)]

이에 소요되는 자금을 마련하기 위해 히로시마 학교 복구 복권(1948), 히로시마 공공시설 복구 복권(1949) 등을 판매했으나 자금은 여전히 부족해 의회와 정부에도 도움을 요청했다.[73)] 1949년 5월 의회가 히로시마 평화도시건설법(Hiroshima Peace Memorial City Reconstruction Law)과 나가사키 국제문화도시건설법(Nagasaki International Culture City Reconstruction Law)을 통과시키면서 히로시마와 나가사키의 복구가 탄력을 받아 신속한 추진이 가능해졌다.[74)]

시 재건이 추진됐지만 여전히 이에 소요되는 예산이 문제가 되어 히로시마에서는 1950년에 '교육재건 공공채권(Education Reconstruction Public Lottery)'을, 1951년에는 스포츠 공공채권(Sports Public Lottery)을 판매했다. 해외에서도 특히 히로시마에서 하와이로 이주한 일본계 하와이 사람들이 히로시마 전시피해지원협회(Hiroshima War Damage Relief Association)를 조직해 68,000달러를 모금한 뒤 보냈다. 이 기금은 미망인 가정이나 지체불구자용 시설과 초등학교 건축 등에 사용됐다.[75)]

---

72) Hideaki Shinoda, https://www.forexct.au.article/history-of-the-yen, http://ir.lib. hiroshima-u.ac.jp/enlist/AA10456537/zz/item/30724(2008. 3), p. 11(검색일: 2018. 2. 25), 1941년 12월 7일, 즉 태평양전쟁이 발발할 때부터 1949년 4월 25일까지는 달러와 엔화의 공식적 환율은 존재하지 않았다. 그 이후 1949년 4월 25일부터 1971년까지 1달러당 360엔에 고정됐다. 여기서 제시한 예산은 1달러당 360엔으로 환산한 것이다.

73) Hiroshima Prefecture and The City of Hiroshima, op. cit., p. 28.

74) http://atomibombmuseum.org/4-ruin.shtml(검색일: 2018. 2. 20).

75) Hideaki Shinoda, http://ir.lib.hiroshima-u.ac.jp/enlist/AA10456537/zz/item/30724(2008. 3), p. 11.

원폭 피폭 이후 고아들의 문제도 심각했다. 당시 히로시마 피폭으로 부모를 잃으면서 고아가 된 어린이와 피폭 전 도시의 외곽지역으로 옮겨졌으나 시에 남아 있었던 부모가 사망하면서 고아가 된 어린이도 있었으나 몇 명의 고아가 있었는지는 정확하지 않다.

당시 고아를 돌봤던 사람들에 의하면 6,500여 명의 고아가 있었을 것이라고 하고, 전쟁 전 어린이를 농촌지역으로 소개시켰던 자료를 기초로 하면 4,000~5,000명의 고아가 있었을 것이라고 한다.

히로시마에서는 교사와 승려들이 이 고아들을 돌보았으며, 나가사키에서는 로마 가톨릭교회가 그 역할을 했다. 1949년에는 입양아 재정지원 프로그램이 시작됐으며, 히로시마에서는 아유미(Ayumi)라 불리는 지원그룹이 만들어져 이들에게 심리 상담과 지원을 제공했다.[76)]

핵 피폭 이후 태어난 기형아도 많았다. 히로시마와 나가사키 핵 피폭 당시 임신 중에 있었던 여성들이 방사선에 피폭된 뒤 태어난 1,600명의 어린이에 대한 조사결과를 보면 그중 30%가 심각한 의학적 정신장애 현상을 보인 것으로 조사됐다. 다른 조사에서는 임신부가 50~100rad의 방사선에 피폭된 상태에서 후일 태어난 어린이에 대한 연구조사 결과, 정신장애 현상과 소두증(小頭症) 증세를 보였다. 이는 특히 핵 피폭 당시 임신 8~15주차였던 임신부에게서 사실로 확인됐다. 핵 방사선에 노출되지 않은 어린이에 비해 방사선에 피폭된 어린이에 대한 지능검사에서 상대적으로 지능이 낮은 결과를 보였으며 학력 역시 낮은 것으로 나타났다. 사망자에 대한 통계수치는 암과 피폭효과로 인해 1950년에는 20만 명에 달했다는 보고도 있다. 1950~1990년의 기간

---

76) http://atomibombmuseum.org/4-survivors.shtml(검색일: 2018. 2. 20).

중 암과 백혈병으로 생존자 가운데 대략 9%가 사망했다.[77]

심리적 피해 또한 중요한 문제였다. 핵폭발 시는 본인의 부상이나 가족의 희생, 피폭 이후 나타난 각종 질환 등으로 인해 육체적 고통은 물론 심리적 피해도 발생한다. 1950년대 히로시마와 나가사키 피폭자에 대한 심리 피해를 조사한 결과에 의하면 피폭자들이 신경증후군, 건망증, 집중력 결여를 호소하는 경우가 많았다. 또한 피폭자들은 핵폭발 당시의 처참한 상황을 생각하면서 화를 내거나 무반응을 보이는 경우도 있으며, 죄의식의 감정도 있는 것으로 조사됐다. 그런가 하면 외상 후 스트레스(PTSD: Post Traumatic Stress Disorder) 증세로 인한 악몽과 환각현상, 두려움, 과민성 불면증, 좌절과 자살 충동 등을 느끼는 사람도 있었던 것으로 조사됐다.[78]

피폭자들은 비록 피폭 당시 살아남기는 했으나 90% 이상이 후일 나타난 증세로 죽거나 무능력자가 됐다. 그들은 구토와 출혈, 탈모 등을 겪다가 끝내 죽은 경우도 있었고, 백내장, 악성종양 등으로 고통을 받기도 했다. 피폭자들은 암은 물론 백혈병과 림프종, 소두증, 정신지체, 낮은 지능, 발달 지연, 구개열 등이 증가했다. 끔찍한 화상흉터가 남았고, 여성의 경우 유방암의 증가와 갑상선 암 등도 발생했다.[79]

어른들은 어른들대로 원폭에 피폭됐든 다른 지역으로 대피했든 배우자나 자식을 잃으면서 의존할 가족이 없어 고통을 받기도 했다. 한 조사는 1970~1975년에 원폭 피폭 생존자의 31건의 자살 가운데 히로

77) http://zaaenlife.com/2011/12/29/the-after-effects0f-the-atomic-bombs0on-hiroshima-nagasaki/(검색일: 2018. 2. 5), The After Effects of The Atomic Bombs on Hiroshima & Nagasaki(2011. 12. 29)

78) 위의 자료.

79) 위의 자료.

시마에서 25건이 발생했으며, 또 그 가운데 8건은 병이 주된 원인으로, 홀로 남은 나이 많은 사람이라고 했다.[80)]

피폭지역에서의 실업자 문제도 심각했다. 1949년 히로시마의 사례를 보면, 당시 시에서는 파괴된 건물의 잔해물 처리와 거리와 공원 및 학교 운동장 등의 정비를 시작해 약 10여만 명이 여기에 참여했다. 그럼에도 동원 해제된 대부분의 장병들은 도시에서 직업을 찾지 못해 농촌으로 갔다. 이러한 어려움은 1950년 6.25전쟁이 발발하면서 한국에서 차량과 탱크 등 군수물자 수요가 급증하자 해소되기 시작했다. 당시 히로시마 지역에서는 전쟁 초기 4개월간 4억 엔, 1951년 6월까지는 12억 5,600만 엔의 군수물자 수요가 발생할 정도로 급증했고, 이는 미쯔비시(三菱) 중공업이나 미하라 차량공장을 포함한 히로시마의 산업이 부활하는 계기가 됐다.[81)]

1953년 초에 히로시마에서 원폭피해협회를 만들기 위한 시민운동이 일어났고, 원폭 피폭자들을 위한 기금이 조성됐다. NHK 방송 등에서는 기금을 조성하는 데 도움을 주었다. 그해 8월에는 10여 일간 전국적으로 기금조성 캠페인이 진행되어 피폭자를 위한 500만 엔의 기금이 모금됐다.

1954년 들어 미국이 태평양 상에서 수폭을 실험하면서 멀지 않은 곳에서 어업을 하던 일본 어선에 낙진에 떨어졌다. 이 사건은 이미 히로시마가 원폭에 피폭된 경험을 갖고 있는 일본 국민들의 관심과 항의를 촉발했다. 이에 자극받은 의회는 피폭자들의 치료를 위해 1955년에는

---

80) http://atomibombmuseum.org/4-survivors.shtml(검색일: 2018. 2. 22).

81) http://ir.lib.hiroshima-u.ac.jp/enlist/AA10456537/zz/item/30724, Hideaki Shinoda(2008. 3), p. 12.

1,244만 엔, 1956년에는 2,568만 엔을 할당했다. 1957년에는 원폭피해자 치료법이 제정됐고 아울러 2억 6,749만 엔의 예산이 책정됐다. 1966년 원폭피해자특별대책법이 통과되면서 국민들의 관심이 최고조에 달했다. 이 법에서는 피폭자의 치료와 간호 및 건강 유지와 사망 시 장례 지원에 대한 비용 등을 제공토록 했다.82)

한편 미국에서는 1945년 8월 15일 트루먼 대통령이 일본에서의 모든 폭격효과를 조사하도록 지시했다. 이를 위해 350여 명의 장교와 500여 명의 준사관 및 300여 명의 민간인들이 조사에 참여했다. 1946년 11월에는 최근 임무를 시작한 원폭피해위원회(Atomic Bomb Casualty Commission)가 보다 부상자를 정밀하게 조사하도록 지시했다. 그들은 광범위하게 암이나 백혈병, 성장발육 부진, 불임, 탈모, 비정상적 색소침착, 유전자 변형 등에 대해 부상자를 조사했으며, 일본의 보건기관이 이를 지원했다.

5. 교 훈

1) 원폭 피폭 시 일반적인 피해 현상

핵폭발 시 발생하는 현상을 알아야 피폭 시 적절한 조치가 가능하다. 앞에서 설명했듯이 핵폭발 시는 첫째, 열 복사선과 폭풍 및 방사선으로 인해 대규모 인원이 죽거나 부상을 입는 등 다대한 인명피해가 발생한다. 둘째, 대규모의 물질적 피해가 발생한다. 이는 특히 주거시설을 포함한 건물들이 폭풍으로 파괴 또는 붕괴되면서 발생하며, 셋째, 광범위한 지역에서 주거시설이 파괴되면서 전재민이 급증해 구호 및 구조와 수용시설 및 급식 등의 지원소요가 폭발적으로 증가한다. 넷째,

82) http://atomibombmuseum.org/4-ruin.shtml(검색일: 2018. 2. 20).

주거와 산업시설, 교통시설 등 대규모 피해에 따른 각종 긴급복구 소요가 급증한다. 다섯째, 방사선 피폭으로 인해 백혈병이나 암과 같은 질병이 발생하면서 장기간에 걸쳐 피해가 발생하는 만큼 이를 진료하기 위한 국가적 소요가 증가한다. 그 외에도 전자기파로 인해 군사작전의 수행은 물론 경제적으로 막대한 피해도 발생한다. 원폭 피폭 시의 피해는 그 태풍이나 홍수, 지진, 화산 등 어떤 대형의 재난을 넘어서 복잡 다양하게 발생하는 만큼 정부와 군, 국민의 총체적인 피해 복구 노력이 요구된다.

2) 히로시마 피폭 분석

일본 정부의 공식자료는 히로시마 원폭 피폭으로 인해 사망한 인원이 14만여 명이라고 밝히고 있다. 그렇지만 앞에서 보았듯 히로시마 원폭으로 인한 사망자 수는 조사일시와 기관에 따라 많은 차이가 있음을 볼 수 있으며, 이는 나가사키에서도 유사하게 발생했다. 이렇게 사망자 누계에 있어 차이가 나는 이유는 핵폭발 시 발생하는 열 복사선과 폭풍, 방사선 피폭 등의 현상과 그 피해가 장기간에 걸쳐 나타나기 때문이다. 히로시마에 원폭이 투하됐을 당시 발생한 상황을 분석해보면 다음과 같다.

첫째, 핵 공격에 대한 사전 경고 무시로 대규모 인명피해를 초래했다. 미군은 원폭 투하 전에 일본의 주요도시에 전단을 살포했다. 전단에는 미군이 새로이 개발한 신형폭탄(Newly Developed Bomb)을 투하할 예정으로 시민들은 도시지역을 떠나 다른 곳으로 대피하라고 경고했다. 일본 군부와 정부, 히로시마현은 모두 이 경고를 무시했다. 폭격 당일 폭격기가 히로시마 상공에 출현했음에도 공습경보를 발령했다 곧 해제하면서 시민들은 일상생활로 복귀했고 이 시간에 원폭이 투하되면서 대규모의 피해가 발생했다. 핵 공격 시 사전 경보를 전파할 수 있는 시스템이 매우 중요함을 보여주는 것이다.

둘째, 원폭 투하 이후 군부의 의도적 무시로 인한 피해의 확대이다. 원폭 피폭 후 군부는 15분 뒤에 보고를 받고 이를 확인하기 위해 조사팀을 파견했다. 이를 통해 원폭공격을 확인했음에도 불구하고 대형의 폭탄이 투하됐다는 식으로 호도하면서 의도적으로 이를 행정부에 알리지 않았다. 오히려 수상과 외상이 핵 피폭 상황을 알고 군에 확인을 요청했지만, 군은 대규모 폭발력을 갖는 재래식 폭탄이라고 강변하는 일도 발생했다. 내각에서는 군부에 히로시마에 원폭이 투하됐는지를 문의했지만, 군부는 이에 대한 확인도 거부했다.

외상 등이 히로시마에 원폭이 투하됐다는 트루먼 대통령의 발표를 듣고서 군부에 확인을 요구했지만 군부는 이마저 확인을 거부한 것이다. 군부는 원폭 투하 사실에 대한 보도를 통제하는 것을 넘어 왜곡까지 했다. 당시 영자신문인 *Nippon Times*의 보도를 보면, 8일자에서는 히로시마에 폭탄과 소이탄이 투하되어 피해조사가 진행 중이라 했고, 9일자에서도 새로운 폭탄이 히로시마에 투하돼 주목할 만한 피해가 발생했다고 했다. 10일자 신문에서도 원폭이란 표현은 없이 새로운 폭탄이 지상 500~600m 상공에서 폭발하면 강한 섬광과 폭풍, 열이 전 지역으로 확산된다고 하면서 이후 단 1대의 미군 폭격기가 올지라도 대피하라고 했다. 이렇듯 군부는 행정부의 원폭 투하에 대한 확인 요청의 거부는 물론 보도마저 통제하거나 사실을 왜곡하면서 그 시간에 피해는 눈덩이처럼 커져갔다.

셋째, 원폭 피폭 시 정부와 군, 히로시마시의 협조가 미흡했다. 원폭 피폭 현장인 히로시마에서 수만 명이 일시에 사망하고 수만 명의 부상자가 발생했다. 그러나 정부는 물론 군부와 현에서 이들을 구조하기 위해 구조대를 보냈다든가 전재민을 수용할 조치를 했다든가 등의 협조와 조치는 부족했다. 오히려 군부와 내각에서는 연합군 항복 요구조건을 받아들일지, 그렇게 되면 일왕의 위치가 어떻게 되는지가 더 중요해 그에 대한 논의가 주를 이루었다.

넷째, 부상자를 신속히 처리하기 위한 조치가 미흡했다. 대규모의 사망자와 부상자가 발생한 상황에서 정부와 군, 현에서 의사나 간호사 등을 파견했거나 약품 등을 적시에 공급했다는 정부와 군부의 기록을 보기가 매우 어렵다. 현지나 인접지역에서 약간의 지원인력과 물자의 지원이 있었을 뿐이다.

다섯째, 전재민을 구호 및 수용하기 위한 정부 차원의 활동이 대단히 미흡했다. 원폭 피폭 후 히로시마시가 폐허가 됐고, 낙진까지 떨어지는 위험에 노출되면서 주민들이 거주할 수 없는 환경이 됐다. 그렇지만 정부가 나서서 안전지역을 설정해 텐트를 설치하거나 급식을 하는 등 전재민을 적극 구호 및 구조하거나 이들을 수용하기 위한 지원활동을 했다는 기록을 찾아보기 어렵다. 현지에 거주했던 주민들이 폐허 속에서 낙진위험도 모른 채 부서진 건물조각 등을 이용해 임시로 살 수 있는 시설을 설치했다는 기록이 일부 있을 뿐이다. 당시 일본이 패전을 직전에 두고 있었기 때문에 그럴 여력이 없기는 했겠지만 정부와 군의 조치가 부족했던 것이다.

핵무기는 대량살상무기이다. 핵 피폭 시는 군과 정부는 물론 자치단체 등의 즉각적이고 총력적인 대응이 있었을 때 그나마 발생한 피해를 최소화할 수 있다. 그러나 히로시마에서는 군부와 정부, 나아가서 히로시마시와의 협조는 미흡했고, 그 피해는 시민들에게 그대로 돌아갔다.

1945년 8월 15일, 히로시마 원폭 투하 이후 열흘 뒤에 일본은 항복했다. 히로시마와 나가사키가 피폭되어 대규모의 인원 피해는 물론, 도시가 폐허로 변했지만, 정부의 피해를 복구하기 위한 노력은 4년 뒤에 법을 제정하면서 본격적으로 시작됐다. 미군정의 통제를 받고 있었기에 일본 정부가 할 수 있는 일이 제한됐을 것이다. 하지만 히로시마나 나가사키 시민들은 피폭 당시 단지 그곳에 살았다는 이유로 수많은 사람들이 희생되는 비극을 당했고, 정부는 한동안 그 상황을 그대로 방치했다.

3) 교훈

히로시마와 나가사키에 대한 원폭 투하 시 발생한 현상과 당시 일본 정부와 군부 및 시 당국의 조치, 국민들이 보인 행동은 원폭공격을 받을 시 정부와 군과 개인이 어떻게 대응하고 조치해야 할 것인가에 대한 중요한 교훈을 제공한다.

첫 번째, 핵 공격 시 사전 경보의 중요성이다. 핵 공격 시기를 사전에 알 수 있다면 민방공시설로 대피함으로써 그 피해를 많이 줄일 수 있다. 히로시마에 대한 원폭 투하 시 미군은 전단을 살포해 경고했지만, 정부와 군이 이를 무시하면서 피해가 커졌다. 북한 정권을 포함한 누구든지 핵 공격을 할 시 미군처럼 사전에 경고를 할 것이라는 기대를 할 수 없다. 다양한 정보 획득수단을 이용해 조기에 공격 정보를 수집하고 필요시 타격하는 것은 물론, 미사일 등으로 공격 시는 적시에 대피할 수 있도록 경보 전파체제가 분명하게 작동되어야 한다.

두 번째, 핵 피폭 시 컨트롤 타워 역할의 중요성이다. 히로시마에서는 일본의 중앙정부나 군부, 히로시마시 등 어느 곳에서도 발생된 피해를 최소화하기 위한 컨트롤 타워 역할을 했다는 기록을 찾아보기 어렵다. 핵 피폭 시 대량의 피해가 발생하는 만큼 부상자 구호 및 구조와 치료, 생존자 수용 및 지원, 사망자 수습 및 처리, 긴급복구 등을 통해 피해를 최소화할 수 있도록 중앙정부 차원에서 컨트롤 타워의 역할이 중요하다.

세 번째, 부상자 구호 및 구조, 치료의 중요성이다. 핵 피폭 시는 현장에서 사망하는 사람으로부터 적절한 치료를 받으면 생존할 수 있는 환자에 이르기까지 다양하게 발생한다. 또한 단일요인의 환자와 두 가지 요인의 환자, 또는 세 가지 요인의 복합적 환자도 발생하는 만큼 그 대응방법도 각각 다를 수밖에 없다. 따라서 부상자를 신속히 구호 및 구조하고 상태별로 분류해 치료할 수 있는 대책을 수립해 피해를 최소화하기 위한 대책이 수립되어야 한다.

네 번째, 전재민 구호 및 구조, 수용의 중요성이다. 핵 피폭 시는 수만~수십만여 명의 전재민이 일시에 발생하는 만큼, 이들을 신속히 구호 및 구조하고 낙진으로부터 안전지역의 시설에 수용해 지원해야 한다. 이를 위한 수송 및 수용계획과 지원능력이 필요하다.

다섯 번째, 사망자 수습 및 처리이다. 핵 피폭으로 대규모의 사망자가 발생했으나 적시에 수습 및 처리가 지연될 경우, 특히 하절기에는 콜레라와 이질, 장티푸스 등 전염성 질환이 창궐해 2차 피해가 발생할 수 있는 만큼 적시에 수습해 처리해야 한다.

여섯 번째, 피폭지역 출입통제 및 치안질서의 중요성이다. 피폭지역에서 개인방호 대책을 갖추지 못한 사람들이 활동을 하거나 어떤 이

익을 취할 목적으로 하는 범죄행위가 발생할 수 있다. 또한 일정 기간 동안 낙진이 떨어지면서 노출된 사람들은 2차적인 피해도 입는다. 안전을 위해 방독면과 방호복 등 안전대책을 갖춘 허가된 사람들만 피폭지역의 출입을 허용해야 한다.

일곱 번째, 2차 피해를 야기할 가스와 유류에 대한 안전대책의 필요성이다. 도시는 아파트나 주택 모두 가스관으로 연결되고 도처에 주유소가 있는 만큼 핵 피폭 시는 2차 피해의 가장 큰 원인이 될 가능성이 농후하다. 이에 대한 대책이 필요하다.

여덟 번째, 핵 피폭지역에 인명 구호 및 구조차 투입될 인원에 대한 안전관리 프로그램의 필요성이다. 핵 피폭지역에서 인명 구호 및 구조 등의 작업을 하게 될 인원들은 방사선에 노출될 가능성은 물론 건물 붕괴와 화재 및 전염성 질환에 노출될 위험 등 다양한 위험에 처할 가능성이 크다. 따라서 작업에 투입될 인원의 안전관리를 위한 프로그램이 필요하다.

아홉 번째, 방사선 오염인원에 대한 관리이다. 외견상 이상 없어 보이지만 과다한 방사선 피폭으로 며칠 뒤부터는 증상이 나타나면서 사망할 수 있는 인원이 발생할 수 있다. 이러한 인원에 대한 확인 및 관리가 필요하다.

열 번째, 핵 피폭 시 군과 소방대원, 민방위대, 예비군 활용의 필요성이다. 핵 피폭으로 대규모 피해가 발생할 경우, 군과 소방대원은 가장 먼저 신속히 활용할 수 있는 조직이다. 예비군도 조직화된 집단으로 피해를 최소화하는 데 기여할 수 있다. 다만, 투입에 앞서 필요한 장비의 지급과 훈련이 필요하다.

열한 번째, 피폭 시 응급 복구계획 및 장기적인 복구의 필요성이다. 핵폭발 시 발생하는 폭풍으로 많은 건물들이 붕괴되거나 파괴되면서 도시가 완전히 폐허로 된다. 구조인력과 장비가 투입되어야 하나 건물의 잔해물이 도로를 뒤덮으면서 이로 인해 피해지역으로의 진입이 쉽지 않은 상황이 될 것이다. 이러한 상황의 발생을 상정해 구조인력과 장비를 투입하기 위한 대책이 필요하게 될 것이다. 그런가 하면 장기적인 관점에서 피해지역을 어떻게 복구할 것인지의 계획과 이를 위한 막대한 예산소요도 불가피한 상황이 될 것이다.

열두 번째, 고아의 수습 및 수용에 관한 것이다. 히로시마에서는 4,000~6,000여 명의 고아가 발생했다. 우리도 핵 피폭 시는 이런저런 이유로 대규모의 고아 발생이 예상된다. 이들에 대한 긴급 구호계획이 없을 경우는 또 다른 피해를 야기할 가능성이 커지는 만큼 핵 피폭 시는 신속히 수습해 시설로 이송하고 수용하는 등의 대책이 필요하다.

열세 번째, 전재민 수용시설에 수용됐던 사람들을 일상생활로 복귀시키면서 야기될 문제이다. 전재민 수용시설에 수용된 사람들은 언제까지 정부가 수용하고 지원할 수는 없는 만큼 어느 시기에 개인생활로 복귀시켜야 할 것이다. 이들을 복귀시켰을 때에는 히로시마에서 발생했던 것처럼 이들이 머물 집이나 식량 등 많은 어려움에 직면하게 된다. 이들을 위한 대책이 필요하다.

열네 번째, 피폭자들에 대한 중·장기 치료 지원 등의 대책이다. 핵 피폭에서 생존했다고 할지라도 후일 다양한 신체·정신적 질환으로 인해 장기간에 걸쳐 고통을 받는다. 그런 만큼 이들을 수용 및 치료하기 위한 장기적인 대책이 필요하다.

앞에서 제시한 상황을 포함하면서 추가로 예상되는 문제까지를 반영한 범정부 차원의 계획수립과 이를 위한 예산의 조달 등이 중요한 문제가 될 것이다. 핵 피폭 시는 대규모의 피해가 발생하면서 중앙정부는 물론, 피해가 발생하지 않은 자치단체의 자원도 활용할 수 있어야 한다. 서울이 피폭되면 인접한 경기도는 물론, 그 외의 타 시·도에서도 필요한 식량과 약품 및 피복의 지원도 필요하다는 것이다.

〈그림 3-23〉 1945~1953년 히로시마의 복구 진행 모습

출처: https://www.theguardian.com/cities/2016/apr/18/story-of-cities-hiroshima-japan-nuclear-destruction(검색일: 2018. 3. 15).

위의 그림에서 상단의 왼쪽은 1945년 10월, 오른쪽은 1946년 4월, 하단의 왼쪽은 1948년 12월, 오른쪽은 1953년 2월의 각각의 모습이다. 핵 피폭 이후 복구가 얼마나 더딘지 보여주는 사진이다. 이는 도시가 폐허화될 시 복구하는 데 있어 막대한 예산이 소요되는 것은 물론 장기간의 시간이 필요함을 의미한다.

비록 히로시마는 핵 피폭으로 많은 피해가 발생했지만, 피폭 이전에는 도쿄와 오사카, 나고야 등 일본의 다른 도시와는 달리 미군 폭격기의 공습이 없었기 때문에 비교적 온전한 상태를 유지했다. 그러나 한반도의 어느 지역이 북한의 핵 공격을 받을 시는 이미 북한의 포격 등으로 인해 많은 피해를 입은 상황에서, 적 특작부대도 상당히 침투해 치안질서가 매우 혼란한 가운데 발생할 가능성이 크다. 그만큼 정부와 군, 국민이 대응하기 어려운 상황이 될 수 있다는 것으로, 유관기관 간의 긴밀한 협조를 통한 사태 극복이 중요할 것이다.

제 2 부

제4장
핵 위협과 공격 시 예상되는 피해

제1절 북한의 핵 개발 경위 및 의도

북한의 핵 개발은 1955년으로 거슬러 올라간다. 6.25전쟁 직후인 1955년 북한은 과학원 제2차 총회에서 '원자 및 핵물리과학연구소' 설치를 결정했다. 1956년에는 소련과 '연합 핵 연구소 조직에 관한 협정'을 체결하고 과학자를 파견했다. 이렇게 시작된 북한의 핵 개발은 영변 원자력연구소 설립, 소련으로부터 연구용 원자로 도입 등을 거치면서 지속적으로 발전했다. 1985년 북한은 핵확산금지조약(NPT)에 가입했고, 1991년에는 남북 한반도 비핵화 공동선언에도 합의했다. 그러나 1993년 북한이 NPT 탈퇴를 선언하면서 제1차 북핵위기가 조성됐다. 2002년에는 북한이 고농축우라늄으로 핵탄두를 개발하고 있다고 인정하면서 제2차 핵 위기가 발생했다. 북한은 2005년 핵무기 보유를 선언했으며 2006년부터 2017년간에 여섯 차례에 걸쳐 핵실험을 했다. 특히 제4차 및 제6차 핵실험에서는 수폭을 실험했다고 주장하고 있다(북한의

핵 개발일지: 부록 1 참조).

북한이 유엔과 국제사회의 제제에도 불구하고 핵과 미사일 등 대량살상무기를 개발하는 의도는 무엇일까? 이는 크게 세 가지 차원에서 생각해볼 수 있는데 먼저, 대내 차원에서는 김일성-김정일-김정은으로 이어지는 김씨 일가의 리더십과 정통성을 부각하고 주민을 결속하기 위한 것이며, 대남 차원에서는 한반도 적화를 달성하기 위해 군사력의 우위를 유지하기 위한 것이다. 또한 대미 차원에서는 한미동맹을 이간시켜 주한미군의 철수와 한미연합 방위체제를 약화시키기 위한 것이다.[1] 이 때문에 핵실험에 따른 안보리 결의 등 다양한 국제사회의 제재에도 불구하고 핵 개발을 중단하지 않은 것이다(북핵실험에 따른 유엔안보리 결의: 부록 2 참조).

북한이 핵을 개발하는 이유는 비대칭 전력(Asymmetric power)의 우위를 점하기 위한 것이기도 하다. 노훈은 북한이 한국에 비해 비대칭 분야에서 우위를 점할 수 있는 비대칭성으로 열 가지를 제시한다.[2] 그 가운데 핵은 그 파괴성으로 인해 한국군과의 재래식 전력 격차를 일거에 벗어나 우위를 확보할 수 있으며, 한국으로서는 비핵화를 주장하고 있는 상황에서 핵 보유가 쉽지 않기 때문에 지속적으로 불균형이 발생할 수 있다.[3]

다른 주장으로, 북한이 핵을 개발하고 보유하고자 하는 의도는 미

1) 문성묵, 「북한 미사일·핵 위협과 대응」, 안보현안분석(2015. 10. 30), 국방대학교 국가안전보장문제연구소, pp. 2~3.

2) 노훈, 「북한 비대칭정략과 우리의 대응개념」, 『국방정책연구』 제29권 4호 2013년 겨울(통권 제102호), pp. 90~91. 핵무기, 미사일, 기습적인 포격 활동, 은밀한 함정폭침 공격, 사이버 공격, GPS 교란, 화학 및 생물학 무기, 땅굴, 특작부대, 정치·심리전 활동 등을 제시했다.

3) 위의 논문, p. 90.

국의 직접적인 핵 및 재래식 전력에 대한 대응, 구소련 붕괴에 따른 핵우산 약화로 자위적 군사력 확보, 당 규약에서 규정한 한반도에서의 공산혁명 과업의 달성 및 대남 위협수단의 확보, 핵 주권 확보와 국가위상 거양, 협상력 강화 및 외교적 대응수단의 개발 필요성, 재래식 무기에 대비한 경제적 효율성 확보, 선군정치의 주요수단으로 정권의 결속 내지 체제의 안전보장 등을 제시하고 있다.[4)]

제2절 북한의 핵능력 및 핵실험

북한에는 핵물질의 원료인 우라늄이 2,600만 톤 매장되어 있으며, 이 중 가채량은 400만여 톤으로 알려지고 있다. 이러한 우라늄은 북한

〈그림 4-1〉 북한의 핵 관련 시설

출처: 연합뉴스(2019. 2. 1).

---

4) 함형필, 「북한의 핵전략 구사와 전략적 딜레마 고찰」, 『국방정책연구』, 제25권 2호(2009), pp. 98~99.

의 핵무기 개발과 실험에 있어 중요한 자원이다. 핵실험을 위한 인력은 3,000여 명에 달하며, 핵 관련 시설은 북한의 도처에 설치되어 있다. 핵실험은 군수공업부의 원자력공업성과 국방과학연구소 등에서 주관하는 것으로 알려지고 있다.

북한은 핵실험을 통해서 핵무기를 소형화 및 정밀화, 다종화해 나가는 과정에 있다. 북한은 매번 핵실험을 할 때마다 유엔안보리 결의에 의해 각종 제재조치를 받고 있지만 이에 아랑곳하지 않고 있다. 이제 제6차 실험까지 함으로써 핵실험의 마지막 단계와 핵 보유를 목전에 두고 있다.

〈표 4-1〉 북한의 제1~6차 핵실험

구분	1차	2차	3차	4차	5차	6차
일시	2006. 10. 9	2009. 5. 25	2013. 2. 12	2016. 1. 6	2016. 9. 9	2017. 9. 3
지진 (규모)	3.9	4.5	4.9	4.8	5	한국: 5.7 미국: 6.3
위력 (추정)	1kt 이하	3~4kt	6~7kt	6kt	10kt	5.7: 50~60kt 6.3: 최소100~최대 300kt
종류 (원료)	원자탄 (플루토늄)	원자탄 (플루토늄)	원자탄 (우라늄 또는 플루토늄)	원자탄 (북한: 수소탄 주장)	원자탄 (북한: 함구)	ICBM 장착용 수소탄(북한 주장)

출처: 황인찬, "북한 '핵폭주' 종착역에 다 왔다", 『동아일보』(2017. 9. 3).

북한은 현재 얼마나 많은 핵무기를 보유하고 있고 가까운 시일 내에는 얼마나 많은 핵무기를 보유할 것인가? 이에 대한 추측은 평가기관에 따라 다소 차이가 있지만, 여러 분석과 견해를 종합해보면 대략 현재 20~60개 정도의 핵무기를 보유한 것으로 평가되며, 2020년경에는 HEU핵폭탄을 포함해 최대 100개까지 보유할 것으로 예상된다는 보도도 있다.

북한은 이미 2016년 1월 제4차 핵실험에서 수폭 제조에 성공했다고 스스로 주장한 바 있고, 제6차 핵실험에서도 다시 수소탄을 탑재한 핵실험을 했다고 주장하면서 관련 사진을 보여줬다.

〈그림 4-2〉 북한이 수소탄이라고 주장하면서 공개한 사진

북한은 이와 같이 핵실험은 핵실험대로 하면서 사거리를 연장해 발사하기 위한 대륙간탄도탄 발사시험과 잠수함을 이용한 미사일 발사시험도 한 바 있다. 북한의 주장대로라면 수폭도 개발하고 여기에 대륙간탄도탄 및 잠수함발사 미사일까지 보유한다면, 이는 단순히 원폭을 보유하는 것과는 또 다른 만큼 종전과 다른 위협이 향후 전개될 가능성을 배제할 수 없을 것이다.

〈그림 4-3〉 북한이 공개한 화성-15형 발사 모습
출처: 조선중앙TV(2017. 11. 29).

북한이 핵탄두 소형화에 성공했을 가능성도 있다. 북한 스스로 "핵 전투부(미사일 핵탄두 부분) 훈련"을 마쳤다고 주장한 바 있으며, 전문가들은 소형화된 핵탄두를 이미 단거리 스커드 미사일에 탑재할 능력을 확보한 것으로 분석하고 있기도 하다. 이러한 주장은 미국에서도 제기됐다.

아울러 핵폭탄을 지상 30~수백km의 공중에서 폭발시켜 전자기장(電磁器場)을 발산시킴으로써 주변 수백km에 이르기까지 전기·전자 장비에 이상을 일으켜 치명적인 피해를 입히는 핵 EMP탄 폭발 능력도 보유한 것으로 평가되고 있다.

주로 미국 전문가들에 의해 북한의 핵 EMP탄 위협이 제기되고 있는 바, 울시(James R. Woolsey) 전 CIA 국장은 북한이 미국 상공에서 핵 EMP탄을 폭발시킬 경우 미국 모든 전자장비는 무용지물이 될 수 있다고 분석한 바 있다.5)

5) http://premium.chosun.com/site/data/html(검색일: 2017. 9. 5).

제3절 북한의 핵 위협 양상

미국은 북한 김일성 사망 23주기인 2017년 7월 8일 사상 처음으로 B-1B 초음속 전략폭격기를 한반도로 보내 폭격 훈련을 실시했다. 이에 북한은 즉각 "핵전쟁의 도화선에 불을 달려는(붙이려는) 위험천만한 군사적 도박"이라고 반발했다.[6)]

유엔총회 제43차 본회의에서도 북한의 대표가 "전쟁 직전으로 몰아붙여지고 있는 한반도는 극도로 악화된 긴장상태를 맞이하고 있다"며 "이는 소위 초강대국이라는 미국이 존엄 높은 주권국가(북한)를 질식시키려는 목적으로 전례 없는 정치, 군사, 경제 고립과 압박 수위를 극도로 강화해나가고 있기 때문으로 (한반도에서) 핵전쟁이 언제 발생할지 아무도 모른다"고 위협했다.[7)] 김인룡 유엔 주재 북한대표부의 차석대사는 한반도 상황이 "일촉즉발의 한계 상황에 도달해서 언제라도 핵전쟁이 발발할 수 있는 상태"라고도 발언한 바 있다. 북한 외교관의 이러한 발언은 너무나 자주 아무 거리낌 없이 나왔던 것이 얼마 전까지의 상황이다.

북한 『노동신문』에서는 7월 2일자 「스스로 파멸을 재촉하는 무모한 망동」이라는 제목의 논평에서 "조선반도(한반도)에서 핵전쟁이 일어나는 경우 미군의 병참기지, 발진기지, 출격기지로 되고 있는 일본이 제일 먼저 방사능 구름으로 뒤덮일 것"이라며 "대양 건너의 미국도 조준경 안에 넣고 있는 우리의 혁명 무력이 일본을 타격하는 것은 아무런

---

6) 문병기 · 황인찬, "이승헌 특파원 입력 '죽음의 백조' 뜨자… 北, 핵전쟁 위협", 「동아일보」 (2017. 7. 10).

7) 신용일, "북한 유엔에서 또 한반도 핵전쟁 위협", 「한국일보」(2016. 11. 9).

문제도 되지 않는다. 전쟁이 일어나면 우리를 해치려는 자들은 물론 그 뒷바라지를 해준 자들도 무사할 수 없다"고 했다. 논평은 또 한반도 정세가 '핵전쟁 발발의 문(門)어귀'에 들어섰다면서 일본이 이런 정세에 '키질'을 하고 있다고 비난했다.[8] 최근에는 북한이 제6차 핵실험 직후 간부들을 대상으로 "핵 · 미사일은 조국통일을 앞당기는 만능열쇠"라고 주장했다.[9] 외교관 발언이나 소위 언론이라는 『노동신문』 또는 조선중앙방송의 내용이 모두 정상국가의 외교관이나 언론이라고 하기에는 너무나 상스러운 표현을 다반사로 하고 있다.

지난 2018년 1월 1일의 신년사에서는 2017년에 이미 국가 핵무력 완성의 역사적 대업을 성취했다고 하면서 미국 본토가 북한의 핵 타격 사정권에 있으며, 핵 단추가 북한 사무실 책상 위에 항상 놓여 있다고 주장했다.

이와 같이 북한 정권의 핵 위협은 이제 군에서 작전계획을 수립하기 위한 절차로 가정의 문제가 아닌 대한민국이 당면하는 최대의 안보 위협이 되고 있는 것이다. 남북 정상회담과 북미 정상회담을 거치면서 북핵 문제가 향후 어떻게 진행될 것인지 미리 예측하기는 쉽지 않다. 비록 김정은 입으로 비핵화를 말했다고는 하나 그 말을 액면 그대로 받아들이기에는 의심스러운 바가 적지 않다. 북핵이 완전히 폐기되고 비핵화가 정착되면서 한반도가 안정적으로 관리되기를 바란다. 하지만 만에 하나라도 비핵화 합의 도달에 실패할 경우, 김정은의 오판에 의한 사용이든 급변사태의 여파로 사용하든 어떤 경우로든 북한이 핵을 사용할 경우 발생할 피해는 당대로 끝나는 것이 아니라 두고두고 후세에

---

8) 『서울신문』, "北매체 "핵전쟁 일어나면 일본이 제일 먼저 방사능" 위협"(2017. 5. 2).
9) 최재훈 · 신수지, ""핵무장" 강경해진 남…'적화통일' 드러낸 북", 「조선일보」(2017. 9. 9).

까지 영향을 미치는 만큼 국방부의 군사적 대비는 물론 행정 각부의 비군사 분야에서의 대비도 철저해야 한다.

북핵 위협에 대해 최근 미국의 대응을 보자. 2017년의 『미국가안보전략서(NSS: *NATIONAL SECURITY STRATEGY*)』에서는 북한의 사이버 공간에서의 활동과 핵 및 탄도탄 기술이 급속하게 발전하면서 국제사회의 안보위협이 되고 있다고 경고했다. 이에 대응해 미국은 지역의 국가들과 안보협력을 더욱 강화하며, 북한이 침공할 경우에는 압도적 군사력으로 대응할 것도 포함하면서 한반도 비핵화 옵션을 발전시킬 것임을 강조했다.[10)]

2018년 2월 미 국방부가 발표한 『핵 태세 검토 보고서(NPR: *National Posture Review*)』에서는 '북한 정권이 핵무기를 사용하고도 생존할 수 있는 어떠한 시나리오도 존재하지 않는다'고 주장하며 북핵에 대한 강경한 입장을 발표하면서, 미국이나 동맹국에 대한 핵 공격은 받아들일 수 없을 뿐더러 이는 김씨 정권의 종말이 될 것이라고 경고했다.[11)]

이 보고서에서는 핵 외에도 화학 및 생물학 무기를 지속적으로 발전시키고 있음을 상기시키면서, 북한의 핵무기 프로그램을 완전히 제거해 한반도 비핵화를 이뤄야 한다고 하고 있다.[12)]

북핵이 국제적으로 핵심적인 안보위협이 되면서 '지구 종말의 날'을 뜻하는 '운명의 날 시계(The Doomsday Clock)'[13)]를 더욱 앞당겨 놓았다.

---

10) THE WHITE HOUSE, *NATIONAL SECURITY STRATEGY of the United States of America*, WASHINGTON, D.C., 2017, p. 46.

11) DEPARTMENT OF DEFENCE, *NUCLEAR POSTURE REVIEW*, JANUARY 2018, p. 18.

12) Ibid., p. 7.

13) '운명의 날 시계(지구 종말 시계)'는 미국에서 '맨해튼 계획'에 참여했던 시카고대학 핵물리학자회를 중심으로 아인슈타인 등의 과학자들이 1947년 핵무기의 위험성과 핵전쟁에 대한 경각심을 높이기 위해 고안해낸 시계이다. 1947년 처음에는 '자정 7분 전'으로 출발

미국의 핵과학자 회보(BAS: Bulletin of Atomic Scientists)는 1월 25일 워싱턴에서 기자회견을 통해 "세계가 더욱 위험해졌다"고 발표하면서 1947년 핵 과학자들이 핵전쟁으로 인류의 파멸의 가능성을 경고한 이래 가장 위험한 상황으로 파멸의 순간을 2분 남겨 놓고 있다고 평가했다. 이는 2017년 북한의 핵 프로그램이 괄목할 진전을 이루면서 당겨진 것으로, 2017년의 2분 30초에서 2018년에는 30초가 앞당겨진 2분이 됐다는 것이다. 1953년 미국이 수폭 실험을 해 처음 2분이 된 이래 두 번째이

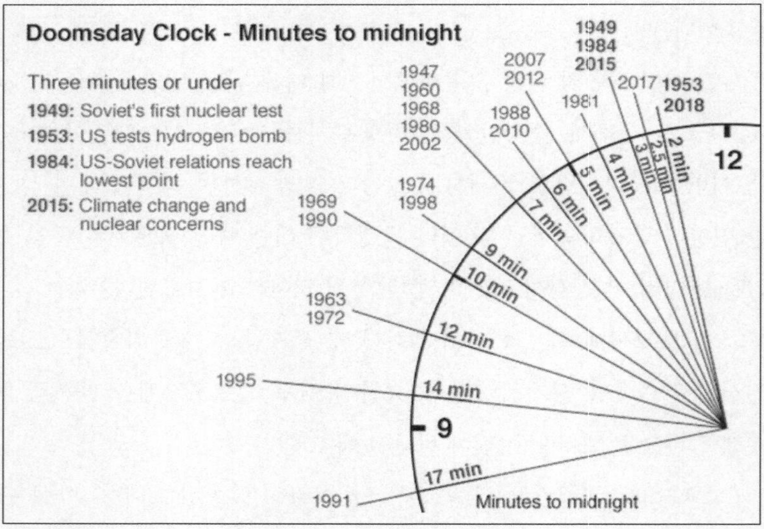

〈그림 4-4〉 2018년 운명의 날 시계

출처: https://thebulletin.org/2018-doomsday-statements(검색일: 2018. 1. 25).

해 냉전이 끝난 1991년 국제적인 긴장이 완화되면서 자정 17분 전으로 가장 멀게 늦춰진 바 있다. 여기서 '자정'이란 핵으로 인해 인류의 파멸을 가져올 전면적인 핵전쟁 발발을 의미한다. 시곗바늘의 향방을 결정하는 핵과학자회의 과학 및 안보이사회는 15명의 노벨상 수상자를 포함한 평가위원들이 있으며, 학회지인 *BAS(The Bulletin of the Atomic Scientists)*에 매년 게재되고 있다.

다.[14] 김정은의 핵 위협이 결국 지구 종말의 시계를 앞당기고 있었던 것이다.

'운명의 날 시계'가 언급했듯 2018년 4월까지 한반도는 핵으로 인한 긴장이 한 치 앞을 내다볼 수 없을 정도로 안개 속을 헤맸다. 이 시기 이전 미 대통령이나 국무 및 국방장관, 안보보좌관 등의 북핵에 대한 발언은 매우 직설적이었다. 몇 가지만 보면 다음과 같다. "북한의 핵을 그대로 두니 전쟁을 하겠다(Trump 대통령, 2017. 7. 28)", "북한에 대한 군사적 옵션을 배제 안하며, 모든 옵션 테이블 위에 있어(Pence 부통령, 2017. 8. 2)", "북핵 제거를 위한 예방전쟁 등 모든 옵션 준비 중(McMaster (전) 안보보좌관, 2017. 8. 5)", "북한이 계속 도발할 경우 군사적 조치도 검토할 수 있어(Haley 주 유엔대사, 2017. 8. 5)" 등의 발언들이 그것이다. 북핵에 대한 트럼프 행정부의 강경한 입장은 북한에 대한 선제타격이나 예방공격의 가능성을 제기했고, 이른바 '코피전략(Blood Nose Strategy)'이라는 말도 나왔다. 그렇게 악화되다가 어느 순간 대화모드로 변화했다.

평창올림픽이 계기가 되어 스포츠 교류를 시작으로 마침내 대통령과 김정은이 판문점에서 만나 회담을 했고 판문점 선언을 채택했다.(부록 3 '판문점 선언' 참조) 판문점 선언에는 휴전선 지역의 평화지대화는 물론 군비 축소 등 논쟁적인 내용과 비핵화에 관한 사항도 포함하고 있다.

---

14) 홍주희, "현재 시간 11시 58분... '운명의 날 시계' 자정에 가까워졌다", 『중앙일보』(2018. 1. 26); https://thebulletin.org/2018-doomsday-statements(검색일: 2018. 1. 25). 여기서는 핵과학자들이 미국과 러시아의 마찰과 남중국해를 둘러싼 미국과 중국의 긴장 고조, 이란과의 핵 협상에 대한 미국의 불확실한 태도도 운명의 시곗바늘을 재촉하는 불안한 요소로 보았다.

〈그림 4-5〉 판문점 남북 정상회담

이어서 다시 판문점에서 2차 회담을 했으며, 문재인 대통령이 평양을 방문해 평양 선언도 발표됐고, 군사 관련 합의서도 서명했다.

미국은 미국대로 폼페이오(Mike Pompeo) 국무장관이 평양을 방문해 김정은을 만나고 이어 2018년 6월 12일에는 싱가포르에서 트럼프(Donald Trump) 대통령과 김정은이 정상회담도 했다. 정상회담 선언문에는 4월 27일 판문점 선언에서 언급한 한반도 비핵화를 준수하겠다고 하는 내용을 포함했다(부록 4 참조). 그리고 다시 판문점 회동도 했다.

〈그림 4-6〉 싱가포르 북미 정상회담

이와 같은 여러 회담을 거치면서 풍계리 실험장 폭파라든가 미 전사자 유해 송환 같은 긍정적 변화가 있었던 것은 사실이지만, 정작 문제의 핵심인 북핵의 비핵화는 구름 속을 헤매고 있다. 『노동신문』이나 북 고위관리의 발언을 보면 비핵화에 대한 전망이 그리 좋은 것만은 아니기 때문이다. 북핵 비핵화에 대한 김정은의 애매모호한 발언을 마치 북핵을 완전히 비핵화하는 것으로 확신하면서 정작 비핵화는 시작도 하지 못한 채 오히려 북한의 주장대로 종전선언과 같은 부수적인 문제에 끌려들어 가는 것이 아닌지 우려된다. 미 정치권에서 강경파의 발언이 서서히 강화되는 추세가 이를 반영한다. 그런 끝에 하노이 회담과 판문점 회동이 열렸지만 아무런 합의 없이 끝나면서 북핵의 비핵화가 안개 속을 헤매는 것이다. 최근에는 북핵 동결로 기우는 것 아닌가 하는 워싱턴발 보도도 우려를 증폭시키고 있다.

제4절 핵 피폭 시 예상되는 피해

한국의 지형은 동쪽은 태백산맥을 중심으로 산악지역이 발달돼 있고 서쪽은 평야지대로 다수의 인구와 산업시설이 위치하고 있다. 수도권은 한국의 인구의 40%와 경제력의 70%가 집중되어 있다. 서울은 수도로 한국의 정치와 경제의 중심지이자 군 지휘부가 위치하고 있다. 이 외에도 부산과 대구, 광주, 인천, 울산, 대전 등의 광역시와 중소도시가 전국에 위치하고 있다. 이들 도시들의 인구밀도는 〈표 4-2〉에서 보는 바와 같다.

〈표 4-2〉 특별시 및 광역시 인구밀도

구분	서울	부산	대구	대전	광주	인천	울산
면적(㎢)	605.2	76.9	88.3	53.9	50.1	104.7	106
인구(만 명)	990.4	344.8	246.6	153.8	150.2	289	116.6
밀도(만 명)	16,364	4,479	2,791	2,852	2,998	2,755	1,099

출처: http://kosis.kr(통계청 국가통계포털, 검색일: 2017. 9. 10), 면적은 2014년, 인구 및 인구밀도는 2015년 기준.

만약 북한이 핵 공격을 위해 표적을 선정할 시는 이러한 한국의 지형적 특성과 인구의 도시 밀집 현상, 아파트가 많은 도시의 특징, 핵 공격을 통해 달성하고자 하는 정치 · 군사적 목표와 국민의 심리적 피해를 고려할 것이다. 한국의 정치와 경제, 군사 지휘를 마비시키면서 대규모의 인명살상을 야기해 심리적 피해를 주려 한다면 당연히 서울이 표적이 될 것이고, 인명살상과 심리적 피해 위주라면 그 외에 광역시들도 표적으로 할 것이다. 미군 증원을 방해하기 위한 목적으로 또는 군수무기 생산을 많이 하는 도시 등을 대상으로도 할 수 있다. 아니면 아군의 군사지휘부가 있는 중 · 소도시나 전방지역에서 전투임무를 수행하고 있는 부대들도 전술적 표적으로 타격할 수도 있다. 그들의 의도에 따라 표적을 결정할 것이다.

그러나 북한이 연평도에 포사격을 해 도발했듯 핵무기의 공격을 쉽게 결심할 수는 없을 것이다. 핵이 대량살상무기인 만큼 핵을 사용해 공격하고자 할 때는 미국의 핵 태세 검토 보고서에서 밝혔듯 한미연합군의 반격에 의해 북한이 지구상에서 사라질 수 있다는 생각을 하면서 공격 여부를 검토할 것이다. 그들 나름대로 여러 상황을 종합적으로 판단해 핵을 사용할 것으로 생각된다. 그럼에도 불구하고 북한 체제의 경직성과 김정은의 무모한 리더십, 체제의 불안정성 등이 어울릴 시 핵 공격은 의외로 쉽게 결정될 가능성도 전혀 배제할 수는 없을 것이다.

통상 예상되는 북한의 핵사용 형태로 정치적·경제적 양보를 요구하면서 핵무기 사용을 통해 위협하거나 국지도발 후 핵무기 사용 위협으로 한국의 보복을 차단하고자 시도하는 경우, 핵무기를 수단으로 미국과의 직접 협상을 요구하는 경우, 미국에 대한 직접적인 공격을 협박하는 경우, 대규모 공격과 핵무기 사용의 위협을 병행하는 경우, 특정 도시에 대한 핵무기 공격에 대한 가능성이 제기되고 있다.[15] 또 다른 주장으로 북한은 개전 초기 시위 목적으로 사용해 한미에 자신의 능력을 과시하며 군사작전을 제한하고, 전쟁 과정에서 한미의 공세작전을 중단시키고 자신의 군사적 패배를 만회하기 위해 한미에 선택을 강요할 목적으로, 자신의 생존을 위한 최후의 수단으로서 게임을 전개하는 방법으로 사용할 가능성도 제기되고 있다.[16]

1. 북한의 핵 공격 시기 및 방법

북한이 그간 핵실험을 했던 이유는 결코 위력시위 또는 협박용에 국한시킬 목적으로 한 것은 아닐 것이다. 어렵게 개발된 핵무기를 쉽게 폐기하려 들지도 않을 것이다. 이미 남북, 북미 정상회담을 실시했고 비핵화 논의가 계속되는 만큼 회담들이 잘 진행되어 한반도 비핵화가 반드시 되기를 기대한다. 그러나 상황이 의도대로 진행되지 않으면서

---

15) 권태영 · 노훈 · 박휘락 · 문장렬, 『북한 핵미사일 위협과 대응』, 북코리아, 2014, pp. 193~195 요약.

16) 박창권, 「북한 핵위협 현실화를 고려한 군사전략 발전방향」, 『주간국방논단』 제1568호 (2015. 9. 28), p. 6.

종전으로 돌아가서 어느 시기에 남북관계가 악화되고 군사적 충돌이 발생하면서 북한이 핵무기로 공격을 시도할 시기는 국지전 도발, 전면전 도발, 급변사태 발생 시 등을 생각해볼 수 있다.

먼저 국지전 도발 시의 경우이다. 국지전 시는 서북도서 지역과 같은 곳에서 도발을 일으킨 뒤, 한미의 군사적 응징을 방지하면서 상황을 유리하게 전개시킬 목적 아래 핵무기를 강압전략의 한 방편으로 사용할 가능성이 있다.[17)]

전면적 도발 시 전쟁 상황을 유리하게 전개할 목적으로 핵을 사용해 공격할 가능성이다. 먼저 개전 및 방어작전 단계(전쟁 초기단계)에서는 재래식 전력의 열세를 만회하고자 아군의 주력이 지향하는 곳에 사용해 결정적인 유리한 여건을 만들기 위해 또는 미군 증원전력이 도착하는 곳을 표적으로 선정해 공격할 수 있을 것이다. 또는 개전 초기 수도 서울이나 대도시 지역에 사용함으로써 국민의 사기저하와 심리적 피해를 가할 목적으로 사용할 가능성이 있다.

반격 및 격멸단계(전쟁중반기)에는 한미연합군이 북한 지역으로 군사작전의 확대를 방지하기 위해 대도시 지역이나 미군 전력이 도착하는 지역 등에 사용할 가능성이 있다. 마지막으로 북한 정권의 생존이 마지막 단계에 이를 경우 자신의 정권을 보존할 목적으로 사용할 가능성도 있다.

급변사태(Sudden Change)시 핵무기 사용 가능성도 제기됐다. 만약 북한 정권이나 정부의 붕괴를 초래할 수 있는 김정은의 급사나 쿠데타와 같은 상황으로 인해 심각한 혼란 상태가 발생하면서 국가의 안전보장과 안녕질서를 위해 정부가 비상조치를 긴급히 강구할 필요성이 있는

---

17) 박창권, 「북한의 핵운용 전략과 한국의 대북 핵 억제전략」, 『국방정책연구』 제30권 2호, 2014년 여름(통권 제104호), p. 175.

전쟁의 가능성 까지 우려되거나 또는 발생할 경우 또는 긴급한 인도적 지원이 요구되는 상황에서 핵사용 가능성이 언급되는 것이다.

미국 랜드 연구소의 베넷(Bruce Bennett) 박사는 만약 북한에서 이런 저런 사유로 급변사태가 발생할 경우, 군부의 강경파와 온건파가 대립하는 과정에서 강경파가 남한에 핵무기 사용 가능성을 우려하면서 북한이 10kt의 핵무기를 사용할 경우 20만여 명의 사상자 외에도 유사한 규모의 부상자와 1조 5,000억 달러의 경제적 손실이 발생할 것으로 예측했다.[18]

2. 핵 피폭 시 예상되는 상황 및 피해

〈표 4-3〉 북핵 피폭 시뮬레이션 결과 피해 예측치

구분	피해 예측
미 국방부, 중앙정보국 (1998)	• 용산 500m 상공에서 15kt 폭발 시 - 사망자 62만여 명 - 반경 1.8km 이내는 직접 피해, 4.5km 이내 지역 반파
미 DTRA[19] (2004)	• 100kt을 투하할 경우 - 핵폭발로 31만여 명 사망, 23만여 명 중상 - 2차 방사능 낙진피해 338만 명, 방사능 낙진으로 중경상 237만여 명
미 DTRA (2013)	• 용산지역에 20kt이 지표면에서 폭발 시 - 사망자 110만 명, 부상자 160만 명 등 270만여 명 발생 • 50kt이 지표면에서 폭발 시 - 사망자 281만 명, 부상자 288만 명 등 총 569만 명 발생

출처: 권태영 외, 앞의 책, pp. 38~41에서 재인용.

18) Bruce W. Bennett, *Preparing for the Possibility of a North Korean Collapse*, RAND Corporation, 2013, p. 70.

19) 방위위협감소국(DTRA: Defence Threat Reduction Agency). 대량살상무기와 관련된 재료들의 이전을 차단하고 감시하고 파괴함으로써 이들 무기가 테러리스트나 적에게 들어가지 못하도록 하는 임무를 수행함(http://www.dtra.mil).

핵무기로 공격을 받을 경우, 발생하는 상황을 가정해 피해를 예측한 시뮬레이션 결과에서는 〈표 4-3〉에서 보는 바와 같이 상당한 피해가 불가피할 것이라는 것을 보여준다.

이와 같이 몇몇의 핵폭발 시뮬레이션 결과가 보여주듯 한 발의 핵 공격은 수십만여 명의 생명을 앗아가는 비극을 초래한다. 다음의 〈표 4-4〉는 북한이 제6차 핵실험 이후 한동안 국내의 주요 일간지에서 북한이 핵 공격을 할 경우 발생할 예상피해를 보도한 내용이다.

〈표 4-4〉 핵 피폭 시 예상피해 예측치 보도자료

구 분	피해 예측
『동아일보』 (2017. 9. 4)	• 미국 민간연구기관 NUKEMAP[20] 시뮬레이션 결과 100kt급 시청 상공에서 폭발 시 피해 예상 - 사망자 36.2만 등 사상자 199.2만여 명 발생 - 시청반경 590m 지역은 강력한 열로 증발 - 1.16km 안에 있는 건물 붕괴, 생존 가능성 가무 - 반경 1.94km 지역 방사능 오염, 40~90% 사망 가능 - 반경 2.43km 이내 건물 붕괴, 사망자 다수 - 반경 4.67km까지 대부분 3도 화상 - 최대 300km까지 낙진 및 방사능 노출
『조선일보』 (2017. 9. 4)	• 미 국방부 용역보고서(1998), 15kt 폭발 시 - 반경 150m 이내 건물 증발, 1.5km 이내 3도 화상 - 사망자 62만 명 등 120만 명 피해 발생
	• 100kt 핵폭발 시, 사망자 수백만 예상 - 반경 370m 내 건물 증발 - 반경 2.7km 이내 모든 물체 화재, 생물체 죽음 - 반경 3.75km 이내 전신 3도 화상 - 반경 11.25km 이내 건물 대부분 반파 이상
『문화일보』 (2017. 9. 4)	• 미국 랜드연구소 시뮬레이션 자료 인용 - 10kt 핵폭발 시 사상자 28~41.3만 명 발생 - 50kt 폭발 시 200만 명 이상 인명피해 발생

20) http://nuclearsecrecy.com/nukemap/(검색일: 2018. 2. 10).

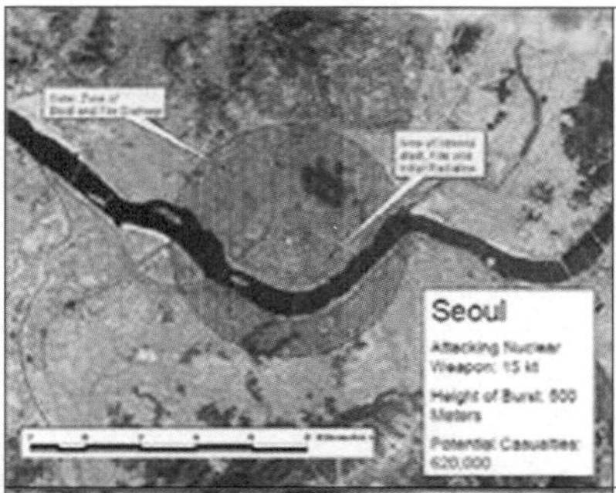

15kt의 핵무기가 용산 상공 500m에서 공중 폭발로 폭발한 상황을 상정한 것이다. 약 62만 명의 사망자(즉시 사망 40만 명, 추가 사망 22만 명)가 발생할 것으로 추산됐다.

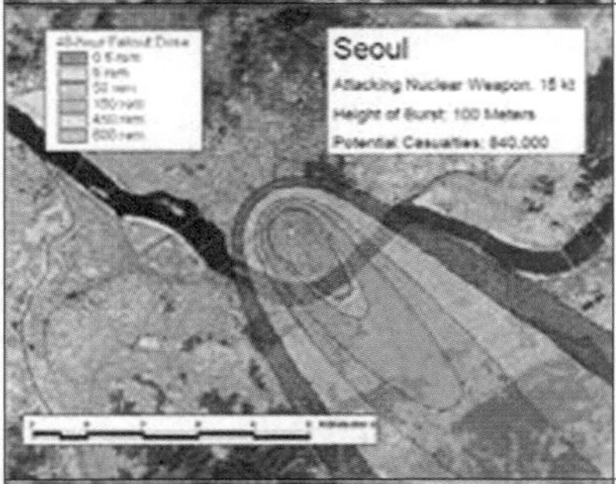

15kt의 핵무기가 용산의 지상 100m 상공에서 폭발한 경우를 상정한 것이다. 약 84만 명이 사망할 것으로 추산됐다. 북서풍이 불 경우 그림에서 보는 바와 같이 낙진이 발생해 강남지역과 나아가서는 성남지역 등에 이르기까지 낙진에 의한 위험이 발생한다. 그림은 48시간 이후의 방사선 양을 보여준다.

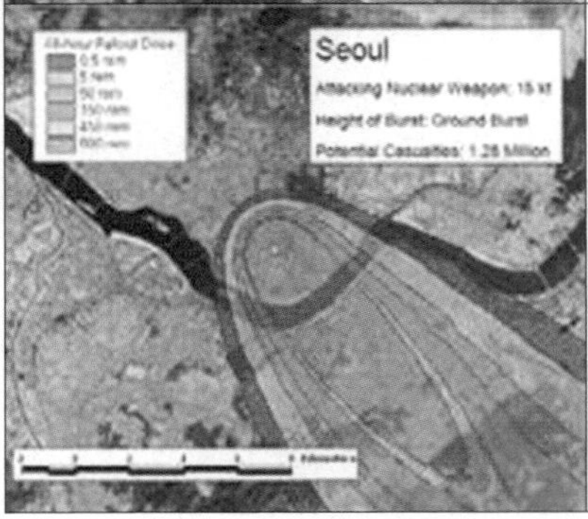

15kt의 핵무기가 지면에서 폭발할 경우의 피해로 약 125만 명이 사망할 것으로 추산됐다. 북서풍이 불 경우, 그림에서 보는 바와 같이 낙진에 오염되며, 48시간 이후의 방사선 양은 그림에서 보는 바와 같다. 따라서 낙진이 떨어지는 지역에서는 낙진이 떨어지기 이전에 예상 오염지역을 이탈해 안전지역으로 이동하는 것이 안전하다. 그러나 상황이 허락지 않을 경우에는 대피시설에 2주간 머물러야 한다.

〈그림 4-7〉 용산에서 핵폭발 시 예상되는 피해

출처: http://www.ohmynews.com/NWS_Web/View에서 재인용(검색일: 2018. 3. 10).

다른 자료로, 미국의 천연자원보호협의회(NRDC: Natural Resource Defence Council)에서 북한이 겨울에 북서풍이 부는 상황에서 15kt의 핵무기를 서울에 공중 폭발, 지표면 폭발방식으로 각각 공격할 경우에 피해를 예측한 자료는 〈그림 4-7〉과 같다.

누구든 핵을 사용할 경우, 그들이 의도하는 바에 따라 표적을 선정하겠지만, 인구가 밀집한 도시지역을 우선적으로 선정할 가능성이 크다.

〈표 4-5〉 주요 도시별 핵 피폭 시 예상되는 피해[21]

단위: 명

피폭 원점	인구 (2017)	폭발 방식	위력(kt)			
			10	20	50	100
서울 (용산)	985만	공중	사망: 59,220	사망: 94,240	사망: 183,260	사망: 299,980
			부상: 267,170	부상: 452,010	부상: 946,190	부상: 1,519,670
		지표면	사망: 28,650	사망: 45,510	사망: 85,160	사망: 146,710
			부상: 82,500	부상: 132,920	부상: 264,530	부상: 453,340
부산 (수영)	347만	공중	사망: 80,090	사망: 109,750	사망: 173,360	사망: 257,820
			부상: 196,740	부상: 329,640	부상: 561,320	부상: 736,420
		지표면	사망: 57,080	사망: 77,310	사망: 118,860	사망: 160,430
			부상: 74,540	부상: 105,520	부상: 182,940	부상: 313,160
대구 (중구)	247만	공중	사망: 68,990	사망: 123,440	사망: 256,640	사망: 399,530
			부상: 353,360	부상: 499,540	부상: 675,160	부상: 819,040
		지표면	사망: 27,700	사망: 48,780	사망: 104,720	사망: 186,070
			부상: 118,850	부상: 204,040	부상: 353,380	부상: 490,710

출처: http://nuclearsecrecy.com/nukemap/(검색일: 2018. 2. 10). 지역별 인구는 http://mois.go.kr(행정안전부 주민등록인구통계 자료 인용, 검색일: 2018. 2. 10).

21) http://nuclearsecrecy.com/nukemap/(검색일: 2018, 2. 10). 이 사이트에서는 원자탄 위력과 지역별 원점, 폭발형태 등을 입력하면 개략적인 사망자와 부상자 현황이 제시된다. 이 출처에 의하면 서울의 용산이나 부산의 수영, 대구의 중구 등의 지역에서도 어느 곳을 피폭 원점으로 하느냐에 따라서 사상자 규모에 있어 다른 수치를 보인다. 예를 들어 서울 송파 잠실지구를 피폭 원점으로 해 20kt의 원폭이 공중에서 폭발할 경우는 사망 155,810명과 부상자 525,720명을 제시한다. 이는 그만큼 지역별 인구밀도나 지형적 조건, 폭발형태 등 여러 조건에 의해 영향을 받음을 의미한다.

미국의 핵 전문 연구기관의 시뮬레이션 자료를 이용해 지역별, 무기 위력별, 폭발 방식에 따라 얼마나 많은 피해가 발생할 것인지 알아보자.

〈표 4-5〉는 2017년 인구를 기준으로 대한민국의 주요도시가 핵무기에 피폭될 경우 예상되는 피해규모를 보여주는 수치이다. 이미 한국국방연구원(KIDA)이나 미국의 각 기관에서 서울이 핵 공격을 받을 시 입게 될 피해를 예측했던 것처럼 수만~수십만여 명의 인명피해가 발생할 가능성이 있다는 것을 보여준다.

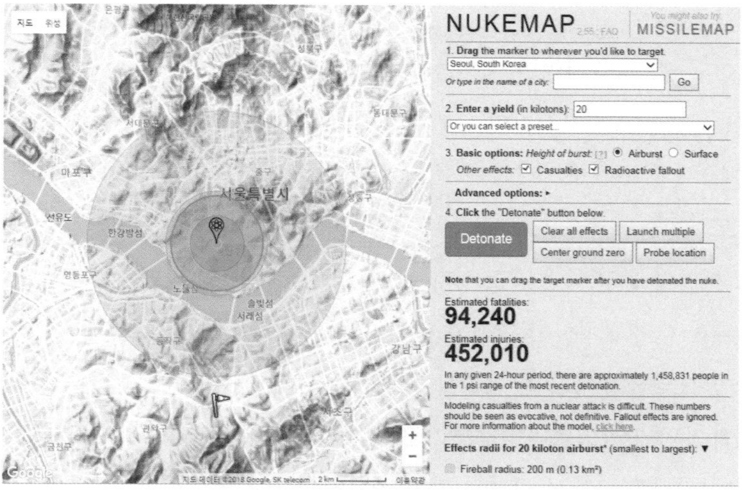

〈그림 4-8〉 서울 용산지역 피폭 시 예상되는 피해(Nukemap)

출처: http://nuclearsecrecy.com/nukemap/(검색일: 2018. 3. 15).

위의 그림은 용산 상공에서 20kt의 핵무기가 공중 폭발 시 94,240명의 사망자와 452,010명의 부상자가 발생할 것이라는 것을 보여준다. 이는 물론 핵폭발 당시의 기상여건이나 폭발방식 등에 따라 다르지만 많은 피해가 발생할 것임은 틀림없다.

우리의 도시는 인구밀도가 높지만, 반면에 핵 공격 시에 많은 시민이 대피할 수 있도록 완벽하고 충분한 대피시설을 준비해놓고 있다고 말하기는 어렵다. 만약에 한국의 주요 도시들이 핵무기에 피폭됐다고 한다면 얼마나 많은 피해가 발생될 것인가? 앞서 말했듯이 무기의 위력이나 기상조건, 지형적 조건, 폭발방식 등에 의해 많은 영향을 받는다.

핵 피폭 시는 첫째, 피폭즉시 사망 및 부상 등의 직접적인 인명피해는 물론, 방사선이나 낙진으로 인해 수년에 걸쳐 암이나 백혈병과 같은 질병이 후손에도 영향을 미쳐 기형아를 출생하는 등으로 또 다른 피해를 준다.

둘째, 피폭지역의 폐허화이다. 핵 피폭 시는 그 위력에 따라 다르기는 하지만, 히로시마와 나가사키의 피폭 직후 사진이 보여주듯 광범위한 지역에서 주거시설은 물론 공공건물과 산업시설 등이 화재와 파괴로 인해 도시가 폐허로 된다. 여기서 그치는 것이 아니라 낙진으로 오랜 기간 동안 죽음의 도시가 된다. 방사능에 오염된 폐기물 처리에도 짧게는 수개월에서 길게는 수년이 소요될 수 있다. 대량으로 수거된 방사능 오염물질에 대한 처리도 문제이다. 방사선 위험이 완전히 소멸될 때까지 영농작업이나 가축의 방목활동도 제한을 받는다. 오랜 기간에 걸쳐 피해를 주면서 경제적 활동에도 막대한 피해가 발생되는 것이다.

셋째, 국가 기반 네트워크의 파괴이다. 핵폭발 시 전자기파에 의해 군사용 정찰 및 유도무기의 무력화는 물론, 전력과 교통 통신, 금융, 방송, 인터넷 등 여러 분야에 걸쳐 국가기반시설이 파괴 또는 마비, 작동의 중단 등으로 또 다른 피해를 야기하면서 산업활동 전반에 걸쳐 막대한 손실이 발생한다. 세계 최고의 ICT 능력을 기반으로 발전된 각종 산업이 원시상태로 돌아가면서 이를 회복하기에는 얼마나 많은 노력이 소요될지 예측도 할 수 없는 상황이 된다.

이와 같은 직접적 피해 외에도 간접적 피해도 발생한다. 첫째, 심리적인 피해이다. 핵 피폭으로 가족과 이웃을 포함하는 수많은 사람들이 죽거나 다치며 주거시설이 모두 파괴되는 등으로 심각한 피해를 입은 상황에서 생존한 사람들일지라도 극심한 외상 후 스트레스, 우울증, 망상장애는 물론, 각종 합병증으로 인해 커다란 고통을 받으면서 한평생을 살아야 한다. 일본에서는 타 지역의 사람들이 히로시마와 나가사키 피폭에서 살아남은 사람들을 멸시하면서 이들은 직장 구하기도 어려웠고, 결혼 후 이혼을 당하는 등으로 사회적 편견을 받으면서 이를 비관해 자살하는 사람이 발생해 사회문제가 되기도 했다.[22] 우리나라에서도 히로시마와 나가사키에서 원폭에 피폭된 사람들이 해방 후 귀국해 합천에 '평화의 집'을 만들어 생활하고 있다. 그들의 고통이 아직도 진행되고 있는 점을 보면, 핵 피폭으로 인해 육체적인 고통은 물론 정신적인 고통과 사회적인 편견에 이르기까지 고통이 얼마나 오래 가는지 짐작할 수 있을 것이다.

둘째, 핵폭발 시 발생하는 낙진이 떨어지면서 식수원을 오염시켜 마실 물은 물론 씻을 물조차 부족하게 되는 등으로 광범위한 지역에서 피해가 발생한다. 따라서 낙진 위험지역 외의 식수원에서 취수를 한 물이나 지하수를 공급하는 등의 식수 안전대책을 강구해야 한다. 토지도 오염되면서 한동안 농작물을 재배할 수 없게 되며, 이미 재배된 농작물

---

22) Paul Ham, op. cit., pp. 432~458 참조. 피폭자는 원폭 투하 당시에 직접적 피해를 입었거나 방사선 등으로 피해를 입어서 그로부터 각종 암과 같은 질병으로 고통을 받은 사람이나 원전사고로 인해 방사선에 피폭된 사람들을 말한다. 히로시마와 나가사키 핵 피폭 당시 발생한 피폭자는 공식문서가 존재하지 않기 때문에 정확한 인원은 알려지지 않는다.

은 먹을 수 없게 된다. 가축들도 마찬가지이다. 토양에도 낙진이 잔류함으로써 영농작업에도 일정 기간 영향을 줄 것이다. 후쿠시마 원전사고 이후 현재(2019) 8년이 지나고 있는데도 주변지역에서 방사능이 계속 측정되고 있고, 주민들은 고향으로 돌아가지 못하는 것은 물론 가축들도 주인 없이 방치되는 등 그 피해가 아직도 계속되고 있음을 볼 수 있다. 하물며 원폭에 피폭된다면 그 피해는 더 말할 수 없게 광범위한 지역에서 다양하게 발생할 것이다.

셋째, 피폭지역에서 동원이 계획됐던 인원이나 차량, 건설기계 등의 장비와 물자가 피폭으로 피해가 발생하면서 국가 동원에 있어 차질이 발생할 수 있다. 따라서 피폭지역 외에서 인원과 장비의 대체 자원을 동원 지정하는 등의 조치가 필요하게 된다.

제5절 그 외의 핵 위협

우리나라가 당면하는 핵 위협은 우선적으로는 북핵이지만 잠재적인 핵 위협도 무시할 수는 없을 것이다. 현시점에서는 다만 북핵에 가려져 있어 그 위협을 잊고 있을 뿐이다.

먼저 중국발로 야기될 수 있는 핵 위협이다. 국제전략문제연구소(IISS: International Institute Strategy Studies)에서 발행한 자료에 의하면 중국은 270여 발의 핵무기를 보유하고 있는 것으로 알려지고 있다.[23] 다른 자료에서는 2018년 현재 620여 발의 핵무기를 보유하고 있을 것으로 제

---

23) IISS, *THE MILITARY BALANCE 2016*, London: Routlege, 2016, p. 240.

시하고 있기도 하다.[24] 인민해방군 기관지인 해방군보에서는 중국의 핵전력 강화를 노골적으로 주장하고 있으며, 군부에서도 핵무기 숫자를 늘려야 한다는 주장도 나오고 있다. 군의 편제도 일부 바꿔 핵전력을 강화하고 있기도 하다. 핵탄두의 확대와 더불어 다양한 무기체계와 부대구조를 발전시키기 위해 노력하고 있는 것이다.

일본은 이 시점에서 핵무기를 보유하고 있지는 않다. 미국과의 협정으로 보유할 수 없기 때문이다. 그러나 핵무기를 만들 수 있는 인력과 기술은 물론, 핵물질 보유량 역시 막대하다. 일본 국내의 일부 보수파 인사들은 일본이 핵을 보유해야 한다고 주장하고 있다. 일본이 어떤 이유로 핵무기를 제조하기로 결정하면 수개월 내에 이미 보유하고 있는 47톤에 달하는 플루토늄을 사용해 5,000~6,000발의 핵무기를 제조할 수 있는 것으로 알려지고 있다.

제6절 핵 피폭대비 발전방향

히로시마와 나가사키가 핵무기에 피폭됐을 당시 발생한 피해규모는 상상을 초월했다. 북한 정권은 물론 누구든 우리를 핵으로 공격할 시 대규모의 인명피해는 불가피할 것이다. 이때 발생된 피해의 최소화 및 긴급한 복구, 국민의 심리적 안정 유지 등을 위해 정부의 적극적인 대비 및 조치와 이 과정에서 군의 적극적인 지원을 필요로 한다. 핵 위협에 대비하기 위한 군사 분야에서의 준비는 킬-체인, 한국형 미사일

24) https://www.globalsecurity.org/wmd/world/china(검색일: 2018. 8. 14).

체제의 구축 등과 같이 이미 어느 정도 진행되고 있거나 앞으로 지속될 것이다. 정부는 핵 피폭 시에 대비하기 위해서 나름대로 민방위 대피시설을 준비한다든가 공습 시 대비 민방공 경보체제와 치료병원과 치료약품 및 인력의 동원 등에 대한 계획과 준비를 하고 있다.

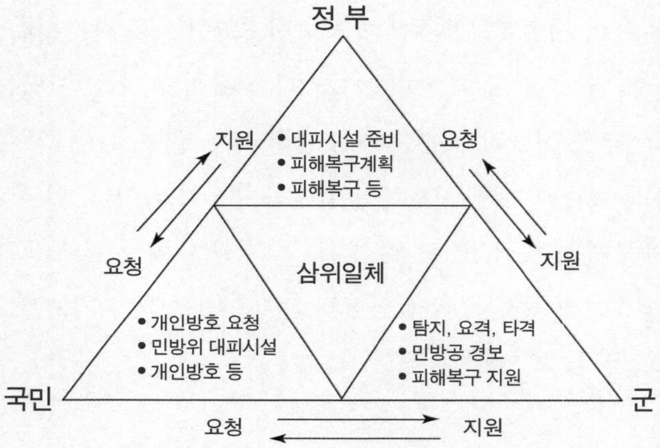

〈그림 4-9〉 핵 위협 대비 정부와 군 및 국민의 삼위일체 대응 필요성

위의 그림은 핵 위협에 정부와 군, 국민의 삼위일체 대응이 있었을 때 그 피해를 최소화할 수 있다는 것을 보여준다. 정부는 민방위 대피시설을 준비하고 핵 피폭에 대비한 피해복구계획을 수립해놓아야 하며, 피폭 시는 행정부의 통합된 피해복구 계획을 실행하고 피해 복구를 위해 군에 필요한 병력과 장비를 요청해 피해를 최소화해야 한다. 이러한 일을 할 수 있도록 법률적 조치와 조직의 보완 및 능력의 확대가 필요하다.

군에서는 핵 관련 시설이나 발사기지에 대한 탐지 및 필요시 타격과 발사 시 요격 시스템을 발전시켜야 한다. 전시에는 적시에 민방공 경보를 발령해 국민들이 대피하도록 하며, 피폭으로 피해가 발생할 시는 군 병력과 장비 및 약품 등 가용능력을 제공해 피해 복구를 지원해야 한다.

국민은 국민대로 개인방호 요령을 숙지하고 민방위 대피시설의 위치를 숙지하거나 능력범위 내 대피시설을 준비하며, 경보가 발령되면 즉시 개인방호를 해 피해를 방지해야 한다. 피폭 시는 피해 최소화를 위해 정부 및 군에 지원을 요청해야 한다. 정부와 군 및 국민의 삼위일체적 대응이 있을 때 피해를 최소화할 수 있는 것이다.

그러나 이러한 정부와 군 및 국민의 삼위일체적 대응이 되기 위해서는 몇 가지 사항에 있어 문제점이 있는바 이를 제시해보면 다음과 같다. 첫 번째, 우선적으로 핵 피폭 시 행정 각부와 군의 신속한 대응을 보장할 수 있는 조항들을 반영한 법률 등이 준비되어 있는지의 문제이다. 핵 피폭 시 발생할 상황은 인명피해의 대규모와 더불어 응급구호와 치료 등 신속한 조치를 요하는 상황이 많은 부분을 차지한다. 광범위하게 발생하는 핵무기 피해의 특성을 감안해 행정부와 군이 긴급한 조치를 신속히 취할 수 있는 조항을 포함하는 법률이 필요할 것이다.

두 번째, 국가적 차원에서 전쟁 관련 최고의 지침에 핵 피폭 관련 정부와 군의 대응과 조치 등에 대한 지침이 포함되어 있는지의 문제이다. 전쟁지도지침 등 전시대비 지침에 핵 공격대비 대응과 피폭 시 정부와 군의 역할 등에 대해 계획의 작성이나 피폭 시 역할 등에 관한 지침이 포함되어야 할 것이다.

세 번째, 핵 피폭에 대비해 범정부 차원에서 대응책을 수립하고 있는가의 문제이다. 핵 피폭 시는 여러 시뮬레이션 결과가 보여주듯 수십~수백만 명의 인명이 일시에 피해를 입는 것으로 그치지 않고 장기간 피해가 지속된다. 이러한 피해를 예방 및 최소화할 수 있도록 중앙정부와 자치단체 및 군, 국민의 총력적인 대응이 필요한 만큼 이에 맞게 범정부 차원의 종합적인 대응책이 필요하다. 컨트롤 타워가 관련 계획을 점검하고 지도하며 잘못된 부분에 대해서는 시정 명령 등을 행사할 수 있을 정도로 권한과 역할이 부여되어야 할 것이다.

네 번째, 외부의 침공으로 국가적 비상사태가 발생하면서 전면전으로 확대될 가능성이 클 경우, 비상사태 등급에 따라 행정부는 각종의 조치를 한다. 여기에 핵 관련 사태별 조치를 포함할 필요성이 있다. 예컨대 3등급의 사태가 발령됐다면 핵 관련 어떤 조치를 하고 2등급이라면 어떤 조치를 하며, 1등급의 사태라면 어떤 조치를 하는지, 또한 전쟁이 발발하면 즉시 핵 관련 위협이 현실화되는 만큼 이때에는 중앙정부는 무엇을 하고 자치단체는 무엇을 해야 할지, 군의 역할 등을 명시해 놓을 필요가 있다는 것이다.

다섯 번째, 정부의 전시대비계획에 핵 공격으로 피해 발생 시 행정각부가 타 부처와 협조할 업무, 군의 협조 및 지원을 요청할 사항 등을 포함하고 있는지의 여부이다. 다른 전시 업무도 그렇지만 핵 공격으로 발생하는 피해의 광범위로 인해 더욱 행정 각부의 긴밀한 협조가 필요한 만큼 이러한 사항이 반영된 협조계획이 수립되어 있어야 하겠다(행정각부의 예상되는 업무: 부록 5~6 참조).

여섯 번째, 핵 공격 시 대규모로 발생할 인적·물적 피해 상황을 고려해 전문 치료인력과 전문병원 및 약품, 장비 등의 동원계획이 충분한 것인지에 대한 문제이다. 핵 공격 시는 히로시마의 경험이나 이미 앞서 여러 시나리오가 제시하듯 일시에 수십만 명이 사망하고 유사한 규모의 인원이 부상을 입으며 도시 전체가 폐허로 변하는 등 대규모 피해가 발생한다. 인명피해의 경우, 부상자도 화상이나 부상 및 방사선 피폭인원이 발생하는가 하면, 화상을 입은 가운데 방사선에 피폭되거나 화상에 부상을 입으며, 심지어는 화상과 부상 및 방사선 피폭 등 세 가지 피해를 동시에 입는 환자도 발생한다. 이러한 환자를 치료해야 하는 아주 특수한 상황이 발생된다.

그런 만큼 화상이나 방사선 피폭 치료를 위한 전문 치료인력이나 약품 및 장비와 전문병원이 필요하다. 이러한 피해 상황을 상정해 전문 치료인력과 약품, 전문병원과 입원시설 및 장비 등을 전국적으로 동원할 계획이 수립되어야 할 것이다. 다시 말하면, 서울의 어느 지역이 피폭되어 피해를 입었다고 할 경우, 서울시만의 능력으로 동시 대응이 불가할 것으로 예상되기 때문에 경기도, 충청도 등의 지역까지 치료인력이나 약품 등 확대된 동원계획이 필요하다.

일곱 번째, 핵 공격으로 발생할 사망자에 대한 수습 및 처리 관련 계획이나 전재민 등의 수용 및 지원계획이 포함되어 있는지의 문제이다. 실제 상황 발생 시 도처에 산재해 있을 사체는 언제 누가 어떻게 수습하며, 수습 이후에는 신원을 어떻게 확인하고 매장할 것인지 아니면 화장할 것인지 등의 처리문제가 발생한다. 사체의 신원확인은 히로시마의 사례를 보면 대규모의 희생자가 발생한 상황에서 어려운 문제가 될 가능성이 크다.

히로시마에서는 핵 피폭 이후 정부 또는 히로시마시 당국이 별도로 사체의 신원확인을 거쳐 가족에게 인계했다는 사례를 보기 어렵다. 사체를 민방위대나 경찰 등이 수습해 처리했다는 일부 사례가 있을 뿐이다. 이는 그만큼 대량으로 발생한 사체의 신원확인이 어렵게 된다는 것이기도 하지만, 이를 위한 가용한 인력의 확보도 어려운 문제가 된다. 우리도 마찬가지 사례가 발생할 가능성이 크다고 보아야 한다. 여기에 여름이라면 전염병이 창궐할 가능성이 농후한데 이때는 어떻게 할 것인지도 중요한 문제로 대두된다.

낙진이 떨어지는 가운데 수십~수백만 명의 전재민도 발생할 것으로 예상된다. 그런 만큼 이들을 어디에 어떻게 수용하고 식량이나 식수 등은 어떻게 지원할 것인지에 대한 계획도 필요할 것이다. 이러한 업무는 행정부의 어느 한 부처의 일이 아닌 만큼 관련 부처 간 긴밀한 협조가 반영된 계획이 필요하다. 핵 피폭 이후 이러한 상황의 발생을 염두에 두어야 한다.

여덟 번째, 낙진에 대비한 계획이다. 핵 공격을 받을 시는 광범위한 지역에서 필연적으로 낙진이 발생할 가능성이 크다. 낙진의 강도는 핵무기 위력이나 폭발방식과 풍향, 피폭지역과의 이격거리 등의 조건에 의해 달라진다. 낙진이 발생하면 언제 어떻게 어떤 수단으로 낙진지역으로부터 주민을 이동 및 대피시킬 것인지, 안전지역에서는 주민들을 어떻게 통제할 것인지, 수만 명이 낙진에 오염됐을 시 누가 어떻게 낙진을 제거할 수 있도록 인력과 약품 및 장비 등을 지원할 것인지도 중요한 문제이다. 이를 대비할 계획도 필요하다.

아홉 번째, 핵 공격으로 발생한 부상자 구호 및 구조 등을 위해 피폭지역 내로 인력의 투입이 필요한 상황이 발생한다. 따라서 인명구조 및 구호 등을 위해 군인과 소방대원 등을 언제 어떤 방법으로 투입할 것인지, 이들의 복장과 휴대장비는 어떻게 하며, 안전관리는 어떻게 할 것인지 등을 포함하는 투입인력의 안전관리를 위한 프로그램이 필요하다.

핵 공격을 받은 방사선 피폭과 건물 붕괴 및 화재위험, 사람이나 동물 사체의 부패로 인한 전염성 질환의 창궐 등 다양한 위험이 도사리고 있는 만큼 인명 구호 및 구조 등의 작업을 위해서는 전문인력과 장비가 필요하다. 이러한 여러 고려사항을 감안해 핵 피폭 이후 몇 시간 만에 투입할 것인지, 투입 시 어떤 장비를 휴대하고 복장은 어떻게 할 것인지도 검토되어야 한다. 한 번 투입되면 피폭지역 내 방사선 양을 감안해 활동시간을 판단하고 작업해야 하는 만큼 개인의 건강과 심리 상태도 중요하다. 구호 및 구조활동의 지속을 위해 때로는 교대인원도 필요할 것이다. 이와 같은 사항들을 반영한 프로그램이 필요하다.

열 번째, 예비군 및 민방위대의 동원 및 운영에 관한 것이다. 현행 법령상 민방위 업무에 예비군과 민방위 대원을 동원할 수 있다. 그러나 핵 공격을 받을 시 피해 복구는 일반적인 피해 복구를 위한 민방위 업무 지원과는 그 양상이 다르기 때문에 예비군 대원이나 민방위 대원을 훈련이나 장비 등의 준비 없이 동원할 수는 없을 것이다. 이들을 동원할 시 안전을 위해 방독면이나 보호의 등의 장비는 물론, 폐허 속에서의 작업인 만큼 그에 상응하는 건설장비가 필요하다. 따라서 이를 어떻게 조치할 것인지 계획되어야 한다. 막연한 계획으로 실제 상황이 발생하면 그때 가서 계획을 수립하고 실행한다고 생각하면 안 될 것이다.

이 외에도 핵 피폭 시 보호능력을 갖춘 민방위 대피시설의 준비라든가 개인방호를 위한 방독면과 보호의 준비, 비상시에 대비한 물자의 준비 등도 매우 미흡한 상황이며, 핵 피폭대비를 위해 실시하는 민방위 훈련도 형식적으로 진행되는 점도 개선을 요한다.

열한 번째, 핵 공격 이후 발생할 고아 등의 수습 및 관리에 관한 것이다. 히로시마에서는 고아들이 수천 명 발생했지만 이들을 체계적으로 수습 및 관리하기 위한 정부 차원의 대책이 미흡했다. 핵 피폭 시 많은 고아가 발생할 것으로 예상되는 만큼 이를 염두에 둔 계획이 필요하다.

열두 번째, 국민 개개인이 핵 공격을 받을 시에 대비해 개인방호 요령을 숙지하고 있으며, 민방위 대피시설은 준비하고 있고, 핵폭발 시는 즉시 대피할 준비를 하고 있는가에 관한 것이다. 정부는 국민 보호를 위해 국민들이 알고 준비해야 할 사항들을 알려주고 준비할 수 있도록 계도해야 한다.

핵 공격을 받을 당시 발생할 상황은 2010년 동일본 대지진과 이로 인한 후쿠시마 원자력발전소의 방사능 유출사고 당시의 상황과는 근본적으로 다르다. 그런 만큼 히로시마와 나가사키에서 발생했던 피해 상황이나 핵 공격을 할 시 예상되는 피해에 대한 시뮬레이션 결과가 보여주듯 최악의 상황을 상정한 정부와 군이 연계하는 대응 및 조치계획이 필요하다. 여기에 국민도 스스로 알고 준비해야 할 사항을 준비해야 할 것이다.

제5장
핵 위협 대비 국가비상대비업무의 발전

제1절 국가비상대비업무 개관

1. 국가비상대비업무란?

만약 6.25전쟁과 같은 전쟁이 또다시 발발하면 정부는 어디서 무엇을 해야 할까? 평시처럼 지상의 청사 건물에서 업무를 하면서 전쟁을 지원할 수는 없을 것이다. 북한은 개성 지역에서 멀지 않은 곳에 대규모의 방사포를 집중 배치하고 있고, 1시간에 수천~수만 발의 포병화력을 서울에 집중할 것이다. 북한이 보유한 다양한 미사일에 한반도 전역이 사정권에 들어가고 있다. 여기에 20만여 명의 특작부대들이 한반도 전역에 지상이나 해상, 공중으로 침투해 전후방 지역에서 다양한 습격 및 교란활동을 전개할 것이다. 지상건물에서 종전처럼 전쟁지원 활동을 할 수 없는 상황이 된다.

이렇게 전쟁이라는 비상 상황에서 정부는 그 기능을 유지하면서 국민 생활의 안정을 기해야 하며, 군이 전투임무를 수행하는 데 필요한 인적·물적 자원도 지원해야 할 것이다. 6.25전쟁 당시는 이승만 정부가 출범한 이후 채 2년도 지나지 않은 상황에서 전쟁이 발발하면서 군이 작전을 계속하는 데 필요한 병력은 물론, 장비와 물자의 지원은 없었다. 개전 후 3일 만에 수도 서울을 포기하면서 이승만 정부는 그 기능을 상실했고, 국민들은 모두 보따리를 싸서 피난 가면서 많은 고생을 했다.

수많은 전재민과 피난민이 발생했지만 정부가 그 기능을 상실하면서 한동안 아무런 지원을 받지 못했다. 전쟁이라는 비상상황에 부합되게 정부 부처별로 계획이 필요했으나 당시 정부 수립 이후 2년도 채 안 된 상황에서 이를 준비할 시간의 부족이나 정부의 경험과 이를 작성할 인력의 부족 등이 어우러져 제대로 대비를 못하면서 한동안 정부는 물론 국민도, 군도 모두 어려움을 겪어야만 했다. 그만큼 6.25전쟁 당시는 국가비상대비업무를 수행할 준비는 물론 역량도 없는 상황에서 갖은 어려움을 극복해야만 했다.

지금의 정부와 군은 6.25전쟁 당시의 정부와 군이 아니다. 먼저 군은 평시 전투가 발생할 경우에 대비하기 위해 작전계획을 수립하고, 작전계획상의 임무를 수행할 수 있는 능력을 향상하기 위해 제대별 훈련을 하며, 전쟁이 발발하면 작전계획에 의거해 전투임무를 수행할 준비를 갖추고 있다.

정부는 정부대로 전시 정부의 기능을 유지하고, 국민들의 생활도 안정시킬 준비를 하고 있다. 인적자원이나 물자를 동원해 군의 전투임무를 수행할 수 있는 준비태세도 유지하고 있다. 정부가 제 기능을 발휘하고 군이 제대로 임무를 수행할 준비를 갖추고 있는 것이다. 정부

기능의 유지와 국민 생활의 안정, 군사작전 지원을 위한 자원 동원 업무는 서로 긴밀한 관계를 갖는다. 정부에서는 이러한 임무를 수행할 수 있도록 국가적인 비상사태가 발생할 경우에 대비하기 위한 행정 각부의 비군사 분야의 업무를 수행하며, 이 업무가 곧 국가비상대비업무(國家非常對備業務, National Emergency Preparedness Affairs)이다.

정부는 이와 같이 전시 정부 기능의 유지와 국민 생활의 안정 및 군사작전 지원을 위한 자원 동원 등을 위해 평시에는 국가비상대비계획을 작성하고 매년 을지태극연습이나 충무훈련(忠武訓練)을 하면서 전시 임무 수행능력을 배양한다. 비상사태가 발생되면 이미 수립된 계획에 의해 전시 업무를 수행한다.

국가비상대비계획에는 이와 같이 전시 정부의 기능의 유지와 국민 생활의 안정, 군사작전 지원을 위한 자원 동원 등의 업무를 포함하고 있다. 이 계획은 전쟁이 발발할 경우, 신속히 국가총력전 체제로 전환해 국가의 능력을 총동원함으로써 전쟁을 승리로 이끌기 위한 계획으로, 다음과 같은 주요업무를 포함한다.

〈표 5-1〉 국가비상대비업무의 주요 내용

구분	정부 기능 유지	국민 생활 안정 유지	군사작전 지원
주요 내용	• 행정체제 전환 • 정부기관의 충무시설로의 소산이동 • 국가기반시설 유지 • 정부종합상황실 운영 • 긴급 피해복구 • 주민 및 차량이동 통제 등	• 생필품의 안정적 공급 • 전력·수도·가스 등의 안정적 공급 • 전상자 치료 • 전재민 구호 및 수용 지원 등	• 군소요 자원 동원(인원, 물자 등) • 군 작전도로 확보 • 예산지원 등

2. 핵 위협 대비 국가비상대비업무

그렇다면 핵 관련 국가비상대비업무는 어떻게 구분할 수 있을까? 핵 공격을 받을 시에 대비한 전·평시의 업무도 국가비상대비업무와 연계해 정부 기능의 유지와 국민 생활의 안정 유지 및 군사작전 지원을 위한 자원 동원 등으로 구분할 수 있다. 이는 다시 행정 각부가 해야 할 비군사 분야에서의 업무와 군이 해야 할 군사 분야의 업무로 구분할 수 있으며, 상호 간 긴밀히 연계된다. 먼저 군사 분야에서의 업무로, 평시에는 핵 공격에 대비해 미사일 보관시설이나 발사기지, 폭격기 등의 비행장 활동을 탐지하고 타격할 수단을 확보하며 필요시 군사적 대응 조치를 검토하는 등을 포함한다. 전시에는 적이 미사일이나 폭격기 등을 이용해 공격할 경우 이를 탐지해 민방위경보를 발령하는 한편 요격 및 격추하는 것을 말하며, 국방부(합동참모본부)가 주요 수행부처가 된다. 이러한 군사 분야의 업무는 엄밀히 말하면 국가비상대비업무의 범위는 아니다.

다음은 핵 공격에 대비하기 위한 평시 비군사 분야에서의 비상대비업무로, 민방위 대피시설을 준비하고 개인방호 요령을 숙지하며, 핵 공격을 받을 시 발생할 부상자에 대비해 의사 및 간호사 등 전문치료 인력이나 병원시설과 장비 및 약품 등을 동원할 수 있도록 계획을 수립하고, 전재민 발생 시에 대비하기 위한 수용 및 지원계획을 수립하는 것 등을 포함한다.

전시 핵 공격 경보를 받을 시는 국민들을 민방위 대피시설로 대피하도록 지도하고, 핵에 피폭됐을 시는 우선 정부의 제 기능을 유지하면서 피폭지역 내 정부기관 및 주민의 안전지역으로의 이동지원과 인원과 시설 등의 피해현황 파악, 국가기반시설 긴급복구와 주민등록 유지 업무 등을 해야 한다. 국민 생활의 안정을 유지하기 위해서는 사망자를 수습해 처리하고, 부상자에게는 치료를 제공하며, 낙진으로부터 안전 대책을 강구하는 것은 물론 필요시 안전지역으로 소개시켜야 한다. 전재민 구호와 수용을 위한 각종 지원과 낙진 오염 제거 등도 포함한다. 군사작전 지원과 관련된 자원 동원 업무로는 동원병력 피해 지원과 피해자원에 대한 대체 지정 등이 있다.

〈표 5-2〉 핵 피폭 관련 국가비상대비업무의 범위(예)

구분	정부 기능 유지 분야	국민 생활 안정 유지 분야	군사작전 지원 분야
내용	• 피폭지역 내 정부기관 및 주민 안전지역으로 이동 • 인원/시설 등의 피해현황 파악 • 국가기반시설 긴급복구 • 주민등록 유지업무 • EMP 피해복구 • 피폭지역 내 질서 유지	• 사망자 수습 및 처리 • 부상자 구호 및 구조, 치료 등의 지원 • 전재민 수용 및 지원 • 낙진 오염 제거 • 생필품 등의 공급	• 동원병력 피해 지원 • 군 작전도로 피해 복구 • 피해자원 대체 지정 • 동원업체 피해복구

핵 공격을 받을 시는 대규모의 인적·물적 피해는 물론 국민들의 심리적 피해까지 광범위하게 발생되는 만큼 국가비상대비계획을 작성하는 행정부처는 타 부처와의 협조와 군 당국과 연계된 대비책을 수립해야 하겠다(핵 피폭 관련 국가비상대비업무 주요 과업: 부록 5~6 참조).

〈표 5-3〉 핵 관련 군사 및 비군사 분야의 전·평시 업무(예)

구 분	평 시	전 시
군사 분야	• 경보 전파망 구축 • 핵 공격 탐지수단 구축(정찰자산) • 핵 공격대비 타격 및 요격수단 등의 확보(킬-체인, 한국형 미사일 체제 등) • 핵 피폭대비 지원계획 발전 • EMP 대응책 수립 등	• 핵 공격수단 탐지 및 전파 • 핵 공격수단 요격 및 격추 • 핵 피폭 시 낙진위험 예측 및 전파 • 핵 피폭 시 비군사 분야 지원 • EMP 예방 및 대응 등
비군사 분야	• 경보 전파망 운용(중앙경보센터) • 개인방호 요령 숙지 • 민방위 대피시설 준비 • 의료인력 및 약품, 병원 동원계획 • 전재민 수용 및 지원계획 수립 • 낙진위험 예측 훈련 • 대량피해 복구계획 수립 • EMP 대응책 수립 등	• 핵 공격 경보 전파망 운용/전파 • 낙진안전지역 판단, 이동 • 사망자 수습 및 처리 • 부상자 구호 및 구조, 치료제공 • 낙진 오염 제거 • 생존자 수용 및 지원 • 긴급 피해복구 및 파괴 잔해물 제거 • 피폭지역 내 치안질서 유지 • EMP 예방 및 대응 등

제2절 핵 위협 대비 사례

지구상의 많은 국가에서는 자연재해나 테러와 같은 인위적 재난은 물론 핵 테러 나 핵 공격이 발생할 경우 정부가 할 일을 법적으로 규정하고 민방위 체제를 발전키고 있다. 미국과 스위스의 핵무기 대비사례를 살펴본다.

1. 미국

미국은 자국이 당면할 수 있는 가장 파국적인 상황(Catastrophic Event)

으로 미국의 어느 도시에서든 대규모의 인명과 재산의 손실을 초래할 수 있는 핵 테러(Nuclear Terror)를 예상하고 있다. 북핵이 미 안보의 최대 안보 위협요인으로 부각됨에 따라 북핵에 대한 대비도 강조되고 있다.[1] 이와 같은 위협에 따라 모든 정부기관은 대응계획을 수립해놓아야 한다. 핵 관련 사고나 테러 등이 발생할 시 즉각적으로 대규모의 인명과 재산 피해를 야기하기 때문에 주정부와 연방정부 차원의 효과적인 준비태세는 수만~수십만 여 명의 인명피해를 예방할 수 있다.[2] 핵 관련 사고나 테러 등은 미국의 국가안보전략에서도 매우 중요하며, 미국 국민들에 대한 테러리스트들의 대량살상무기의 확산과 사용에 대비해 우선권을 두고 대비태세를 갖추어야 한다.[3]

국토안보법(Home Security Act)에서 국토안보부 장관은 사건이 발생할 경우에 대비해 국가적인 대응체제(NRF: National Response Framework)를 갖추고 연방정부 및 각 기관이 국내에서 사고의 예방 및 준비, 대응, 복구계획 등을 모두 통합하도록 규정하고 있다.[4]

대량살상무기대응방위법(Defence Against Weapon of Mass Destruction Act)에서는 화생방 무기의 사용 및 확산, 핵물질이나 기술 등의 확산에 대비해 연방정부의 대응 등을 규정하며, 국방부 장관은 안보 및 안전업무에 관

1) http://edition.cnn.com/2017/08/08/politics/cnn-poll-north-korea-threat/index.html(검색일: 2018. 2. 10). 이에 따르면 미국인의 62%는 북한이 미국의 안보에 있어 최대의 위협요인이며, 77%는 북한이 미국으로 미사일을 발사할 능력이 있다고 생각하는 것으로 나타났다.

2) National Security Staff Interagency Policy Coordination Subcommittee for Preparedness & Response to Radiobiological and Nuclear Threats, *Planning Guidance for Response to a Nuclear Detonation*, Second Edition, p. 8.

3) THE WHITE HOUSE, *NATIONAL SECURITY STRATEGY*, Washington, 2015, pp. 8~9, 11.

4) Thomas J. Murphy, *Disaster Response Staff Officer's Handbook: Observations, Insights, and Lessons*, Center for Army Lessoned Learned, 2010, pp. 14~15.

해, 에너지부 장관은 화생방 대응에 대한 집행기구로 지정되어 있다.[5)]

스태포드법(The Stafford Disaster Relief and Emergency Assistance Act, Stafford Act)에서는 각종 자연재해 및 재난이 발생할 시에 대비해 연방정부와 주의 재난선포와 연방정부 및 주정부의 할 일과 정부기관의 역할 등을 포함하고 있다. 이 법에 의하면 재난이 발생해 대통령이 비상사태를 선포할 경우, 연방비상관리청(FEMA)은 연방정부 차원에서 구조작전을 통합 및 조정시킬 책임을 수행한다. 군은 연방정부의 요청에 따라 필요한 지원을 해야 한다.[6)]

국내에서 발생한 사건에 대해 대통령 지시 5호 및 8호(Homeland Security Directive) 등에 의해 정부의 각 기관이 단일 또는 기관별 협업으로 대비하도록 규정하고 있다. 또한 집행명령(Executive Order) 12656호에서는 비상시에 대비해 준비태세의 유지와 사건 발생 시 대응 및 책임 등을 규정하고 있고, 여기서는 국토부장관이 일차적으로 국방부와 에너지부 및 보건부 등의 모든 노력을 협조시킬 책임을 규정하고 있다. 국방부는 핵무기와 핵물질 및 장치를 포함하는 모든 위험에 대해 병력을 동원하거나 물자를 제공하는 등으로 참여할 것을 포함하고 있다.

또한 국토안보부 장관은 사고 원인이나 피해규모, 복잡성 등에 관계없이 연방정부, 주정부 등에서 발생하는 각종 사건을 관리하기 위한 국가적 차원의 관리시스템(NIMS: National Incidents Managements System)도 발전시키도록 규정하고 있다.

미국은 기후변화, 사이버 공간에서의 위협, 우주공간에서의 위협,

---

5) Ibid., pp. 17, 20~21.

6) Bruce R. Lindsay and Francis X. McCarthy, *CRS INSIGHT: Stafford Act Assistance and Act of Terrorism*, CRS, 2016. 6. 21; Thomas J. Murphy, op. cit., p. 16.

정교한 기술을 갖는 무기의 확산, 테러리스트들에 의한 대량살상무기의 사용 가능성도 심각히 우려하고 있다. 따라서 미 본토에서 핵 공격을 억제하는 것을 국방부의 가장 기본적인 역할로 인식해 전략을 수립하며, 정부 당국과도 대량살상무기가 사용될 상황에 대비해 협력을 강화할 것임을 밝히고 있다.7) 이러한 상황을 반영해 미 국방부의 전략은 물론8) 합동교범 등에서 미군의 운용에 대한 지침을 포함하고 있다.9)

연방정부 못지않게 주정부 차원에서도 핵 관련으로 적극적인 대응책을 강구하고 있다. 특히 북한의 ICBM 발사시험과 병행해 핵 위협이 가중됐을 당시 괌 주정부(Guam State Government)와 하와이 주정부(Hawaii State Government)의 대응이 시사하는 바는 크다.

먼저 괌 주정부의 북핵 위협에 대응하기 위한 조치를 보자. 2017년 북한이 괌을 포위사격 하겠다고 위협한 적이 있다. 북한이 미사일을 실제로 사격할 경우 괌에 도달하는 시간은 14분이 될 것으로 괌 주정부는 판단했다. 이를 감안해 괌 정부는 먼저 주정부 홈페이지에 북한의 미사일 공격 시에 대응하는 방법을 게시했다. 여기에는 공격대비 준비할 사항과 공격 시 대비할 사항, 공격 이후의 대비사항 등을 포함했다.

---

7) DEPARTMENT OF DEFENCE, *QUADRENNIAL DEFENCE REVIEW 2014*, pp. 33~34.

8) DEPARTMENT OF DEFENCE, "STRATEGY FOR HOMELAND DEFENCE AND DEFENCE SUPPORT OF CIVIL AUTHORITIES," DEPARTMENT OF DEFENCE, 2013, pp. 1, 9, 13.

9) Joint Chief of Staff, *Defence Support of Civil Authorities(Joint Publication 3-28)*, Joint of Staff, 2013, pp. II-1, II-15. 합동교범에서는 민간 당국 지원을 위해 지원계획 수립을 6단계로 구분하고 있다.

Pacific Daily News

HAGÅTÑA, GUAM | FRIDAY, 08.11.17 GuamPDN.com PART OF THE USA TODAY NETWORK

HAFA ADAI, IT'S FRIDAY

14 MINUTES

TOURISM RECORD SET

SEE STORY, PAGE 10

North Korea considers mid-August attack plan against Guam

MONITORING INVADERS

SEE STORY, PAGE 3

GuamPDN.com

Taiwan tourist drowned, autopsy confirms

Guam's Joint Information Center

Fact Sheet:

In Case of Emergency......

Preparing for an Imminent Missile Threat

Prepare

- Build an Emergency Supply Kit (*Review Fact Sheet 2*)
- Make a Family Emergency Plan (*Review Fact Sheet 2*)
- Make a list of potential concrete shelters near your home, workplace and school. These places can include basements or the windowless center area of middle floors in multi-level buildings.
  - Fallout shelters do not need to be specifically constructed for protecting against fallout. They can be protected space, provided that the walls and roof are thick and dense enough (i.e. concrete) to absorb radiation given off by fallout particles.

During

- Listen for official information and follow instructions provided by emergency response personnel. Based on what is known about the threat, you may be asked to take shelter, go to a specific location, or evacuate a specific area. (*Review Fact Sheet 1*).
- If an attack warning is issued, take cover as quickly as you can, under concrete structure or below ground if possible, and stay there until instructed to do otherwise.
- Find the nearest building, preferably built of brick or concrete, and go inside to avoid any radioactive material outside.
- Stay where you are, even if you are separated from your family. Inside is the safest place for all people in the impacted area. It can save your life.
- Expect to stay inside for at least 24 hours unless otherwise told by authorities.

If Caught Outside

- Do not look at the flash or fireball – It can blind you.
- Take cover behind anything that might offer protection.
- Lie flat on the ground and cover your head. If the explosion is some distance away, it could take 30 seconds or more for the blast wave to hit.
- Take shelter as soon as you can, even if you are many miles from ground zero where the attack occurred -- radioactive fallout can be carried by winds for miles. Remember the three protective factors: Distance, Shielding and Time.
- If you were outside during or after the blast, get clean as soon as possible, to remove radioactive material that may have settled on your body.
- Remove your clothing to keep radioactive material from spreading. Removing the outer layer of clothing can remove up to 90% of radioactive material.
- If practical, place your contaminated clothing in a plastic bag and seal or tie the bag. Place the bag as far away as possible from humans and animals so that the radiation it gives off does not affect others.
- When possible, take a shower with lots of soap and water to help remove radioactive contamination. Do not scrub or scratch the skin.
- Wash your hair with shampoo, or soap and water. Do not use conditioner in your hair because it will bind radioactive material to your hair.
- Gently blow your nose and wipe your eyelids and eyelashes with a clean wet cloth. Gently wipe your ears.
- If you cannot shower, use a wipe or clean wet cloth to wipe your skin that was not covered by clothing.

After

- Keep listening for official information about what to do, where to go and places to avoid
- Stay away from damaged areas, areas marked "radiation hazard" or "HAZMAT." Remember that radiation cannot be seen, smelled or otherwise detected by human senses.

〈그림 5-1〉 괌 주정부 홈페이지에 게시된 미사일 공격 시 대피요령

출처: http://ghs.guam.gov(검색일: 2018. 3. 15).

위의 신문 내용은 북한이 괌을 향해 미사일을 발사할 경우 14분이면 도달할 수 있을 것이라고 경고하는 것이며, 만약 괌이 공격받을 경우에 오른쪽의 괌 정부 사이트에 게시된 자료에서는 무엇을 준비하며 공격을 받을 시 주의할 사항, 공격 이후의 조치사항을 제시하고 있다.

여기 제시된 내용을 몇 가지 보면, 미사일 공격에 대비해 괌 주민은 긴급 대피키트를 준비하고 가족 대피계획을 만들며, 집이나 사무실, 학교 등의 근처에 대피할 수 있는 콘크리트 건물에 지하실이 있거나 다층건물의 경우는 유리창이 없는 곳의 목록을 준비해놓을 것을 권장한다. 미사일 공격을 받을 시는 대피소 같은 곳에서 주정부의 라디오 방송을 듣고 지시에 따르며, 핵 피폭 시는 콘크리트 건물의 지하실 등에 대피해 있으며, 가족과 떨어져 있을 때에도 그대로 현재의 위치에 있도록 해야 한다. 주정부에서 다른 말이 없으면 피폭 이후 최소한 24시간

이상 대피시설에 머물러 있어야 한다.

만약 실외에 있을 때에는 섬광이나 화구를 보지 말고, 보호를 제공할 수 있는 방호물 등을 이용해 대피하며, 피폭지로부터 몇 마일 떨어져 있을 경우에는 가능한 한 가까운 대피소로 즉시 대피할 것을 권고하는 내용도 포함하고 있다. 핵 피폭 이후에는 가능한 한 비누를 사용해 방사능 오염물질을 씻어내도록 샤워를 하고, 피부를 긁어서 상처가 나지 않도록 주의해야 한다. 머리를 감을 때는 샴푸와 비누를 사용하고 컨디셔너는 머리카락에 방사능 물질을 그대로 남게 하기 때문에 사용해서는 안 된다. 샤워를 할 수 없는 상황이라면 젖은 깨끗한 천 같은 것으로 노출된 피부를 닦아주어야 한다.

핵 피폭 이후에는 주정부의 지시에 의거해 낙진을 피해 무엇을 할 것인지, 어디로 가야 하는지 등을 따르며, 방사능 위험지역이나 피해를 입은 지역에서 멀리 떨어져 있을 것을 경고한다. 인체 감각기관으로는 방사선을 볼 수도 냄새를 맡을 수도, 찾을 수도 없다는 것을 알아야 한다는 것도 강조하고 있다.

다음은 하와이 주정부의 대응을 보자. 주정부는 북한이 ICBM급 미사일을 하와이로 발사할 경우 20분이면 도달할 수 있을 것으로 판단했다. 그런 만큼 이 시간 안으로 대피할 것을 강조한다. 민방공 경보는 하와이의 미 태평양사령부에서 발령한다. 주정부는 미사일 공격에 대비해 홈페이지에 대피요령을 탑재했고, 개인이 준비해야 할 물자의 종류도 제시했다. 여기에 그치지 않고 민방위대피훈련도 실시했다.

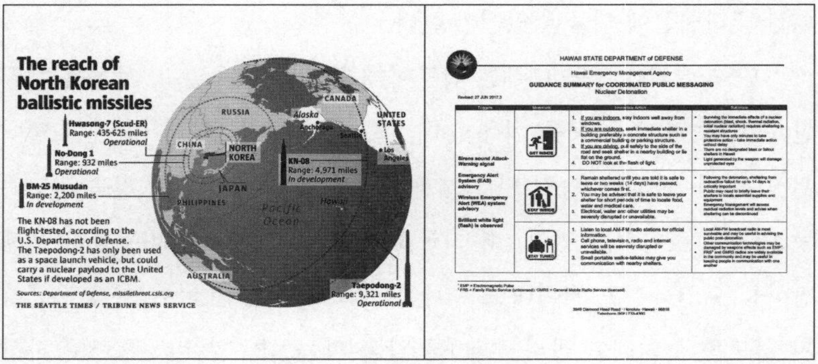

〈그림 5-2〉 하와이 주정부 홈페이지에 게시된 미사일 공격 시 대피요령
출처: http://dod.hawaii.gov(검색일: 2018. 3. 15).

위의 신문기사를 보면, 북한이 대포동 2호나 대륙간탄도탄에 핵탄두를 탑재해 발사할 경우 하와이는 물론 미 서부도 타격권에 넣을 수 있을 것임을 경고하고 있다. 또한 KN-08 미사일이 개발 중에 있으며 하와이를 사정권에 둘 것이라고 경고하는 내용도 있다.

하와이가 미사일 공격을 받을 경우는 사이렌과 긴급경보 시스템, 무선 긴급경보 시스템 등을 이용해 경보를 전파한다. 경보가 발령되면 하와이 주민들은 즉각 방호능력을 갖춘 시설로 대피해야 하며, 이때는 유리창으로부터 멀리 떨어져 있을 것과 실외에 있을 경우는 즉각적으로 대피소를 찾되 특히 콘크리트 건물이 유리하다. 운전 중일 경우는 도로가에 차를 주차하고 가까운 곳의 빌딩으로 대피하거나 그렇지 못할 경우는 도로가에 납작 엎드리라고 하고 있다. 또한 핵폭발 시는 직접적으로 섬광을 보지 말 것을 경고하고 있다.

대피소에 머무르는 동안 하와이 주정부에서 핵 피폭 이후 실외로 나가도 좋다고 하는 방송을 듣거나 아니면 방사선 위험이 현저히 낮아진 2주 뒤에 대피소를 떠나도록 한다. 음식과 식수 및 의약품 등을 구하기 위해 짧은 시간 대피소를 이탈해도 좋다고 할 때는 잠시 대피소를 떠날 수 있다고 하고 있다. 대피소에서는 하와이 지역의 방송을 들으면서 실내에서 머물 것을 권고하고 있다. 북미 정상회담 이후 주정부의 대응이 다소 완화되기는 했지만, 언제라도 핵 위협이 제기되면 이러한 상황은 다시금 강조될 것이다.

여기서는 핵 공격 시 괌과 하와이 주정부의 대비태세만 제시했지만 알래스카 등 다른 주정부도 핵 테러나 핵발전소 사고 등 주정부가 당면할 수 있는 핵 관련 안보환경에 맞게 다양한 방식으로 대응방안을 제시하고 있다.

미 연방정부나 주정부와 군이 종전의 북핵 위협이나 핵 테러 등에 대응하기 위해 대비하는 사항과 그 교훈을 잘 살펴보아야 한다. 북한 정권의 핵 위협이 한국보다 미국에 더 커서 그렇게 미 연방정부와 군이 대비태세를 갖추고 주정부가 주민들에게 경각심을 주며 민방위대피훈련을 실시하고, 홈페이지에 각종 대응요령을 제시해놓았겠는가 하는 점이다.

첫째, 미 연방정부나 주정부의 대량살상무기 및 핵 테러 등에 대한 인식이다. 이미 9.11테러로 미 본토가 테러를 받아 수많은 시민들의 희생을 경험했다. 미국으로서는 미 본토에 대한 핵을 포함한 공격으로 다시 다수의 국민이 희생하는 일이 발생할 경우 이는 전혀 받아들일 수 없는 것은 물론 그러한 행동을 한 정권이나 집단은 그 체제의 종말이 될 것이라 의지를 표현한 바 있다. 최근에 나온 미국의 핵 태세 검토 보고서가 그것이다. 그만큼 대량살상무기를 이용한 공격이나 테러와 핵 관련 사고 등에 대한 미 연방정부와 주정부의 인식은 명확하다. 이를 뒷받침하기 위해 다양한 법령과 대통령의 지시 등의 준비를 통해서 연방정부나 주정부 및 군 모두 법적 역할을 명시하고 있다.

둘째, 정부와 군의 대응태세 유지의 다양성이다. 연방정부는 물론, 주정부와 군에 이르기까지 핵 관련으로 다양한 대비를 하고 있다. 여기에는 연방정부의 법령 준비로부터 대통령의 지시, 국방부의 지침이나 군의 교리는 물론 부대의 편성에 이르기까지 제대별 대응을 포함한다.

셋째, 연방정부는 각종의 사고에 대해 지휘체계의 일원화를 도모하고 있다. 사태의 종류에 따라 국토안보부는 연방정부의 각 부와 군을 통제하는 등으로 효과적인 대응이 가능토록 하고 있다. 국방부와 합참은 물론, 각 군 본부 등에서도 각종 지침과 교리로 각각 법규와 대통령 지시 등에 규정된 임무와 역할을 할 수 있도록 반영하고 있으며, 군부대에도 임무를 부여하고 있다.

넷째, 주정부의 북핵을 포함하는 대량살상무기 위협에 대한 심각성의 인식이다. 괌이나 하와이 주정부의 대비에서 보았듯이 주정부는 북한의 미사일 공격에 대비해 주민들이 알고 준비해야 할 사항을 제시하는 것은 물론 민방위훈련 등을 통해 주민의 생존능력을 강화하고 있다. 이는 우리의 지자체들이 북핵을 포함하는 핵 위협에 대한 대비가 너무 무관심한 것과는 대조되는 부분이다.

종전에 북한이 미국에 여러 차례 핵이나 미사일공격 등의 공갈 협박을 했지만, 이는 어디까지나 말 폭탄에 불과했을 것이다. 반면에 우리에게는 말 폭탄이 아닌 실제의 위협이다. 미국 연방정부는 물론, 주정부와 군의 대비태세를 보면서 미국도 이렇게 대비하는데 하물며 북핵의 최대 피해자가 될 수 있는 우리가 지금처럼 남북 및 북미 정상회담에만 기대어 김정은 정권의 선의를 바라면서 대비를 소홀히 해도 되는 것인지 자문하지 않을 수 없는 것이다.

2. 스위스

스위스는 제1차 세계대전이나 제2차 세계대전 당시 독일과 프랑스 등 유럽 강대국의 중간에 끼여 항상 원치 않은 전쟁에 휘말려 들 가능성이 있었지만 결코 원하지 않은 전쟁에 휘말려 들지 않으면서 독립과 중립국 신분을 유지했다. 이러한 배경에는 스위스가 영세중립국이지만 그냥 중립국인 아닌 이른바 '무장중립정책(Armed Neutrality Policy)'을 유지하면서 외세의 침입에 대응할 준비를 갖추는 한편으로 국가지도자의 리더십과 국민의 저항정신이 있었다.

스위스는 영세중립국이면서도 민방위제도가 세계에서 가장 발전된 나라이다. 스위스의 민방위(Civil Defence)는 1934년 최초로 그 개념이 시작됐고 제2차 세계대전 이후 1954년 민방위령 제정을 계기로 획기적으로 발전했다. 1959년 헌법 개정 시 민방위 관련 사항이 반영됐고 1962년에는 민방위법이 제정됐다.

이 무렵은 냉전이 최고조에 달하던 시기로 북대서양 조약기구(NATO)와 바르샤바 조약기구(WTO)의 대립에서 전쟁이 발발할 경우 핵을 포함하는 대량살상무기의 사용으로부터 국민의 안전을 보장하기 위해 민방위가 특히 강조됐으며, 이에 따라 민방위 업무가 획기적으로 발전됐다.[10] 1970년대 들어서는 민방위 개념이 대량살상무기와 재래식 무기의 위협에 대비하는 개념으로까지 확장됐다.

헌법에서는 연방정부가 재난이나 국가비상사태 발생 시 시민과 재산을 보호할 책임을 규정하고 있고, 이에 따라 남성들을 의무적으로

---

10) Hans Mumenthaler, "Civil Defence: Means for Disaster Relief," *Swiss Neutrality and Security: Armed Forces, National Defence and Foreign Policy*, New York: St. Martin's Press, 1990, p. 49.

민방위대로 편성하고 동원할 수 있는 권한을 갖고 있으며, 여성은 지원에 의해 가능하다(연방헌법 59조).

민방위는 총력전 차원에서 중요시되고 있으며, 국가 방위의 일부분으로 민방위대는 연방정부의 통제에 따라 전시 외부의 침공으로부터 저항능력을 증대시키기 위해 또는 전시나 그와 유사한 상황에서 국민의 생존 가능성을 증대시키기 위해 동원된다. 평시는 자연 및 인위적 재난 발생 시 시민들의 안전과 재산 보호에 대한 책임을 수행한다.[11]

스위스의 민방위 체제는 스웨덴과 더불어 세계에서 가장 잘 발전된 것으로 평가받고 있다. 전국에 민방위 경보센터가 설치되어 있고, 이 센터는 중앙방송에 연결되어 있다. 민방공 경보는 적 항공기 공습과 자연적 재난경보 및 화생방 경보로 구분되어 있다.

스위스 정부는 민방위를 위해서 세 가지의 의무사항을 규정하고 있다.[12] 첫 번째 의무사항은 민방위 시설 설치에 관한 의무로, 주택이나 건물을 신축하거나 재건축을 할 시 대피시설을 의무적으로 설치해야 한다. 이것이 스위스에 있어서 민방위의 기본개념이다. 개인 또는 공공시설 외에도 지하병원 같은 의무시설, 군 지휘시설, 소방 인원과 장비를 보관하기 위한 공간 등이 준비되어 있으며, 전 국민을 수용할 수 있는 지하 대피시설도 준비되어 있다.

두 번째 의무사항으로 26개 주(Canton)에 있는 3,000여 개의 지역사회(Community)가 자체 민방위 조직을 갖추고 장비 준비와 훈련을 실시하며 민방위 상황, 이를테면 재해와 재난이나 재래식 또는 핵 공격 같은 공격으로 인명에 피해가 발생하면 구호와 구조, 치료 등의 임무를 수행

11) Ibid., p. 50.
12) Ibid., pp. 52~54.

한다.

세 번째 의무사항은 남성들이 민방위대에 편성돼서 민방위 임무를 수행하는 것으로, 20~60세의 남성 가운데 병역의무가 없으면 민방위대에 의무적으로 편성되어야 한다. 그들은 민방위 기본교육을 이수한 뒤 각각의 분야에서 민방위 대원으로서 임무를 수행해야 한다.

2011년 한국을 방문한 국방장관은 "스위스에 있는 모든 주택과 빌딩 가운데 95%는 지하 방공호를 갖고 있고, 핵 공격과 낙진 오염에 수개월간 버틸 수 있는 축구장만한 크기의 지하 방공호가 3만 5,000개가 넘는다"고 하면서 전국에 공공 대피소만 해도 27만여 개가 있다고 했다.[13] 이렇게 준비된 대피시설은 30여 만 개로 스위스 전 국민 860만여 명을 수용하고도 남을 정도로 충분(전 인구의 114% 수용)하다. 최근에는 강화된 출입문 설치, 공기정화 기술을 일본에 수출한다고 한다.[14]

아래의 사진들은 스위스의 민방위 대피시설이다. 오른쪽 사진은

〈그림 5-3〉 스위스 민방위 대피시설

출처: https://www.swissinfo.ch/(검색일: 2018. 3. 15).

13) "스위스 힘의 비결은 중립과 국방력", www.chosun.com, 2011. 7. 27일자(검색일: 2012. 7. 11).

14) Scott Wylie, "Japanese buy Swiss Nuclear shelters"(2017. 8. 30), http://worldradio.ch/news/2917/08/30(검색일: 2018. 2. 20).

냉전이 최고조에 달하던 시기에 루체른(Luzern)에 건설된 가장 큰 핵 대피시설로 1976년 10월에 완성됐으며, 당시 4,000만 스위스 프랑의 예산이 투입됐다. 2만여 명을 수용할 수 있으며, 아직도 운용하고 있다. 내부에는 지휘실, 병원, 방송국, 지원시설, 심지어는 감옥소도 있다. 시설 운용비로 연간 25만 스위스 프랑을 사용한다.[15]

냉전 종식 이후 한때 이러한 시설을 '지난 시대의 유물(Relics of the Past)'이라고 주장한 한 의원이 개인의 주택에서 대피시설을 제거 가능토록 하는 법령을 제안했다. 하지만 정부는 아직 민방위시설들이 무장충돌이 발생할 경우는 물론 테러리스트들의 이른바 '더러운 폭탄(Dirty Bomb)' 공격이나 화학사고, 자연재해에도 유용하다고 결론을 내려 그대로 유지토록 했다.[16] (최근 들어 정부는 민방위시설의 일부를 폐쇄하기로 했다고 발표했다. 그 이유로는 과거 냉전 당시처럼 안보상황이 긴박하지 않고, 시설을 유지할 수 있을 정도로 민방위 대원들도 충분치 않으며, 지금의 국제상황이 변화되고 있기 때문이라고 했다.)[17]

남북 및 북미 정상회담을 거치면서 문서상으로 합의한 북핵의 비핵화 문제가 향후 어떻게 전개될지 예측하기는 쉽지 않을 것이다. 이미 완성된 것으로 예상되는 수십 발의 핵무기를 완전 폐기할 것인지, 아니면 일부만 폐기하면서 마치 완전히 폐기한 것처럼 꼼수를 부릴 것인지 신뢰하기 어려운 부분도 있고, 어떤 이유를 들어 기존 합의를 무력화할

---

15) Caroline Bishop, "Inside Switzerland's largest nuclear bunker-40 years on"(2016. 10. 20). https://www.thelocal.ch/20161020/inside-switzerland-largest-nuclear-bunker-40-years-on(검색일: 2018. 2. 25).

16) Daniele Mariani, "Bunker for all"(2009. 7. 3), https://www.swissinfo.ch/eng/prepared-for-anything-bunker-for-all/995134(검색일: 2018. 2. 25).

17) Swissinfo.ch and agencies, "Swiss authorities to phase out 1,000 civil defence facilities"(2017. 12. 7), https://www.swissinfo.ch/eng/businesss/bunker-down-saiss-aethorities-to-phase-out-around-1000-civil-shelters/43736008(검색일: 2018. 2. 25).

가능성도 배제할 수 없다. 그런 만큼 국가비상대비업무 차원에서는 최악의 상황을 상정한 계획을 수립해놓아야 할 것이다.

제3절 핵 위협 대비 국가비상대비업무의 발전[18)]

1. 핵 피폭대비 원칙

1) 개요

핵 공격을 받을 시는 헤아릴 수 없을 만큼 대규모의 인적 · 물적 피해가 발생한다. 그런 만큼 평시에는 모든 국민들이 대피할 수 있을 대피시설을 준비해놓아야 하고, 전시 핵 공격 가능성이 경고될 시는 적시에 경보를 전파하며 국민들은 즉시 대피시설로 대피해야 한다. 또한 핵무기에 공격을 받으면 신속한 대응을 통해 발생된 피해를 최소화해야 한다. 이렇게 하기 위해서는 전 · 평시를 막론하고 행정부와 군의 협조가 필요하다. 국민들이 알고 행동해야 할 일도 있다.

평시 핵에 효과적으로 대응하기 위해서는 이와 관련되는 사항을 규정한 법령이 필요하다. 또한 행정부의 역할과 군의 협조사항 등을 규정한 대통령 지시 또는 지침 등도 필요하다. 핵 공격 시에 대비해 민방위경보체제를 확립하고 민방위 대피역량을 확대해야 하며, 전시 핵 공격을 받을 경우 중앙정부에서는 즉시 (가칭) 핵피폭대응본부를 편성해 중앙정부 및 자치단체의 역량을 집중해 피해 최소화 활동을 전개해야 한다.

---

18) 박계호, 앞의 논문, pp. 288~308 인용 및 수정

군은 평시에는 핵 위협에 대한 군 고유의 업무인 각종 군사적 대응 능력을 확보하는 것으로 킬-체인, 한국형 미사일 체제 등이 그것이다. 이와 병행해 민방공 경보체제를 확립하는 것이다. 전시에는 핵을 탑재했을 것으로 추정되는 미사일 공격이 탐지되면 민방공 경보를 발령하는 한편으로 이를 요격해 격추해야 한다. 핵무기에 피폭됐을 경우에는 행정부를 지원해 피해를 최소화해야 한다.

2) 대비 원칙

히로시마와 나가사키에서는 수많은 인원이 죽거나 부상을 입으면서 목불인견(目不忍見)의 아비규환(阿鼻叫喚) 상황이 발생됐다. 학교에서는 학생들이 수십~수백 명이 일시에 사망했고, 병원에서는 의사와 간호사는 물론, 환자들도 일시에 사망하거나 심각한 부상을 입었다. 직장이나 가정에 머물다가 심각한 화상을 입은 사람들은 고통을 이기지 못하면서 스스로 목숨을 버리거나 체내의 열을 식히기 위해 물을 찾아 인접한 강으로 걸어가다가 죽어간 사람, 강에 도착해 그대로 자살한 사람, 부상자들 가운데는 적시에 적절한 치료가 제공되지 않으면서 생존 가능한 사람도 사망하는 등으로 그 피해가 눈덩이처럼 확대됐다.

옷에 불이 붙었으나 부상을 입어 팔을 제대로 사용하지 못해 이를 끄지 못하면서 화상을 입은 사람도 있었고, 가옥이나 건물의 유리창이 파괴되면서 인체에 수많은 유리 파편이 박혀 죽거나 고통을 받은 사람도 있었다. 화상이나 부상의 형태와 정도는 말로 표현하기 어려울 정도로 다양했다. 방사선에 과도하게 피폭됐으나 처음에는 아무 이상이 없어 부상자 구조에 나섰다가 며칠 뒤 구토와 탈모 등의 증세가 나타나면서 원인을 알지도 못한 채 죽어간 사람도 있었다.

약품은 건물이 전소되면서 타버리거나 파괴된 건물 속에 묻히면서 사용할 수 있는 약품이라곤 약간의 연고에 불과했다. 말로 표현하기 어려운 비참한 상황이 도처에서 발생했지만 이를 구조하러 나선 인원도 많지 않았고, 전재민도 수없이 발생했지만 이들을 수용할 시설도, 급식 지원도 매우 부족했다.

우리도 핵 공격을 받을 시는 유사한 상황이 예상된다. 따라서 이러한 상황을 염두에 두고 피해를 최소화하면서 인명을 최대한 구조하기 위해서는 정부와 군의 긴밀한 협조가 필요하다. 이를 위해 다음과 같은 원칙이 필요하다.

첫째, 지휘통일의 원칙이다. 핵 공격을 받을 시는 (가칭) 핵피폭대응본부의 지휘 아래 국가비상대비업무를 총괄하는 곳에서 피해 상황을 장악 및 통제하며, 행정 각부 및 공격을 받은 지역의 담당 행정기관과 군의 지원요소 등을 통합 및 통제하고 지원함으로써 효과적으로 대응 가능토록 해야 할 것이다.

둘째, 신속성의 원칙이다. 핵 공격을 받을 시는 대규모의 사상자가 동시에 발생해 속출하고 생존자 중 적시 치료만 받으면 생존할 수 있는 사람이 예상되므로 신속한 치료를 통해 생존성을 제고시켜야 할 것이다. 셋째, 집중치료의 원칙이다. 핵 공격을 받을 시 다양한 유형과 상태를 갖는 환자가 발생하는 만큼 환자의 유형과 상태를 분류한 뒤 집중적인 치료 등의 조치를 통해 생존성을 제고시켜야 할 것이다.

넷째, 노력 통일의 원칙이다. 핵 공격을 받을 시 동시에 대규모의 부상자가 발생하면서 구호 및 구조 소요가 급증하는 만큼 관련 행정기관은 노력의 통일로 효과적인 대응 역량을 확보해야 할 것이다. 군도 행정부의 업무를 지원해 피폭지역에 투입되는 만큼 국가비상대비업무를 담당하는 총괄부서의 통제 아래 활동하는 것이 바람직하다. 다섯째, 신속한 동원의 원칙이다. 대규모의 부상자가 발생되지만, 이들을 치료하기 위한 전문 치료인력과 장비와 약품, 수용시설 등의 많은 부분은 동원에 의존해야 한다. 동원이 늦어지면 늦어지는 만큼 희생자가 급증할 수밖에 없다. 따라서 필요한 전문 치료인력과 장비와 물자 등을 신속히 동원할 수 있도록 평시 면밀한 계획의 수립이 필요할 것이다.

여섯째, 유관기관 간의 긴밀한 업무 협조(Partnership)의 원칙이다. 핵 공격을 받을 시 대량살상이 우려되는 만큼 이와 관련되는 모든 유관기관은 파트너십을 기초로 평시부터 계획수립과 훈련의 협조는 물론, 실제 상황 발생 시도 긴밀히 협조해야 할 것이다.

3) 고려사항

핵 공격을 받을 시에 대비해 행정부와 군이 협조할 시는 다음 사항들이 고려되어야 하겠다. 첫째, 군의 행정부에 대한 인원과 시설, 장비 등의 지원능력이다. 군은 전방지역에서의 작전임무는 물론 후방지역에 침투해 후방교란 및 시설 파괴와 요인암살 및 전방증원 방해 등의 활동을 전개할 특작부대도 소탕해야 한다. 계엄령이 선포되면 계엄업무도 시행해야 할 것이다. 여기에 핵 공격을 받을 시는 인명 구호 및 구조와 피해복구 지원도 수행해야 하는 어려운 환경에 처할 수 있다. 이중 · 삼중의 임무를 수행해야 하는 만큼 전력을 기울여 인명 구호 및 구조, 피해복구 지원활동을 할 수 없게 될 상황에 처할 가능성이 있다. 인명 구호 및 구조 등의 활동에 투입될지라도 군이 보유한 여러 장비와 물자는 지원활동 기간에 제한을 줄 수밖에 없는 만큼 이러한 상황도 고려되어야 한다.

둘째, 행정부의 군에 대한 지원능력이다. 군은 단기간에는 가용한 병력과 약품이나 식량 등 자체보유 능력을 활용해 긴급구호 및 구조와 피해복구 지원활동, 전재민 수용을 위한 병영시설이나 부상자 치료를 위한 군병원의 제공 등이 가능할 것이다. 하지만 장기간 지원활동을 위해서는 행정부에서 약품이나 식량 등의 물자 지원이 필요한 만큼 이러한 사항도 고려되어야 한다.

셋째, 핵 공격을 받을 당시의 군사 및 치안상황이 고려되어야 한다. 북한군은 20만여 명의 특작부대를 보유하고 있다. 적 침투전술을 고려할 시 전시 북한군은 아 후방지역에 지상 및 해상, 공중으로 많은 특작부대를 침투시켜 민심 교란과 기습, 아군의 전방증원 등을 방해할 것이다. 여기에 범죄자들에 의한 치안질서 혼란상황, 반정부 및 반국가단체에 의해 혼란상황도 예상되는 만큼 이러한 상황도 염두에 두어야 한다.

넷째, 핵 공격을 받은 상황에서 부여된 임무를 수행하기 위해서는 당면하게 될 위험과 훈련수준 및 부대의 방호능력에 대한 판단이 필요하다. 핵 공격을 받은 지역에서 활동 시는 일정 기간 방사능 낙진에 피폭될 가능성, 건물 붕괴 및 화재, 전염성 질환 등 다양한 위험에 처할 가능성이 있다. 여러 위험요인이 있는 만큼 이러한 상황을 극복하면서 지원업무를 수행하기 위해서는 이를 극복하기 위한 훈련수준의 유지와 개인 및 부대 방호능력, 개인의 작업 지속능력 등이 고려되어야 할 것이다.

〈표 5-4〉 군과 행정부 협조 시 고려사항(예)

구분	내용
군의 지원능력	• 가용 인원지원 능력(건제 유지 부대병력, 군의관 및 간호장교 등) • 군 시설 지원능력(군 막사, 병원시설 등) • 가용 군 장비(탐지, 오염 제거, 수송 및 건설장비 등) • 군 보유약품의 종류와 수량(치료, 소독, 방역 등) • 군 방호능력(장비, 훈련 등)
행정부의 군 지원능력	• 장비 지원 수량(수송 및 건설장비, 의료장비 등) • 물자 지원 가용수량(식량, 음료수, 침구류, 텐트류 등) • 시설 지원능력(학교, 공공시설, 대규모 수용 가능시설 등) • 약품 종류 및 지원능력(화상, 부상, 방사선 치료약품) • 각종 보호장비, 화생방 탐지장비 등
부대 훈련 수준	• 지원 시 당면할 위험: 방사선, 건물 붕괴/ 화재 등의 위험 • 부대 훈련수준 및 방호능력 • 구호 및 구조활동 지속능력 등
치안상황	• 피폭지역에서의 적 침투 및 활동 상황 • 범법자에 의한 치안질서 문란 행위 • 반정부 및 반국가 단체의 활동 등
피폭상황	• 피해지역 범위 및 정도 • 낙진위험 정도 및 범위 • 피폭지역 오염 제거능력

2. 핵 관련 행정부의 전 · 평시 업무

핵 관련으로 평시에 해야 할 일과 전시에 해야 할 일을 우선 구분해보자. 먼저 평시의 업무이다. 평시 군사 분야에서는 핵시설 등의 탐지와 제거능력의 확보, 핵을 탑재한 미사일 공격 시 이를 조기에 탐지해 경보할 수 있는 능력을 갖추는 것이다. 행정부에서는 민방공대피시설을 확보하고 경보체제를 운영하며 핵 공격을 받을 경우에 대비해 능력을 확보할 수 있도록 계획하고 역량을 강화하는 것이며, 전시에는 군에서 핵을 탑재한 미사일을 발사할 경우, 이를 즉시 경고하면서 요격해 격추하는 것이다.

전시 핵 공격을 받을 경우에 대비해 조기경보 체제를 확립하고 운영할 수 있는 기반을 마련하는 것은 대단히 중요한 일이다. 예를 들어 북한군이 핵을 탑재한 미사일을 발사할 경우 서울에 도달하는 시간은 3~5분 정도로 예상된다. 한반도의 남부지역일지라도 길어야 10분 이상을 초과하지 않을 것이다. 그런 만큼 미사일 발사 시 조기에 이를 탐지해 경고하는 것은 생존성 향상을 위해 대단히 중요하며, 경보는 적시에 발령되어야 한다. 민방공 경보는 경계경보, 공습경보, 화생방 경보, 경보 해제 네 가지로 구분한다.

〈표 5-5〉 민방공 경보

<table>
<tr><th>구분</th><th>상황</th><th>방법</th><th>수단</th></tr>
<tr><td>경계경보</td><td>적의 공격이 예상될 때</td><td>사이렌으로 1분 동안 평탄음 (- - -) 울림</td><td rowspan="4">라디오, 확성기, TV</td></tr>
<tr><td>공습경보</td><td>적의 공격이 긴박하거나 또는 진행 중일 때</td><td>사이렌으로 3분 동안 파상음 (~~~)으로 울림</td></tr>
<tr><td>화생방 경보</td><td>적의 화생방 공격이 있거나 예상될 때</td><td>음성으로 방송</td></tr>
<tr><td>경보 해제</td><td>적의 공격징후 및 추가 공격이 예상되지 않을 때</td><td></td></tr>
</table>

북한군이 핵(또는 화생무기)을 탑재한 미사일을 발사할 경우, 공군작전사령부에서는 이를 탐지해 행정안전부의 중앙민방위경보센터로 공습경보를 전파한다. 이때 공군에서는 미사일 방향과 예상되는 표적지역 등을 판단하며, 이에 따라 경보범위를 판단해 경보를 발령한다. 다만, 이때 미사일에 핵이 탑재됐을지 또는 화생제가 탑재됐을지, 그냥 인마

살상용이나 시설 파괴용 고폭탄인지 정확히 알 수 없기 때문에 문제가 될 수 있다. 그렇다고 일반적인 미사일 경보만을 발령할 수만도 없다.

미사일 경보는 중앙민방위경보통제센터의 전파망을 통해 1민방위경보통제소(오산)와 2민방위경보통제소(대구)의 단말기로 전파되며, 이는 다시 예하 단말기를 통해 각 지역에 경보를 발령한다. 중앙에서는 시·도와 시·군·구의 단말기를 통해 전국에 경보가 전파된다.

또한 KBS와 MBC 및 SBS 등의 방송을 통해 전국적(또는 지역적)으로 방송을 한다. 이 외에도 기지국을 통해 각 휴대폰에 문자로 경보를 전파하도록 되어 있다. 민방위경보전파망이 다중으로 구성되어 운용되는 만큼 제대로 탐지가 되면 국민들은 모두 알 수 있을 것이다. 문제는 북한군이 핵을 탑재한 미사일을 발사할 경우 군이 이를 조기에 탐지할 수 있는 능력과, 동시에 여러 표적으로 미사일을 발사할 경우 경보를 효과적으로 전파할 수 있는 능력이 있는가 하는 것이다.

다음은 행정부가 할 일로 민방위 대피시설을 준비할 수 있도록 법규화하고 준비하도록 지도하는 등의 일과 국민 개개인은 개인방호 요령을 숙지할 수 있도록 국민을 계도하는 일이다.

행정안전부의 자료에 의하면, 현재 전국적으로 2만여 개를 넘는 대피시설이 준비되어 있다. 서울이나 주요도시의 경우 지하철역은 대부분 민방위 대피시설로 지정되어 있고, 공공건물의 지하실도 민방위 대피시설로 활용할 수 있다. 아파트의 지하주차시설도 대피시설로 사용할 수 있다.

그러나 이러한 대피시설의 대부분은 고폭탄 등에 대비를 할 수는 있으나 핵 공격은 물론 화학 및 생물학 무기 공격도 방호할 수 있는 방폭문 등의 준비, 정전 시 발전 대책, 일정 기간 생존을 위한 약품과 식수 및 식량 등의 준비에 있어서도 미흡한 것이 현실이다. 민방위 대피 시설의 숫자 못지않게 중요한 것은 열과 폭풍은 물론 방사선이나 낙진 등의 위협과 화학 및 생물학 무기의 공격으로부터 보호를 제공받을 수 있는 시설과 더불어 대피 시 일정 기간 생존할 수 있는 물자를 준비하는 것인 만큼 준비가 필요하다.

북한군이 핵을 탑재한 미사일을 발사해 군에서 요격을 했으나 일부 실패하면서 특정 지역이 공격을 받았다고 가정할 경우 정부와 군은 무슨 일을 해야 할 것인가? 히로시마 및 나가사키에서 발생한 여러 상황이나 핵 공격을 받을 시 예상되는 여러 상황을 가정해볼 때, 최우선적으로는 부상자 구조를 통해 단 1명이라도 사망자를 줄이는 것이다. 이어서 전재민 수용 및 지원, 사망자 수습 및 처리, 낙진 오염 제거 지원, 피폭지역에서의 주민 무단출입 통제 및 치안질서 유지, 파괴된 건물 콘크리트 제거와 긴급복구 계획 수립 등이 될 것이다. 이와 같이 예상되는 상황에서 해야 할 업무를 고려해 다음과 같은 (가칭) 핵피폭대응

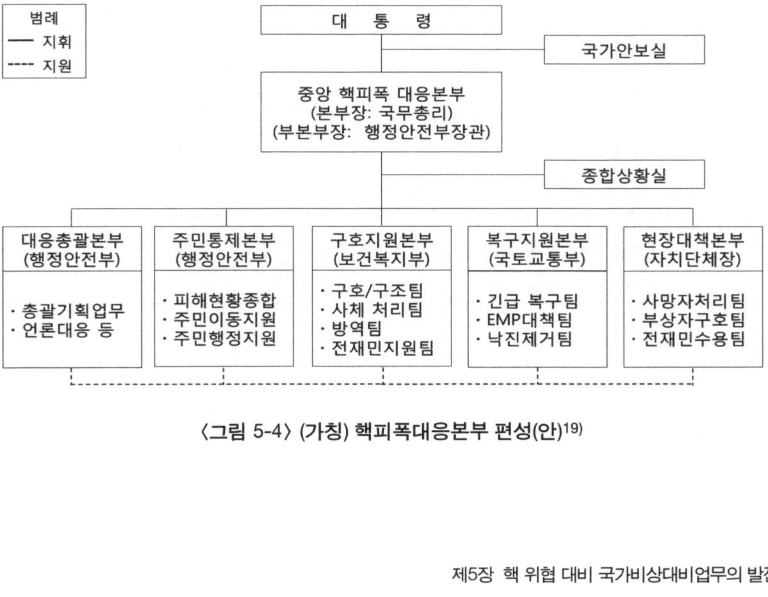

〈그림 5-4〉 (가칭) 핵피폭대응본부 편성(안)[19]

본부를 설치해서 신속히 대응하면 어떨까!

(가칭) 핵피폭대응본부는 평시에는 을지태극연습 기간에 핵 공격을 받을 경우에 대비해 관련 부처가 통합된 연습을 통해 역량을 강화하며, 전시에는 개전과 동시에 핵 피폭 상황이 발생할 경우에 대비해 운용할

〈표 5-6〉 (가칭) 핵피폭대응본부의 임무 및 역할(안)[20]

구 분	임무 및 역할	편 성(예)
총괄대응 본부	• 핵 피폭상황 종합 및 전파 • 행정 각부의 업무 조정 및 통제 • 홍보 및 유언비어 대응 등	책임: 행정안전부 행정부 파견인원
주민통제 본부	• 인적 피해현황 종합 • 사망자 및 부상자 등의 행정지원 업무 • 각종 위험사항 확인 및 전파 • 주민에 대한 각종 지원소요 종합 및 행정부 협조	책임: 행정안전부 지원: 행정안전부, 보건복지부, 국토교통부, 원자력안전위 등
구호지원 본부	• 부상자에 대한 구호 및 구조 • 전재민에 대한 각종 지원업무 총괄 • 사망자 수습 및 처리 • 방역지원 업무 조정 및 통제 등	책임: 보건복지부 지원: 국방부, 농림축산식품부, 행정안전부 등
복구지원 본부	• 피해 상황 종합 및 복구지원 소요 판단 • 긴급 피해복구 우선순위 판단 및 지원 • 낙진 제거활동 • 복구 지원활동 종합 및 통제	책임: 국토교통부 지원: 국방부, 행정안전부 과학기술정보통신부 등
종 합 상황실	• 민방위 경보전파 • 핵 피해 상황 접수 및 전파 • 지원소요 종합 및 조정	책임: 행정안전부 지원: 행정 각부 및 군 연락관
현장대책 본부	• 자치단체장 책임하 중앙정부와 협조 운용 • 중앙정부 건의사항 판단 및 건의 • 가용 자원 이용해 구호 및 구조활동 전개 • 피해복구 활동 시행	책임: 광역자치단체장 및 정부연락반

19) 박계호 · 김용빈, "북한 위협하 비군사 분야 대비방안에 대한 연구: 히로시마 원폭 피폭사례 분석 중심으로", 〈그림 2〉를 수정 및 보완한 표임.

20) 위의 논문, 〈표 9〉를 부분 수정한 표임.

준비를 갖추고 있다가 실제 상황이 발생할 경우는 즉시 임무를 수행할 수 있도록 준비되어야 하겠다. 이를 위해 상황 발생 시 즉시 조직체를 구성할 수 있도록 본부와 행정 각부의 구성 및 임무와 역할 등을 명시한 규정을 작성해놓고 있어야 하겠다. 이러한 사항들을 반영한 대통령 지시 등이 문서화되어 있으면 바람직할 것이다. (가칭) 핵피폭대응본부의 임무와 역할은 핵 공격을 받을 시 예상되는 상황과 이를 극복하기 위해 다음과 같이 정할 수 있을 것이다.

총괄대응본부는 핵피폭대응본부의 전반적인 업무를 총괄하는 업무를 수행할 수 있도록 총괄대응팀과 국민을 상대로 핵 공격을 받은 사항을 전파하는 등의 업무를 위해 언론대응팀을 편성해야 할 것이다.

총괄기획팀은 핵 공격상황 발생 시 대응을 위해 군이 필요한지, 소방인력과 민방위 대원이 필요한지 등을 판단해 관련 부처와 협조를 하며, 이후에는 주민통제와 구호 및 구조활동, 복구 지원활동 등에 대한 총괄업무를 수행한다. 언론대응팀은 핵 공격을 받은 사항을 국민을 상대로 안내 방송을 해야 한다. 국민들은 무슨 일이 발생했고, 내가 생존하기 위해서는 무엇을 어떻게 해야 할지 궁금한 상황이 많을 것이다. 그런 만큼 정부가 해야 할 일 중의 중요한 하나는 방송을 통해 국민들에게 핵 공격상황과 이에 대비하기 위한 사항을 알려주는 역할이 될 것이다. 정부는 다음 상황을 포함해 방송을 통해 국민들에게 심리적인 안정감을 주고 대피할 수 있도록 지도해야 하겠다.

주민통제본부는 피해현황종합팀과 주민이동지원팀, 주민행정지원팀으로 편성하며, 피해현황종합팀은 핵 공격으로 인해 발생한 사망자 및 부상자, 전재민과 건물 등의 피해를 종합하는 일을 수행한다. 주민이동지원팀은 피폭지역으로부터 안전지역으로의 주민 이동을 지원

〈표 5-7〉 핵 피폭 시 정부의 방송에 포함할 사항(예)

구 분	내 용
핵 피폭 상황 관련	• 핵 피폭일시 및 장소, 위력 및 피해 범위 • 정부의 종합적인 피해복구 활동(개요)
사망자 수습 관련 및 처리	• 사망자 수습 및 처리 관련 정부의 활동 • 생존자 가족 신고 등 주민등록 지원사항
부상자 구호 및 구조 관련	• 부상자 구호 및 구조 관련 정부의 활동 • 부상자 구호 및 치료소 위치, 지원사항 • 화상 및 부상환자 주의사항, 방사선 피폭 시 증세 및 주의사항 • 기타 각종 지원활동
전재민 수용 및 지원 관련	• 안전지역 위치 및 대피소 이탈시간 • 안전지역으로 주민 이동로 및 방법, 이동 간 준수사항 • 전재민 이동 및 수용 등을 위한 정부지원 사항 • 고아 등의 수습 및 수용 등의 사항
낙진피해 예방 관련	• 낙진 위협지역 및 지속시간, 낙진의 강도 • 낙진지역에서 주민 활동 시 주의사항 • 대피시설 등으로부터 안전지역으로 이동 적절 시간 • 안전지역에서 낙진 제거, 피복 교체 착용 등 주의사항 • 음식 및 식수 등의 취식 시 주의사항
국민에 대한 당부사항	• 피해 최소화를 위한 정부의 노력에 협조 호소 • 각종 유언비어, 범죄행위 등에 대한 주의 및 엄벌 경고 • 피해자를 위한 전 국민적 지원 촉구(피복, 식량 등) • 전염병 전염 등 2차 피해 예방을 위한 준수사항

하는 업무를 수행하며, 이를 위해 차량의 제공은 물론 안전지역의 위치 등을 확인해야 할 것이다. 핵 피폭상황에서 누가 죽고 살았는지 아니면 부상을 입었는지의 확인은 매우 중요하다. 사망자와 부상자, 생존자 현황 등을 파악해 가족 생존 여부를 알 수 있도록 지원하는 업무는 매우 중요한 만큼 이는 주민행정지원팀에서 수행해야 할 것이다.

다음은 구호지원본부에 관한 것으로, 부상자 구호 및 구조팀과 사체 수습 및 처리팀, 방역팀, 전재민 지원팀으로 편성하되, 보건복지부가 주도해 관련 부처와 군의 지원을 받아서 할 수 있을 것이다.

먼저 부상자 구호 및 구조팀의 업무에 관한 것이다. 앞서 언급했듯이 부상자는 화상이나 부상, 방사선 피폭 등 단일요인으로 인한 부상, 화상과 부상, 화상과 방사선 피폭, 부상과 방사선 피폭 등의 2중 요인에 의한 부상, 화상 및 부상과 방사선 피폭 등 3중 요인에 의한 부상자에 이르기까지 다양하게 발생할 것이다. 환자의 상태도 여하한 치료에도 불구하고 곧 사망할 인원으로부터 긴급한 응급치료만 받으면 생존할 수 있는 부상자, 오랜 기간에 걸쳐 치료를 받아야 하는 환자, 약간의 치료만 받으면 곧 일상생활로 복귀할 부상자, 별다른 치료가 필요 없는 경미한 부상을 입은 환자, 방사선에 피폭됐음에도 불구하고 처음 며칠간 증세가 나타나지 않다가 구토, 탈모 등의 증세를 보이다가 사망하는 환자 등에 이르기까지 다양하게 발생할 것이다.

인간 생명의 귀중함을 생각해본다면 모든 환자를 모두 치료해야 하겠으나 동시에 다양하게 발생될 환자의 규모에 비해 치료전문 의사 등의 인력과 약품, 시설과 장비는 부족할 수밖에 없는 상황에 직면할 것이다. 그런 만큼 환자의 종류 및 중증도 등 상태에 따라 여하한 치료에도 불구하고 곧 사망할 것으로 판단되는 부상자는 고통을 줄일 수 있도록 안락사를 시키는 방법을 택하는 것도 필요할 수 있다. 예상되는 다양한 상황을 상정하고 사전에 검토해 방침을 정해놓아야 할 것이다.

부상자를 구호 및 구조하기 위한 방법이다. 먼저 부상자 구호 및 구조를 위한 피폭 당시의 상황을 예상해보면 다음과 같다. 심각한 화상을 입은 환자를 비롯한 부상자, 방사선 피폭자 등이 부서진 아파트나 학교와 공공시설, 가옥, 도로, 학교 운동장 등 도처에서 발견될 것이다. 그들 중에는 본인의 힘으로 피폭지역으로부터 안전한 지역으로 이동이 가능한 환자들도 있을 것이고, 들것으로 운반이 필요한 환자도 있을 것이며, 자력으로 전혀 움직일 수 없는 환자로 응급차량이 필요한 환자도 있을 것이다.

그런가 하면 부상자 구호 및 구조가 필요한 시간에 낙진이 떨어지면서 개인방호를 위한 대책이 필요한 상황에 직면할 수도 있을 것이다. 부상자를 수송하기 위해 차량의 이동이 필요하나 도로상에는 건물의 파괴물이나 수목의 전도, 피폭 시 발생한 웅덩이 등 다양한 장애물로 인해 응급 차량의 운행이 불가능하거나 지연되는 상황이 발생할 소도 있다. 대규모의 부상자가 발생한 상황에서 긴급한 구조가 필요하나 구조해야 할 환자의 규모나 환자의 상태의 정도, 피폭지역에서 구조 환경과 낙진 등 최악의 상황이 될 수 있는 것이다.

그렇다면 어떻게 부상자 구호 및 구조를 진행해야 할 것인가? 먼저 언제 구호 및 구조인력을 피폭지역으로 투입할 것인가의 문제가 대두된다. 피폭지역에는 낙진이 떨어지고 있기 때문에 피해 최소화를 위한 인명구조의 중요성이나 긴급성에도 불구하고 즉시 투입할 수 없는 상황이 될 것이기 때문이다. 이러한 상황은 피해 상황을 종합적으로 판단하고 대응해야 하는 총괄대응본부에서 군 등의 협조를 받아 판단하고 조치해야 할 사항일 것이다.

부상자 구조 및 구호 인력을 어떻게 동원하고 편성 및 운용할 것인지는 인원 피해의 최소화에 중요한 사항이다. 소방대원과 군에서 지원되는 인력은 물론 민방위 대원이나 예비군과 공무원 등이 여기에 참여할 수 있을 것이다. 부상자 구호 및 구조팀의 활동 환경은 최악의 상황이 예상되는 만큼 방독면이나 개인보호를 위한 복장과 방사능 탐지 장비, 제독장비 등을 휴대해야 할 것이다. 또한 인명구조대는 무너진 건물 속에서 부상자를 찾아내야 하는 활동도 필요한 만큼 수색견을 동반하는 상황도 염두에 두어야 한다. 부상자 구호 및 구조팀은 부상자를 발견해 구조를 했을 시 현장에서 응급조치가 필요한 상황도 예상되는 만큼 간호사와 의사들도 필요시 동반하는 방법을 찾아야 한다.

다음은 언제 구조인력을 투입할 것인가를 판단해야 한다. 낙진의 피폭위협 때문이다. 지진이 발생할 시 부서진 건물 속에서 생존할 수 있는 골든타임(Golden Time)은 통상 72시간을 이야기한다. 핵 공격을 받을 시 골든타임은 열 복사선과 부상 및 방사선 피폭 등의 복합적 요인으로 인해 이보다 더 줄어들 것이다. 그런 만큼 최단시간에 부상자를 구조하기 위해서는 신속한 대응을 요한다.

부상자 구호 및 구조팀에 편성되어야 할 수색 및 구조반은 부상자의 위치를 찾아서 구조하는 임무를 수행한다. 이를 위해 군견이나 수색견 등을 동반하고 부상자의 위치를 확인했을 시는 구조 임무를 수행한다. 요즘 많이 사용되는 드론도 사용할 수 있다. 필요시 중장비를 투입할 수 있을 것이다. 수색 및 구조반은 피폭지역에서 많은 인원이 있을 수 있는 학교나 아파트, 마트 같은 건물을 대상으로 우선적으로 수색 및 구조 임무를 수행해야 할 것이다.

수송반은 수색 및 구조팀이 찾아낸 부상자를 병원이나 치료시설 등으로 수송하는 업무를 수행하며, 응급구조팀이나 소방대의 앰뷸런스를 이용하되 필요시는 군의 의무중대나 또는 항공 지원도 받을 수 있어야 한다. 도로 장애물 제거반은 긴급구조 및 구호 인력이 피폭지역을 출입하는 데 장애가 될 수 있는 건물 또는 수목 등의 장애물을 제거하는 임무를 수행하며, 분류반은 후송된 환자들을 응급조치한 뒤 병명 및 상태에 따라 분류해 해당 병원으로 보내 전문적인 치료를 받도록 한다.

치료지원반은 화상이나 부상, 방사선 피폭 등 환자의 상태에 따라 치료를 제공하는 업무를 총괄 지원하며, 이는 화상 전문병원이나 방사선 병원 등에서 임무를 수행할 수 있을 것이다.

다음은 사망인원에 대한 수습 및 처리에 관한 것이다. 히로시마 피폭 시 사망자의 60%는 화상, 20%는 폭풍으로 인한 부상, 20%는 방사선 피폭으로 인한 것으로 알려지고 있다. 사망자들은 신원을 확인할 수 없을 정도로 검게 탄 사체로부터 심각한 골절이나 머리 부상, 위나 폐의 부상과 유리 파편상 등으로 인한 사망, 과도한 방사선 피폭으로 인한 사망, 가옥에 화재가 발생하면서 화상으로 인한 사망 등 다양한 원인으로 발생했다.

그것도 넓은 지역에서 여기 저기 분산된 상태로 발생했다. 사망자 수습 및 처리를 위해서는 많은 인력이 필요했지만 경찰이나 민방위대에 의해 제한적으로 이뤄졌다. 사망자들에 대한 신원확인도 제대로 이뤄지지 않았다. 그나마 경찰이나 민방위대가 수습한 사망자들은 학교나 사원 등 가용한 시설과 공간을 활용해 화장됐다. 당시 일본은 패전 직전이었기 때문에 체계적인 사망자 수습과 처리를 할 수 없었던 상황에서 궁여지책으로 처리한 것이다.

이러한 히로시마의 사체 수습 및 처리에 대한 교훈과 한반도에서 피폭 시 예상되는 상황을 염두에 두면서 사망자 수습 및 처리를 위한 계획을 발전시키고 전시에는 당시의 상황에 맞게 시행할 필요가 있다. 수많은 사람들이 사망한다고 할지라도 신원확인이 가능한 사망자는 신원을 확인해 기록을 남기고 매장을 하든 화장을 하든 후일 생존한 가족에게 사체 처리상황을 알려주기 위한 계획도 있어야 한다.

현재 국내에는 화상전문 치료병원이 5곳에 지나지 않는 것으로 알려지고 있다. 그렇다고 무턱대고 핵 피폭 시 대규모로 발생할 환자를 대비해 화상 전문병원을 여기 저기 만들자고 할 수도 없다. 이러한 현실과 예상되는 상황을 감안해 어떻게 대규모로 발생할 화상 및 방사선 환자를 처리할 것인지 대응책이 있어야 한다.

사체 처리 방안도 사전에 방침이 검토되어야 한다. 먼저 누가 어떤 방법으로 할 것인지에 관한 것으로, 예를 들어 군의 지원을 받으면서 소방대원과 민방위대 및 예비군을 동원하는 것도 한 가지 방법이고 보건 분야의 공무원이 하는 것도 한 가지 방법이다. 군에서는 전시 대량사상자 발생에 대비하는 훈련을 하는 만큼 이러한 훈련도 사상자 처리에 도움이 될 것이다. 상황이 긴박하게 전개될 것인 만큼 군과 공무원을 모두 활용하는 방법으로 사체 처리가 필요할 것이다.

다음은 수습된 사체를 어떻게 처리할 것인지의 문제로, 화장을 할 것인지 아니면 그대로 매장을 할 것인지의 문제이다. 대규모의 사체를 수습하는 과정에서 사체 수습낭도 필요하게 되는 만큼 이를 확보하기 위한 계획도 필요하다. 매장을 할 시는 어느 곳에 어떤 방법으로 할 것인지에 대한 검토도 필요하다.

사체처리팀은 피폭지역에서 군이나 민방위대 및 예비군, 공무원 등을 지휘해 사체를 수습하고 수습된 사체는 신원을 확인하고, 신원을 확인할 수 있으면 기록을 남기는 등의 업무를 수행한다. 또한 사체처리팀은 수습된 사체를 매장 또는 화장 등의 방법으로 처리하는 업무도 수행해야 할 것이다.

방역팀의 업무이다. 피폭지역에는 사람은 물론 가축 등의 사체도 있을 것이다. 적시에 수습되지 않으면 특히 여름철에는 전염병 창궐이 문제가 될 수 있다. 따라서 군의 지원을 이용하거나 보건 관련 공무원을 이용하는 등의 방법으로 방역대책도 수립되어야 한다. 지상방역은 물론 항공방역 등을 통해 전염병이 확산되지 않도록 해야 할 것이다.

핵 피폭 아래서 인명 구호 및 구조팀의 활동은 대단히 어려운 상황에서 진행될 가능성이 크다. 도처에서 화재가 그대로 진행되는 상황이 될 수 있고, 낙진이 떨어지는 상황이 될 가능성도 크다. 건물은 대부분 파괴됐으며 차량이 진입해야 하나 도로는 온통 건물이나 수목 등의 폐기물로 인해 이동에 방해를 받는 상황이 될 수도 있을 것이다. 구호 및 구조해야 할 사람들은 화상을 입거나 부상을 입은 사람, 방사능에 피폭된 사람 등 다양할 것이며, 그들의 상태도 중증환자로부터 경상환자에 이르기까지 다양할 것이다.

부서진 건물 속에서 구조를 요청하는 사람이 있는가 하면, 사경을 헤매면서 도로가에서 구조를 요청할 사람도 있을 것이다. 그들 가운데는 임산부도 있을 것이고 어린 아이도 있으며 노인들도 있을 것이다. 이런 상황들이 히로시마에서 발생했다. 그야말로 최악의 조건인 가운데 인명 구호 및 구조해야 할 상황에 직면하게 되는 것이다. 그런 만큼 인명 구호 및 구조활동을 위한 팀은 숙련된 전문 인력과 인명 구호 및 구조에 적합한 장비와 약품 등을 휴대해야 할 것이다.

〈표 5-8〉 긴급구호 및 구조팀 휴대 장비와 약품(예)

장비명	휴대용 방사능 측정기	휴대용 전기톱	철근 절단 장비	환자 운반 들것	낙진 방지 장갑
장비명	응급구조 세트	응급약품	소화기	비상대비 장구	비상약품

구호 및 구조팀은 부상자를 구조할 시 현장에서 응급조치 후 안전지역에서 부상자를 분류해 필요한 치료를 할 수 있도록 후송시켜야 한

다. 구조를 했으나 중증환자로 여하한 치료에도 불구하고 생존 가능성이 희박한 사람은 그 고통을 줄여주기 위해 필요한 조치를 할 수 있도록 적절하게 권한의 위임도 필요한 상황이 발생할 수 있을 것이다. 구조된 부상자들은 환자의 상태에 따라 분류해 시설로 입원시키거나 필요한 경우는 현장에서 응급조치도 할 수 있어야 하며, 이를 위해 응급치료 장비와 약품을 휴대해야 할 것이다. 당연히 앰뷸런스 등 응급차량은 물론 치료인력의 동반도 필요할 것이다.

다음은 핵 공격을 받은 직후 발생할 낙진으로부터의 피해를 방지하기 위한 대책이다. 방사능 낙진은 핵폭발 후 발생하며, 지상의 입자들이 폭발 시의 방사선에 의해 방사능을 방출하는 물질로 바뀌면서 성층권까지 올라가서 바람을 타고 날아다니다가 다시 지상에 떨어져 인체가 흡수하면 피해를 준다. 방사능 낙진에 피폭되면 피폭량의 정도에 따라 즉시 사망으로부터 장기간 치료를 받아야만 하는 상황이 발생될 수 있는 만큼 오염을 제거하기 위한 활동이 필요하다.

피폭지역의 치안질서 유지에 관한 것이다. 히로시마에서는 도시가 완전히 파괴된 위험한 상황에서도 조직폭력배인 야쿠자가 강도 및 절도를 하면서 치안질서를 문란하게 만드는 상황이 발생한 바 있다. 만약 한국의 어느 도시가 피폭되면 조직폭력배 등이 혼란한 틈을 이용해 어떤 이득을 취할 목적으로 유사한 행위를 할 것으로 우려된다. 잃어버린 가족을 찾아 피폭지역으로 들어가는 인원도 발생할 것이다. 피폭상황에서 반정부 활동을 하는 단체들도 배제할 수 없다.

부모를 잃은 학생이나 고아도 발생할 것이다. 히로시마에서는 수천 명의 어린이 고아가 발생해 지역사회가 나서서 이들을 돌보았다는 이야기가 있다. 핵 공격을 받을 시 한국도 예외가 아닐 것인 만큼 정부나 지역사회, 종교단체가 나서서 이들을 찾아 수용하고 지원하기 위한 계획도 필요하게 될 것이다.

피폭지역으로 무단출입을 하는 인원이 없도록 출입통제선을 설치해 허가되지 않은 인원의 출입을 통제하면서 피폭상황을 이용한 치안질서 문란 행위를 단속해야 할 것이다. 피폭지역에서의 낙진위험과 화재, 시설물의 파괴 등 제반 안전 위협요인을 감안해 출입통제선 안으로의 출입통제는 경찰과 군인, 관계 공무원, 예비군 등을 이용하면 될 것이다.

다음은 전재민 구호 및 구조와 수용을 위한 준비와 지원이다. 히로시마 피폭 당일 시를 떠났던 시민들은 며칠 지나지 않아 방사능 위협 아래서도 자기가 살던 곳으로 돌아와 지하공간이나 파괴된 건물 자재 등을 이용해 임시로 거주할 공간을 만들고 살았다. 당연히 방사능에 오염되면서 후일 그 피해가 나타났다.

핵 공격을 받은 지역은 거주시설의 파괴와 낙진으로 인해 한동안 거주할 수 없는 환경이 된다. 그런 만큼 수많은 사람들은 낙진으로부터 안전한 지역으로 이동할 것이다. 정부는 국민 생활 안정 차원에서 이렇게 대피한 사람들의 현황을 파악해 임시로 수용하고 식량은 물론 생필품에 이르기까지 지원해야 할 것이다. 그 수는 핵무기 위력 등에 따라서 수만 명이 될 수 있고 수십만 명이 될 수도 있다.

집결지에서는 일차적으로 인원을 확인 후 안전지역의 수용시설로 수송하거나 부상을 입었을 시는 치료병원으로 후송한다. 그 뒤에 이들을 수용할 시설 등을 지정하고 수용 준비를 한다. 학교나 체육관 같은 시설을 활용하는 방법, 텐트를 설치해 수용하는 방법, 군 병영시설을 활용하는 방법 등 이용 가능한 모든 방법이 동원되어야 한다.

〈그림 5-5〉 낙진지역으로부터 안전지역으로의 이동(예)

일시에 대규모의 지원을 필요로 하는 상황이 발생되는 만큼 중앙정부가 동시에 모든 일을 대처하기에는 그 역량이 부족할 것이다. 따라서 지방자치단체에서도 지원이 필요하다. 이렇게 수용된 인원들에 대해서는 피복으로부터 급식, 급수 등은 물론 부상자에 대한 치료에 이르기까지 다양한 지원이 필요하게 될 것이다. 이러한 지원을 위해서는 행정부의 많은 부처가 관련될 것이다.

다음은 전재민 구호 및 지원을 위해서는 주민등록반, 물자지원반, 시설지원반, 낙진제거 지원반 등이 필요할 것이다. 먼저, 주민등록반은 핵 피폭지역으로부터 안전지역으로 이동한 생존자들의 현황과 가족관계를 파악하며, 이산가족이 발생할 수 있는 만큼 이들을 찾아 상호 간 연결해주는 역할을 해야 하겠다. 히로시마에서는 핵 피폭 이후 생존자들이 가족을 찾아 헤매는 일이 발생했다. 핵 공격을 받을 시는 다른 어느 때보다 많은 희생자가 발생하면서 한 가족이 모두 사망하는 등 다양한 상황으로 인해 가족들이 분산될 수 있는 만큼 가족의 생존 여부를 확인해 알려주는 것은 매우 중요하다.

물자지원반은 집결한 주민들에게 식량과 식수, 피복, 침구류 등 생존에 필요한 각종 물자 소요를 확인해 관련 행정 각부에 요청 및 획득해 지원하는 역할을 한다. 시설지원반은 생존자를 수용하는 데 필요한 시설을 지원하는 업무로, 여기에는 학교시설을 사용하거나 군 시설을 이용하는 방법, 임시로 텐트를 설치하는 방법 등이 있다. 낙진제거 지원반은 피폭지역으로부터 온 주민들의 낙진 제거를 지원하는 임무를 수행한다.

전재민 구호 및 지원과정에서 유관 행정 각부와의 협조는 중요한 문제이다. 우선 수용된 주민들에 대한 현황과 가족관계의 파악으로부터 전재민 수용을 위한 학교시설 등을 사용할 경우에는 교육부가, 병영시설을 사용할 경우에는 국방부가, 전재민 수용 텐트가 필요해 이를 생산해 공급해야만 하는 경우라면 산업통상자원부가 관련될 것이다. 피해시설 설치를 위한 장비의 지원이 필요하다면 국토교통부가 필요할 것이고, 식량 등의 지원을 위해서는 농림축산식품부가, 급수를 위해서는 환경부가, 부상자 치료 지원을 위해서는 보건복지부가 관련될 것이다.

많은 부처가 관련되는 만큼 컨트롤 타워의 역할과 관련 행정부의 긴밀한 협조가 필요하다. 핵 공격을 받을 시는 동시에 대규모의 피해가 발생되고 대규모의 지원소요가 발생하는 만큼 인접한 자치단체의 지원은 필수적이다. 예를 들어 대전광역시가 공격을 받아 피해가 발생했다면 인접한 충청남도는 물론 그 외의 자치단체 지원도 필요하다.

〈표 5-9〉 전재민 수용 및 지원을 위한 관련 부처의 업무(예)

구 분	예상되는 지원업무
행정안전부	• 전재민 규모 및 현황 파악, 주민등록업무 지원 • 수용시설 내의 질서 유지(경찰) • 전재민 수용시설에 대한 경계 제공(경찰)
국방부	• 낙진으로부터 안전지역 판단 및 제공 • 전재민 수용을 위한 병영시설 등의 지원 • 전재민 수용 국방부 보유 텐트 등의 설치 • 전재민에 대한 치료 등의 지원(인력, 치료 장비 및 약품 등) • 전재민 수용시설에 대한 방호 지원 • 낙진 오염 인원에 대한 오염 제거활동 지원
국토교통부	• 피폭지역에서 안전지역으로 전재민 수송수단 지원 • 전재민 수용시설 설치 시 필요한 토목공사 지원
기획재정부	• 전재민 수용과 지원 관련 예산 판단 및 지원 • 행정기능 회복 관련 지원예산 판단 및 지원 • 기타 예산소요 판단 및 지원
보건복지부	• 전재민에 대한 의료 인력과 약품 등의 지원 • 전재민 수용시설 등에 대한 방역업무 지원 • 낙진 오염 환자의 오염 제거 지원 • 고아 등의 수용 및 지원사항
산업통상자원부	• 전재민 수용에 필요한 산자부 소관 물자 지원 • 전재민 수용에 필요한 산자부 소관 공사 지원 • 낙진 오염 제거활동에 필요한 물자 등의 지원
농림축산식품부 해양수산부	• 전재민 수용에 필요한 소관 자원 지원(식량, 농산물, 해산물 등)
환경부	• 전재민 수용시설에 대한 급수 등의 지원 • 낙진위험으로부터 안전지역 설정(기상청) • 낙진 오염 제거 지원활동
문화체육관광부	• 전재민의 안전지역 이동 및 수용 등 홍보 • 낙진 위험지역 홍보
교육부	• (필요시) 전재민 수용을 위한 학교시설의 사용 • 필요시 학업활동 여부 판단 및 지원
과학기술정보 통신부	• 전재민 수용시설에 대한 통신망 구축 등의 지원

전재민 수용과 지원을 위해서는 〈표 5-9〉에서 보는 바와 같이 많은 행정부처가 관련되는 만큼 행정안전부가 컨트롤 타워가 되어 업무협조 및 조정과 유관기관의 협조를 시키는 역할이 필요하다.

다음은 피폭지역의 긴급복구에 관한 것으로, 이를 위해 복구지원본부 아래 긴급복구팀과 EMP 대응팀, 낙진 제거팀으로 편성할 수 있을 것이다. 먼저 긴급복구팀의 업무이다. 피폭지역에는 시 · 군 · 구청 등의 행정기관이나 전화국이나 은행, 학교, 군사시설, 정수시설 등 다양한 시설이 위치할 것이다. 또한 교량도 있어 교통에 있어 중요한 역할을 할 것이다. 이러한 시설이 파괴되어서 정부 기능의 유지나 국민 생활의 안정에 커다란 지장을 줄 경우 긴급 복구를 해서 그 기능을 회복시켜야 할 것이다. 그런 만큼 정부 기능의 유지와 국민 생활의 안정 등의 중요성을 검토해 긴급복구 우선순위를 정한 뒤 인력과 복구자재 및 장비 등이 가용할 경우 복구해야 할 것이다.

우선 먼저 요구되는 것은 피해지역의 출입을 용이하게 할 수 있도록 도로에 산재해 있을 부서진 건물의 콘크리트 잔해나 전도된 수목, 불탄 차량 등의 장애물을 제거하는 것이 될 것이다. 주도로가 확보되면 우선 복구해야 할 대상들의 잔해물을 제거하면서 긴급복구를 진행하는 순으로 진행될 것이다. 히로시마에서는 당시 긴급복구계획이라는 것은

〈표 5-10〉 긴급복구 대상의 선정(예)

순위	1순위	2순위	3순위	4순위	---
대상	도로망 복구	교통수단 복구	병원시설 복구	통신수단 및 관공서	
사유	피폭지역 진·출입로 확보	피폭지역 교통로 및 수단 확보	피폭지역 주민 의료지원 등의 지원 업무	피폭지역 통신로 구축 및 관청업무 시작	---

없었지만, 당국이 나서서 도로의 장애물 제거와 철도 및 전철 등의 교통시설을 우선적으로 복구했다는 기록이 있다.

피폭지역에서 건물 콘크리트 잔해물 등의 처리와 긴급복구에 관한 것이다. 이는 비록 사망자 수습 및 처리, 부상자 구호 및 구조, 전재민의 안전지역으로의 이동 및 수용 등의 업무보다는 그 우선순위가 떨어지기는 하나 언제인가는 해야 할 일이다.

우선 도로가에 있을 각종 건물 등의 장애물을 제거해 중장비나 긴급후송 차량이 운행할 수 있도록 도로를 개통하는 것은 당면하는 업무가 될 것이다. 도로망이 개통되면 정부의 긴급복구 우선순위에 따라 순차적으로 복구를 시행한다. 긴급복구팀에서는 이러한 업무를 수행할 수 있을 것이다.

이러한 작업을 하기 이전에 피폭지역 내에서 방사선과 낙진 등의 위험을 사전에 확인해야 한다. 피폭지역 내 건물 등의 폐기물에서는 일정 기간 잔류방사선에 의한 위험도 있는 만큼, 이를 감안하면서 제거작업을 해야 한다. 건물 폐기물을 수거해 처리할 시는 폐기물 종류와 방사선 위험 등을 고려해 위치를 지정해 매몰하거나 또는 소각하거나 아니면 약품을 사용하는 등의 방법이 사용되어야 할 것이다. EMP 대책팀은 피폭지역에서 피해 상황을 확인해 긴급복구 대책을 수립하는 업무를 수행한다(이와 같은 사항을 반영한 행정 각부의 비상대비업무 내용은 부록 5~6를 참조).

여기 제시하는 것은 어디까지나 히로시마와 나가사키 피폭 당시 발생했던 상황과 한반도의 어느 특정 지역이 공격을 받았을 당시의 상황, 정부 조직과 부처의 임무 등을 염두에 두면서 작성한 것인 만큼 실제적 대응은 핵 공격으로 발생한 피해규모와 당시의 상황을 염두에 두면서 해야 할 것이다.

3. 핵 피폭 시 군과의 협조

다음은 핵 관련 군의 역할에 관한 것이다. 예를 들어 북핵이 실제적 위협이 되는 시간은 북한 정권이 핵을 미사일에 탑재해 공격하거나 폭격기를 이용해 폭격을 하고자 할 경우가 될 것이다. 그런 만큼 이러한 움직임을 조기에 탐지해 미사일발사 기지를 타격하거나 미사일 발사 시 요격하는 등으로 그 위협을 제거해야 한다.

히로시마와 나가사키 원폭 피폭 시 발생한 피해와 같이 한반도의 어느 지역에서도 북한군의 핵 공격을 받으면 대규모의 피해발생이 불가피한 만큼 선제적 군사 대응조치로 위협요인을 제거해야 한다. 그럼에도 불구하고 요격에 실패해 인적 · 물적 피해가 발생했을 시는 정부의 신속한 인명 및 물적 피해 최소화를 위한 대응이 필요하다. 핵 공격으로 인한 피해가 워낙 크게 발생하는 만큼 행정부의 적극적 대응은 물론 군의 적극적인 지원도 필요하다. 핵 피폭 시 군이 행정부를 지원할 필요성은 다음과 같이 생각해볼 수 있을 것이다.

첫째, 군 본연의 임무 완수 차원이다. 아무리 전쟁 중이라고 해도 군은 전쟁 시 야기될 또 다른 위협으로부터 국민의 안전과 생명을 최우선적으로 보호해야 한다. 핵 공격으로 인해 수많은 국민이 죽거나 부상을 입은 상황에서 사망자를 수습 및 처리하거나 부상자를 치료하고 주거시설이 파괴되어 살 곳이 없는 국민들에게 임시로 거주할 공간을 만들어주는 등으로 국민의 안전과 생명을 지키는 것은 군의 기본적인 임무 수행은 물론 전승에 기여하는 차원에서도 매우 중요하다. 이미 군에서는 각종 재난 발생 시 행정부 또는 자치단체를 지원하도록 법규와 규정이 있고 실제 다양한 활동으로 지원한 바도 있다. 핵 공격으로 인해

전대미문의 인적 피해가 발생할 상황에서 군의 역할은 다양할 것이다.

둘째, 원폭 공격으로 인해 광범위하게 발생하는 피해를 최소화하기 위한 것이다. 원폭 공격을 받을 시 대규모의 사망자는 물론 헤아릴 수 없을 정도의 부상자도 발생할 것이다. 이들에게 적시에 적절한 치료를 제공하고 긴급히 거주할 수 있도록 병영시설을 제공하거나 천막 설치와 같은 임시거주 시설의 준비 등 발생한 피해를 최소화하기 위해 군이 지원할 수 있는 분야는 많다. 만약 부상자 구호를 위한 인명 구호 및 구조활동에 있어 초기 대응이 지연될 시 인명피해를 포함한 피해 범위가 확대될 수 있는 만큼 군의 신속한 지원은 피해를 최소화하는 데 있어 중요하다.

셋째, 핵 공격을 받을 시 행정부의 부족한 능력을 보완하기 위한 것이다. 핵 공격을 받을 시 가장 먼저 신속하게 조직적으로 대응할 수 있는 조직은 군이다. 행정부도 신속히 대응할 수 있도록 노력하겠지만 그럼에도 불구하고 군보다는 대응 속도 면에서 떨어질 수밖에 없다. 군도 피폭지역 내에 위치한 부대는 피해를 입겠지만 전투임무에 종사하는 부대들을 제외하고는 부상자에 대한 구호 및 구조와 전재민 지원 등을 위해 신속히 조직적으로 행정부를 지원해 임무를 수행할 수 있도록 조직화되어 있고 또한 그렇게 해야 한다.

넷째, 국민의 심리적 안정에 기여하기 위한 것이다. 지금까지 자연재해 및 재난 발생 시 군이 투입되어 인명구조는 물론 복구활동을 지원해 국민들의 심리적 안정에 기여했다. 대규모 인명피해가 발생한 핵 피폭상황에서 피해 최소화를 위한 군의 적극적인 지원활동은 국민들의 심리적 안정에 크게 기여할 것이다.

다섯째, 전쟁이라는 상황에서 적절히 대응하기 위함이다. 핵 공격을 받을 시 정부의 대응이 방해를 받거나 지연될 가능성이 많다. 행정각부가 피해를 입거나 피해 복구를 위해 동원 가능한 자원의 부족 또는 후방지역에 침투해 교란활동을 벌이는 등의 특작부대의 활동이 정부의 활동을 지연시킬 요인들이다. 군은 자체적인 무장력 외에도 제한적이기는 하지만 피해 복구를 위한 가용한 자원도 보유하고 있다. 전장상황은 유동적이며 불확실성의 지배하에 있게 마련이다. 군의 대응과 지원활동은 이러한 전장의 불확실성과 유동적 상황을 최소화하는 반면에 지원효과를 최대화하는 데 도움을 줄 수 있다.

이 외에도, 정치·경제·사회·군사적 이유를 들 수 있다. 먼저 정치적 이유로, 만약 원폭 공격으로 국민이 대규모 피해를 입어 구호 및 구조, 치료 등 한시가 급한 상황임에도 불구하고 군이 이런저런 이유로 투입이 지연되거나 또는 안 되어서 피해가 급증했다고 할 시 군에 대한 신뢰의 저하는 물론 정치적 비난 또는 책임론에 휘말릴 가능성이 크다.

경제적인 이유로, 피해지역에 대한 구호 및 구조, 전재민 수용 등에 따라 많은 비용이 소요된다. 전쟁기간 중 막대한 전쟁비용이 소요되는 가운데 핵 공격에 따른 비용 역시 급증하는 만큼 군이 투입되어 다양한 지원활동을 함으로써 이러한 비용을 줄이는 데 기여할 수 있다.

군사적인 이유로, 피폭지역에도 군 병력이나 군 시설이 존재하는 만큼, 행정부와 연계해 피해 복구를 위한 활동이 필요하다. 특히 피폭지역 내에 동원자원이 위치할 경우, 피해 복구를 위한 적극적인 지원활동이 필요하게 될 것이다.

핵 공격을 받을 시 군이 전적으로 피폭지역의 부상자에 대한 구호 및 구조와 치료, 전재민 지원 등에 참여하기에는 제한 사항이 있는 것은 사실이다. 특히 전방지역에서 군사작전을 수행하거나 후방지역에 침투해 후방지역 교란 임무를 수행할 특작부대가 있을 상황에서 군사 작전을 하면서 전재민을 지원하기에는 어려운 상황이 될 수 있다. 그럼에도 불구하고 상기와 같은 이유로 적극적으로 나서 지원활동을 전개해야 할 것이다.[21)]

4. 행정부와 군의 협조 분야

핵 공격을 받을 시 대응을 위해서는 군이 자체적으로 할 업무가 있고, 군과 행정부가 긴밀히 협조해야 할 업무가 있으며, 행정부가 자체적으로 해야 할 업무가 있다. 따라서 군과 행정부가 각각 자체적으로 할 업무를 식별하는 것 못지않게 연계된 대응조치를 위해 협조가 필요한 분야를 식별하는 것은 중요하다.

〈표 5-11〉 핵 피폭 시 대비 행정부와 군의 협조 필요 분야(예)

구 분	예상되는 업무	협조사항	
		행정부	군
평시	• 생존요령 전파 및 숙지 • 경보전파 체제 확립 • 민방위시설 강화 • 개인방호 요령 숙지	• 핵 피폭 시 생존교육 • 경보전파 체제 구축 • 민방위 대피시설 설치 • 개인방호 요령 전파	• 경보전파 체제 확립 • 민방위 대피시설 기준 협조 • 개인방호 요령 협조
핵 공격 경보	• 핵 공격 경보 발령 • 국민 대피 안내 • 공격수단 요격	• 민방위 경보 전파 • 주민대피 안내/지도 • 정부 기능 유지 등	• 핵 공격정보 탐지 및 전파 • 핵 공격지역 판단 및 전파 • 공격수단 요격

21) 각종 재난 발생 시 군의 지원현황 및 역할은 다음을 참조. 국방부, 『국방 재난대응 백서』, 국군인쇄창, 2012.

구 분		예상되는 업무	협조사항	
			행정부	군
핵 피폭 이후	대응 준비	• 핵피폭대응본부 구성 • (가칭) 핵피폭지원사령부 편성 • 피해 상황 확인 • 지원요소 판단/협조	• 중앙/지방대책본부 편성 • 피해 상황 확인 • 지원소요 판단 • 지원요소 협조 • 민방위대 동원 판단	• (가칭) 핵피폭지원사령부 편성/지원 • 지원소요 판단/요청 • 예비군부대 동원
	사망 처리	• 사망자 수습 및 처리 • 사망자 집계 • 사체 처리방법 결정 • 방역업무	사망자 수습 및 처리 • 사망자 집계 • 화장/매장 등의 결정 • 방역업무	• 사망자 수습 및 처리 지원 • 매장/화장 지원 • 방역업무 지원
	부상 처리	• 부상자 수습 및 구분 • 부상자 치료 • 부상자 수용시설 확보 • 치료 인력 등의 동원	• 부상자 수습 및 구분 • 부상자 치료 • 부상자 수용시설 확보 • 치료 인력 등의 동원	• 부상자 수습 지원 • 부상자 치료 지원 • 부상자 수용시설 설치 • 치료 인력 등의 제공
	낙진 제거	• 낙진위험 예측 및 전파 • 낙진 오염 제거 • 주민 안전지역 대피 • 낙진 제거활동	• 낙진위험 경고 • 피폭지역 내 주민 이동 • 주민 이동 지원 • 오염제독 지원	• 낙진위험 예측도 판단/제공 • 주민 이동 지원 • 낙진 오염 제거활동 지원
	전재민 처리	• 전재민 수용시설 소요 판단 • 전재민 지원소요 판단 • 지원소요 조치	• 전재민 수용소 설치 • 전재민 지원소요 조치 • 치안질서 유지 등	• 전재민 수용시설 제공(막사) • 전재민 구호 등의 지원(병력) • 기타 지원업무 수행
	긴급 복구	• 긴급복구 대상 판단 • 복구지원 소요 결정 • 긴급복구	• 복구대상 판단 • 복구지원 소요 판단 • 복구 업체 등의 동원	• 복구지원 소요 판단 • 복구지원
	잔해 처리	• 잔해물 수거 • 수거 잔해물 처리	• 잔해물 수거 • 수거 잔해물 처리	• 잔해물 수거 지원 • 수거 잔해물 처리 지원

〈표 5-11〉을 간단히 설명하면 다음과 같다. 먼저, 핵 위협에 대응해 평시 할 업무는 경보전파 체제 확립, 민방위 대피시설 강화, 개인방호 요령 숙지 등으로, 이를 위해 관련 행정부에서는 경보 전파수단 확립, 민방위 대피시설 설치, 개인방호 요령 숙지 등의 조치가 필요하고 군에서는 이를 지원하기 위해 경보전파 체제 연동, 민방위 대피시설 기준 제공과 개인방호 요령 협조 등의 조치가 필요하다.

다음은 핵 공격 경보 시의 조치로, 핵을 탑재한 미사일을 발사했을 시 또는 폭격기가 접근 시 군에서는 요격은 물론 즉시 공습경보를 발령하고 중앙경보센터에서는 공습경보를 전국적으로 발령하며, 민방위요원이나 공무원 등은 주민들을 신속히 지하 대피시설로 대피하도록 통제해야 한다.

요격에 실패해 핵무기에 피폭되어 피해가 발생했을 시 중앙정부는 즉시 (가칭) 핵피폭대응본부를 설치하고 자치단체도 지역대책본부를 설치해 피해 상황을 확인하며 군의 지원을 요청한다. 군에서는 정부의 요청과 작전상황을 종합해 피해 상황 극복 지원을 위한 (가칭) 핵피폭지원사령부를 편성한 뒤 투입할 수 있도록 한다.[22] 필요시는 예비군도 동원할 수 있다.

이후 피폭지역으로 지원부대를 투입할 시는 사망자 수습 및 처리와 부상자 구호 및 구조, 전재민 수용시설의 설치, 낙진 오염 제거, 잔해물 제거 지원활동 등을 행정부와 협조해 전개해나간다. 전쟁단계별

22) 미국이나 일본, 중국 등 많은 나라는 자연재해 등으로 인명과 재산상의 피해가 광범위할 시는 대규모의 군을 투입하며, 이때 지휘통일을 위해 임시사령부를 편성한다. 미국에서 카트리나가 발생했을 시 합동군사령부가 편성됐고, 중국은 쓰촨성 대지진 발생 시 재난구조사령부를 편성했다. 일본에서도 후쿠시마 원전사고가 발생했을 시 지역군사령부 예하에 합동임무부대가 육상과 해상, 항공자위대를 통합해 임무를 수행했다.

협조할 사항은 다음과 같다.

〈표 5-12〉 핵 피폭대비 군과 행정 각부의 협조사항(예)

구분	군사(국방부)	비군사(행정 각부)
전쟁 이전 단계	• 경보전파 체제 구축 • 민방위 대피 역량 강화 협조 • 피폭 시 행정부 조치사항 지원, 협조 • 피폭대비 행정부 요청사항 확인, 지원계획 작성 등	• 경보전파망 구축 및 전파체제 • 민방위 대피시설 준비 지도 • 피폭대비 행정부 계획 작성 • 피폭대비 군 지원 요청사항 확인 및 요청 등
전쟁 단계	• 경보전파망 운영 • 사상자 처리, 전재민 수용 등 지원 • 낙진 오염 제거 지원 • 긴급복구 등의 지원 등	• 군 경보전파망 연계, 운용 • 사상자 처리, 전재민 수용 협조 • 낙진 오염 제거 지원 요청 • 긴급복구 요청 등
전쟁 이후 단계	• 치료인력과 장비, 시설, 약품 등의 지원 • 잔해물 처리 등의 지원	• 피폭자 치료지원 요청 • 피폭지역 잔해물 제거 요청

핵 공격을 받을 시는 무엇보다도 피해 상황을 종합적으로 판단하고 유관기관을 협조시켜 사태를 극복하기 위해 중앙정부와 자치단체에 (가칭) 핵피폭대응본부를 설치하고 인명의 구호 및 구조와 피해복구 업무를 시작하는 것이다. 핵 공격을 받을 시는 긴급히 조치할 사항으로부터 장기적으로 조치해야 할 사항까지 해야 할 업무는 부지기수(不知其數)이다. 긴급히 해야 할 우선적 업무는 부상자를 신속히 구호 및 구조하고 치료를 제공함으로써 사망자를 최소화하는 일이 될 것이다. 아울러 사망자를 수습해 화장이나 매장 등을 통해 사체를 처리하면서 전염병 창궐을 방지하기 위해 방역을 하며, 대규모로 발생할 전재민을 수용할 천막 등을 설치하거나 학교와 같은 시설을 동원하고 이들에게 필요한

지원을 제공하는 것이다.

한편 낙진 도달시간과 상태 등을 판단해 위험지역을 경고하고 지역 내 주민을 안전지역으로 이동시키며, 오염된 환자들의 낙진 제거활동도 긴급을 요하는 업무가 될 것이다. 그 외에 긴급 피해복구도 필요하다. 이러한 업무 가운데는 인명피해 최소화를 위해 부상자 치료와 같은 긴급업무도 있고 상대적으로 긴급복구와 같이 우선순위가 떨어지는 업무도 있다. 또 동시다발적으로 아니면 순차적으로 해야 할 일도 있다. 인명피해의 최소화에 우선순위를 두면서 상황을 종합적으로 판단하고 조치해야 한다. 이런 과정에서 신속한 조치는 중요한 만큼 중앙부처를 신속하게 편성할 준비를 평시부터 해놓아야 할 것이다.

한편 장기적으로 할 일은 화상 및 부상, 방사선 피폭으로 인한 부상자들 가운데 장기적 치료를 요하는 인원에 대한 치료, 폐허화된 도시의 잔해물 제거와 동시에 복구를 하는 작업이 될 것이다. 원폭 피폭 시 발생할 제반 상황과 행정부의 비상대비업무를 고려해 중앙정부와 자치단체의 조직을 편성해야 할 것이다. 광역자치단체는 중앙정부 편성을 참고하고 자치단체의 행정조직과 업무를 고려해 편성하면 될 것이다.

5. 행정부와 군의 협조 강화를 위한 지원 및 피지원 사항

핵 공격으로 대규모의 피해가 발생할 시 군은 발생된 피해를 최소화하면서 상황을 극복하기 위해 정부가 신속히 동원해 활용할 수 있는 조직이지만 전장상황으로 인해 지원능력에는 한계가 있을 수밖에 없다. 군이 행정부의 역할을 지원할 수 있는 범위에는 사망자 수습 및 처리와 부상자에 대한 구호 및 구조와 치료 등의 제공, 낙진에 오염된 사람들의 낙진 제거, 전재민을 위한 임시시설의 설치나 군 시설의 제공과 전재민에 대한 급식과 치료 등의 지원, 파괴된 국가기반시설에 대한 긴급복구 지원, 치안질서 유지 등을 포함할 수 있다. 군의 지원활동이 지속되기 위해선 행정부의 지원이 필요하다. 이러한 지원을 위해 군은 행정부에 수송 및 치료 등의 장비와 식품과 약품과 같은 물자의 지원을 요청할 것이다.

행정부와 군의 협조를 원활히 할 수 있도록 하기 위한 조치로는 다음을 생각해볼 수 있을 것이다. 첫째, 핵 관련 군사-비군사 업무를 연계시키기 위해서는 범정부 차원의 조직과 협의체가 필요할 것이다. 이는 핵 위협이 그만큼 현실적이고 위협적이며, 일단 피해가 발생하면 그 범위를 가늠하기 어렵기 때문이다. 현재 행정안전부에 편성된 비상대비정책관실만으로는 행정 각부의 업무 조정 및 통제와 지도 등에 한계가 있을 것으로 생각된다. 청와대(국가안보실)가 주도해 강력한 권한을 행사하면서 업무를 장악해 이끌고 행정 각부가 참여해 대응책을 수립해야 할 것이다.

둘째, 핵 관련 민군 협의체 편성 및 운용이 필요하다. 여기서는 국방부와 합동참모본부의 핵 관련 조직과 행정안전부의 비상대비조직의 업무를 연계해 핵 위협 대비 군사 및 비군사 분야의 대응과 피폭 시 피해 발생 최소화 및 신속한 복구 등에 관한 사항을 협조할 수 있을 것이다. 이를 위해 국방부 및 합동참모본부의 대량살상무기 전담조직과 행정안전부 비상대비정책관실, 필요한 행정부도 포함해 군사-비군사 업무의 협조와 계획 발전 등에 대한 업무를 수행해야 할 것이다.

셋째, 핵 공격 시에 대비, 군사 부문과 비군사 부문의 연계를 위해 군사 부문에서는 국방부와 합동참모본부, 각 군(육군) 본부의 업무분장을 규정해놓을 필요가 있다. 이는 핵 공격을 받을 시 그만큼 군의 역할이 중요하기 때문에 사전에 이를 구분해놓음으로써 필요한 시기에 신속한 대응을 하기 위한 것이다.

〈표 5-13〉 핵 피폭 대비 군의 기관별 업무분장(예)

구분	국방부	합동참모본부	각 군(육군) 본부
업무	• 지원지침 작성 • 전시계획 작성 • 핵 피폭 시 군 지원 여부 판단 및 결정 • 행정부 지원요청 소요 판단 및 요청 • 예비군 동원 여부 결정	• 군사상황 고려, 투입부대 규모와 시기 판단 • 군사상황 고려, 투입부대 철수시기 판단 및 건의	• 지원계획 작성 • 투입부대 지휘체계 구성 • 지원소요 판단 및 제공 • 안전관리 프로그램 작성 유지 및 시행 • 예규 작성 • 예비군 동원 판단·건의

넷째, 핵 공격을 받을 상황이 발생할 시 (가칭) 핵피폭지원사령부의 편성 및 운용을 검토해야 한다. 이는 핵 공격으로 대규모의 피해가 발생한 상황에서 피해를 최소화하기 위한 방안이다. (가칭) 핵피폭지원사령부에는 지원부대를 할당해 지휘체계를 일원화한 가운데 행정부 요청에 부응해 군 병력과 구조장비 및 시설, 치료약품 등을 지원한다. 이 부대는 부대장과 참모장, 피폭지역 복구 지원소요를 감안해 보병, 공병, 의무, 보급, 화학 등의 부대와 여기에 편제된 장비 등을 휴대하며, 필요에 따라 지역별 산재해 있는 국군병원이나 국군시설 등을 지원할 수 있다.

(가칭) 핵피폭지원사령부는 피폭지역에서 행정부와 협조해 사망자 수습과 처리, 부상자의 구호와 구조 및 치료 제공, 전재민을 위한 임시 천막 등의 숙영시설 준비와 급식 등의 제공, 피폭지역에서의 치안질서

유지 등의 임무를 수행할 수 있을 것이다. 이러한 임무를 위해 필요시 연락관을 필요한 기관에 파견하거나 또는 행정부에서 필요한 연락관을 파견 받는 방법을 강구할 수 있다.

이렇게 부대를 편성하는 이유는 핵 피폭상황이 발생한 상황에서 신속한 부대지원을 통해 피해를 최소화하는 한편, 작전부대 지휘관들이 전투임무 수행에 전념을 기울이도록 여건을 보장하기 위한 것이다.

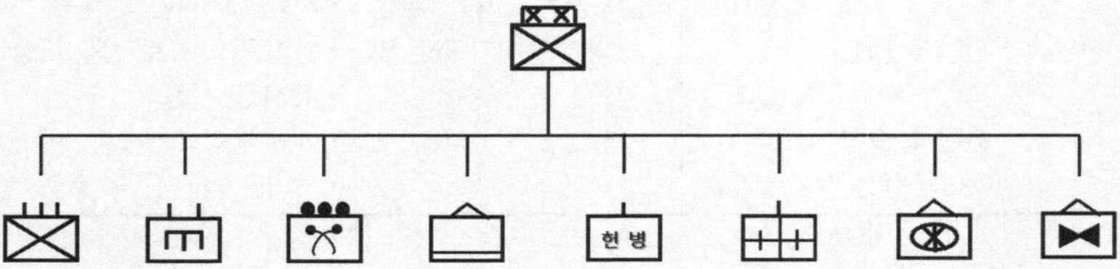

〈그림 5-6〉 (가칭) 핵피폭지원사령부의 편성(안)

(가칭) 핵피폭지원사령부는 핵 공격을 받을 시에 최대한 신속히 편성할 수 있도록 국방부의 전시 관련 계획에 지침을 포함하고, 육군본부의 전시 관련 계획에 기본방침, 부대편성 및 임무, 지휘체제 등을 잠정적으로 계획해놓고 있다가 전시 핵 공격을 받은 상황이 되면 바로 편성해 임무를 수행할 있도록 하는 것이 좋겠다. (가칭) 핵피폭지원사령부가 지원할 수 있는 범위는 아래의 〈표 5-14〉와 같다.

(가칭) 핵피폭지원사령부는 행정부와 협조하는 가운데 군 단독으로 임무를 수행할 수 있고, 예비군이나 민방위대 및 경찰, 행정부와 합동으로 임무를 수행할 수도 있다. 예를 들면, 사체 수습을 위해 보병부대를 주축으로 의무부대가 지원하는 형태로 특정 지역에서 군 단독으로 할 수 있고 아니면 보건복지부 등의 관계 공무원 및 동원된 의료 인력

과 합동으로 할 수도 있다. 부상자 치료를 위해 의무부대가 단독으로 할 수 있고, 보건복지부 등의 관계 공무원 및 동원된 의료인력과 합동으로 할 수 있다. 국가기반시설 등의 피해 복구를 위해 공병부대가 단독으로 할 수 있거나 공병부대와 행정부에서 동원한 업체가 합동으로 할 수도 있다.

〈표 5-14〉 (가칭) 핵피폭지원사령부의 지원범위(예)

상 황	부대/병과	지원활동 범위
사망자 수습 및 처리	보병, 공병, 의무, 보급(영현부대)	• 사망자 수습 및 처리 • 사체 매장 및 화장 • 방역활동
부상자 구호 및 구조	보병, 항공, 의무	• 부상자 구조 및 구호 활동 • 부상자에 대한 치료 제공 • 부상자 치료 약품 및 시설의 제공 • 특수 환자에 대한 항공 수송 등
전재민 구호 및 수용	보병, 공병, 의무, 보급	• 전재민 구호 및 이동 • 전재민 수용시설 설치 • 전재민에 대한 급식
낙진예방 및 제거	의무, 화학	• 낙진 측정 및 위험지역 판단 • 낙진 제거시설의 설치 및 운영 • 낙진 제거활동
긴급피해 복구	보병, 공병	• 피해복구 병력 및 장비 지원 • 피해복구 시설의 복구활동 • 피해복구에 필요한 장비의 제공
피폭지역 출입통제	보병, 헌병	• 피폭지역 출입통제 병력 제공 • 피폭지역 출입 업무 수행 • 민관군 합동 순찰 임무 • 계엄임무 수행을 통한 질서 유지
도로 및 건물 등의 잔해물 제거	보병, 공병	• 파괴된 건물 등의 잔해 수거 및 수송 • 피폭지역 내 도로 장애물 제거 • 잔해물 매몰 또는 소각 등의 처리 • 방사선 제거 활동

치안질서 유지를 위해 헌병부대가 단독으로 하거나 또는 검찰 및 경찰과 합동으로 할 수도 있다. 피해에 따른 인명 구호 및 구조, 복구의 긴급성이나 지원 가능한 부대 및 기관 등에 따라 다양하게 할 수 있을 것이다. 다만, 낙진과 같은 위험이 따르는 만큼 방독면과 보호의 착용이나 방사선 탐지 및 측정을 하는 데 필요한 장비 등을 준비한 뒤에 가능할 것이다. 부대가 피폭지역으로 이동 후 투입 시는 방사선에 대한 측정, 병사들의 건강 및 심리상태 확인, 보호의 착용, 피폭지역에서의 화재 및 건물 붕괴 등으로 인한 위험 등에 대한 사전 확인 및 준비가 반드시 필요하다.

이러한 조치들은 피폭 이후 시간경과, 지역별 낙진 위험정도, 인명 피해가 집중적으로 발생한 지역 및 구호와 구조 우선순위, 부대 훈련정도, 현재 진행되고 있는 지역에서의 기타 위험 등 제반 상황과 부대의 지원능력 등을 종합적으로 판단한 뒤 할 수 있을 것이다.

다섯째, 국방부 및 각 군 본부 지원능력 강화 방안이 강구되어야 한다. 핵 공격으로 대규모 피해가 발생했을 경우, 군이 피해 복구를 위해서 중요한 역할을 해야 하는 만큼 국방부 및 각 군 본부는 이러한 상황을 감안해 부상자 및 전재민 등에 대한 신속한 지원을 위해 의료 인력과 약품 등은 물론 전재민에 대한 식량 등을 배급할 수 있는 역량이 강화되어야 한다.

한편, 군을 투입할 시는 여러 가지 제한사항의 발생도 예상되는바 다음을 고려해야 할 것이다. 첫째, 군은 전시 전투임무가 우선인 만큼 군사작전을 우선적으로 하되, 핵 피폭지역에 인접해 주둔 중이거나 작전을 하고 있는 부대 가운데 여력이 있는 부대와 피폭지역에서 이격된 곳에 주둔 중인 부대 가운데 지원활동에 지장 없는 부대들로 지원해야 할 것이다. 둘째, 투입될 부대가 필요로 하는 장비와 물자, 시설 등을 우선적으로 지원한다. 전투임무 수행에도 많은 장비와 물자가 필요한 상황에서 군의 대민 지원 역시 중요한 상황임을 감안해 지원부대가 필요한 장비 및 물자를 판단 및 제공해야 한다.

셋째, 행정부는 지원 활동에 필요한 제반 자원을 제공해야 한다. 군이 보유한 장비와 물자 등의 자원만으로는 피폭지역에서 활동에 있어 제한이 따를 수밖에 없다. 행정부의 지원이 군의 임무수행 능력을 강화하는 데 도움이 된다. 넷째, 군사 및 비군사 분야 협조를 위해 연락관을 상호 파견해 긴밀한 협조체제를 구축한다. 피폭지역에서의 상황은 긴박하게 전개될 것이다. 신속한 대응 및 피해 최소화를 위해 정부와 군의 긴밀한 협조가 어느 때보다 중요한 만큼 연락관을 파견해 협조해야 할 것이다. 다섯째, 피해지원을 위해 필요시 (가칭) 핵피폭지원사령부 지휘 아래 지휘체계를 일원화하고 그 역량을 최대화한다. 여섯째, 투입될 부대는 피해 복구에 대한 전문성과 장비를 갖추고, 방사선 등의 위험을 고려해 투입한다. 피폭지역에는 여러 위험요소가 존재하는 만큼 전문성이 요구된다. 일곱째, 투입될 부대는 안전관리 프로그램에 따라 투입한다. 피폭지역에서 지원활동에 참여하게 될 부대는 방사선에 피폭되는 등의 위험은 물론 화재 및 건물 붕괴 위험 속에서 활동하게 된다. 따라서 이러한 안전 위해요인을 고려해 훈련과 투입될 인원이 휴대해야 할 장비라든가 물자, 투입 시 작업시간 등의 기준이 설정되어야 하며, 이들을 안전관리 프로그램(Safety Management Program)에 따라 투입 전 훈련을 실시한 뒤에 투입해야 할 것이다.[23)]

---

23) National Security Staff Interagency Policy Coordination Subcommittee for Preparedness & Response to Radiological and Nuclear Threats, *Planning Guidance for Response to a*

〈표 5-15〉 안전관리 프로그램에 포함할 사항

1. 피해 최소화를 위한 위험평가(방사선 노출이나 화재 및 건물 붕괴 등의 위협) 2. 작업인원 안전 및 건강상태 확인 3. 개인 보호장비 준비 4. 방사선 선량 위험 및 인체에 미치는 영향 판단 5. 방사선 누적량 추적 및 기타 건강 관련 자료 6. 방사능 낙진과 같은 고위험 환경에서 훈련 7. 장기적 의료 지원 및 관찰 프로그램 8. 투입 이후 환경에서 작업 기준시간 등

핵 공격을 받을 시 인명에 대한 구호 및 구조활동을 할 경우에 대비해 이에 대한 예규를 준비하고 이를 기준으로 각종 보호장비를 갖춘 훈련된 인원이 참여하며, 이와 관련되는 조직들은 상호 협조해 방사선에 대한 평가, 오염지역에서 다양한 방해 요인에 의한 지연 가능성을 고려해야 한다.

여섯째, 핵 공격 시 대비 대응능력 확대방안으로, 대도시 지역을 중심으로 지역예비군 활용방안을 강화하기 위해 예비군 대대를 편성할 필요가 있다. 예비군이 창설될 당시인 1960년대 말로부터 2000년대 초까지 당면한 위협은 주로 전차와 탱크 등의 재래식 무기와 무장공비의 후방지역 침투 등에 대응하는 것이었다. 이러한 위협에 대응해 예비군에 부여된 임무는 전시 병력동원 외에 향토 방위임무를 기본적으로 했다.

그러나 북한이 핵을 보유하면서 위협양상이 바뀌고 있는 만큼 우리의 대응도 종전과 같아서는 안 된다. 재래식 무기의 위협은 그대로 존재하면서 대량살상무기의 위협이 가중되는 만큼 이에 대응하는 상비군의 전략과 전술의 변화와 더불어 부대조직과 훈련도 개선되고 있다.

Nuclear Detonation, Second Edition, 2010, p. 51.

예비군의 대응도 이에 보조를 맞추어야 하며, 이를 위해 조직과 훈련의 개선이 병행되어야 한다.

예비군의 향토 방위지원과 관련해 핵 피폭 시 지역주민의 구호 및 구조 등 역할의 확대가 필요하다. 지금의 예비군 부대는 행정구역 단위로 중대 및 지역대를 일괄적으로 편성하고 있는데 이러한 핵 피폭으로 대량피해 발생 시 구호 및 구조활동 등의 지원을 위해 자원이 많은 서울이나 그 외에 광역시에 예비군 부대를 새로 편성하는 것이다. 여기에는 예비군들의 병과와 특기를 고려해 별도로 부대를 편성하고 이들에 대한 운영은 자치단체의 장에 맡기며, 이에 필요한 장비는 자치단체의 장 책임 아래 필요시 동원하는 것이다. 전장상황이 바뀌고 있고, 특히 핵 공격을 받을 시는 광범위하게 피해가 발생되는 만큼 예비군 운용이

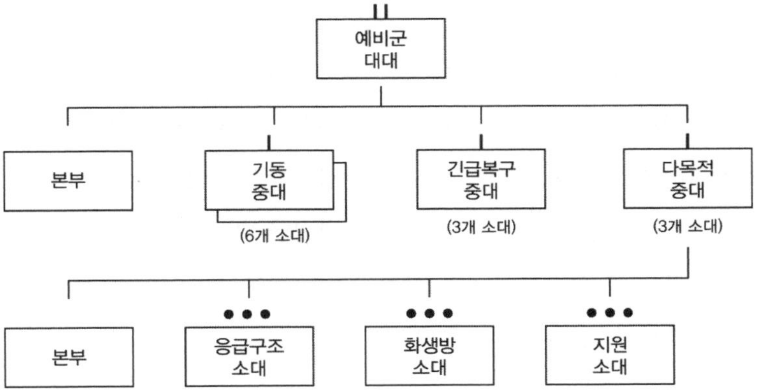

〈그림 5-7〉 대규모 재난 발생에 대비한 예비군 부대 편성(안)[24)]

24) 박계호·엄영호, "예비전력 정예화 및 향방작전 실효성 제고방안", 『2013년 육군전투발전: 미래 육군의 지상작전 수행개념 발전방향』, 한국전략문제연구소, 2013, pp. 477~488, 〈그림 3-1〉을 수정한 것임.

종래와 같이 향토방위라는 군사 임무 위주의 소극적 범주에서 머물러서는 안 될 것이다.

예비군 대대가 창설될 시 수행할 임무로는 사망자 수습 및 처리 지원, 부상자 구호 및 구조 후 의료지원팀에 인계, 전재민 수용시설의 설치 지원, 피폭지역에서의 주민의 안전지역으로 이동 지원, 치안질서 유지 지원 등이 될 것이다. 다만, 예비군 대대가 이러한 임무를 수행하기 위해서는 수송 및 건설장비, 방독면과 보호의 등의 준비가 필요한 만큼 이에 대한 조치도 병행되어야 할 것이다.

제4절 국민 숙지 및 행동요령

핵 공격에 대비해 정부가 할 일도 많고 군의 역할도 중요하지만 국민 개개인도 본인의 생명은 자기가 보호한다는 생각으로 개인방호 요령을 숙지하고 준비해야 할 사항은 준비해야 한다. 이는 그만큼 정부와 군의 대비 및 조치와는 별도로 핵 상황에서 평시 개인이 숙지하고 전시 행동해야 할 사항이 많다는 의미이다. 개인의 생존을 위해서는 평시 숙지해야 할 사항과 준비해야 할 사항, 전시 핵 공격을 받았을 때 해야 할 일로 구분할 수 있다.

1. 개인숙지 사항

먼저 개인의 생존을 위해 알아야 할 사항이다. 이는 어디에 민방위 대피시설이 있는지, 핵 공격을 받을 시는 어떻게 생존을 보장할 것인지, 즉 개인방호 요령을 몸에 익히는 것이다. 먼저 대피시설의 위치 숙지이다. 대개의 지하철역에는 지하에 승강장이 있고, 공공시설의 지하와 대형건물의 지하에는 상가시설이나 주차장이 있다. 이러한 지하시설은 전시 대피시설로 사용되는 만큼 이들의 위치를 숙지해야 할 것이다. 이러한 시설에는 입구에는 대체로 민방위 대피시설 표지가 부착돼 있다. 공공시설의 대피시설은 스마트폰에 '안전디딤돌' 앱을 설치해 앱 초기 화면에서 민방공 대피소를 조회하면 찾을 수 있다. 아파트 지하주차장도 비상시 대피시설로 사용할 수 있는 만큼 관리사무실에서는 이와 관련되는 사항을 준비해놓을 필요가 있다.

다음은 핵 공격을 받을 시에 대비해 개인방호 요령을 숙지하는 것이다. 첫째, 야외에서 노출된 상태 아래 핵 공격을 받은 상황이라면 폭발 반대방향으로 엎드리되 눈과 귀를 모두 막고 입을 벌려 폭발 시 발생하는 폭풍과 소리로부터 눈과 귀를 보호하며, 몸도 지표면으로부터 이격해야 한다는 것을 알고 있어야 한다. 인근에 배수로, 동굴, 웅덩이 등이 있으면 즉시 그곳으로 피하면 피해를 줄일 수 있다는 것도 알아야 한다. 둘째, 미사일 경보가 발령된 상황이라면 인근의 지하 대피시설로 대피한다는 것을 알아야 한다. 대피시설이 인근에 없다면 대피처로 이용 가능한 곳, 예컨대 웅덩이나 동굴 및 도랑 등 피해를 줄일 수 있는 유용한 곳으로 대피해야 한다. 핵폭발 시 열 복사선은 물론 폭풍으로 인해 건물 등의 파괴된 물체가 비산하면서 피해를 줄 수 있는 만큼 대피한 뒤 잠시 동안 그대로 있어야 한다는 것도 알아야 한다.

가정에는 행정안전부에서 발행한 핵폭발 시 국민행동요령 팸플릿을 준비해놓는다면 작은 도움이 될 것이다. 개인 휴대폰에는 행정안전부의 국민행동요령 앱(Application)을 설치해놓는 것도 좋을 것이다. 개인

방호를 위해서는 이러한 사항을 준비하고 숙지해야 한다.

다음은 개인이 준비할 사항이다. 이는 전시 핵 공격에 대비해 평시에 필요한 물자를 준비해놓음으로써 생존성을 보장하기 위한 것이다. 그렇다면, 어떤 물자를 준비해놓을 것인가? 이는 생활필수품과 의약품, 화생방전에 대비한 물자와 약품, 그 외에 핵 공격을 받을 시 주거지가 파괴되는 등에 대비해 가옥과 토지 및 금융 관련 서류 등을 포함

〈표 5-16〉 비상시 대비 준비물

품목	용도	비고
비상식량	• (가급적) 조리와 보관이 용이한 식량: 라면, 통조림, 건빵류 • 조미료류(소금, 설탕 등)	• 가족 기준 2주 일분
취사도구	• 식기, 코펠, 숟가락, 병따개 등 • 버너와 부탄가스, 식수 보관용 통, 음용수(사전비치)	
침구 및 의복류	• (계절 감안) 의류 및 침구(담요, 이불 등), 양말, 활동복 • (여름) 모기장과 모기약, (겨울) 침낭	
라디오	• 배터리용 라디오, 여분의 배터리	
비상약품	• 의약품: 소독제, 해열진통제, 소화제, 화상연고, 지혈제, 소염제 등 • 의약외품: 핀셋, 가위, 붕대, 탈지면, 반창고, 삼각건 등	
등화 대책	휴대용 플래시와 여분의 배터리, 양초 등	
화생방전 대비	• 방독면(또는 수건 및 마스크), 보호 옷(또는 비닐 옷, 우의) • 방독장화 및 장갑(또는 고무장화 및 장갑) • 약품: 해독제, 피부제독제(또는 비누, 합성세제) • 그 외 접착테이프(창틀, 문틀 밀폐용)	
기타	• 신분증 사본(주민등록증, 운전면허증, 기술자격 등) • 계약서 사본(보험증서, 매매 및 전세서류 등) • 가족관계 기록(주민등록등본) • 기타 서류: 금융서류, 가옥 및 토지 등의 서류 ※ 현금은 별도로 준비/휴대 • 배설물 보관비닐과 응고제, 화장지 등	

한 생존배낭을 준비해놓으면 그만큼 생존 가능성과, 재산 피해가 발생할지라도 차후 대비 가능성이 높아질 것이다. 〈표 5-16〉은 전시 화생전을 포함한 핵 공격 등의 상황이 발생할 시에 필요한 물자의 목록을 제시한 것이다.

이와는 별도로 아파트 같은 집단거주 지역에는 방사능 오염 시에 측정기구로 사용할 수 있는 일반 상용 방사능 측정기와 방사능에 오염됐을 시 이를 제거하는 데 사용할 수 있는 제독물질(예를 들면 비누나 합성세제 등)을 준비해놓는다면 실제적 대응능력을 강화하는 데 도움을 줄 수 있을 것이다.

2. 공습경보 시 행동요령

다음은 핵 공격을 받을 시 생존을 위해 알고 행동해야 할 사항이다. 우리가 평시에 극장에서 영화를 보거나 레스토랑에서 가족이 식사를 할 때, 또는 백화점에서 쇼핑을 하는 동안 북한 정권이든 누구든 핵 공격을 하지는 않을 것이다. 핵은 아무 때나 사용하는 무기가 아닌 전시에 사용하는 대량살상무기이며, 핵을 사용할 시는 누구든지 핵 보복을 받아 정권의 존립을 걱정해야 할 정도로 위중한 상황을 염두에 두어야 하기 때문이다.

그런 만큼 평시처럼 일반적으로 극장에서 영화를 보다가, 레스토랑에서 식사를 하다가, 백화점에서 쇼핑을 하다가 핵 공격을 받을 가능성은 상대적으로 낮다. 대신에 전시에도 학교와 직장에는 가야 하고 일상적인 생활도 해야 하는 만큼 이 시간 동안 짧은 시간의 경고 아래 핵이나 화생무기를 탑재한 미사일이나 고폭탄 미사일 공격을 받을 가능성이 농후하다.

먼저 공습경보 시 행동이다. 군이 적시에 북한군 미사일 발사기지 등의 동향과 발사 준비 여부를 탐지한다면 그곳을 공군기의 폭격이나 미사일 등을 이용해 타격할 것이다. 핵 등을 탑재한 미사일을 발사할 경우는 당연히 궤적을 탐지해 요격할 것이다. 미사일 탐지와 동시에 군에서는 공습경보를 발령할 것이며, 전국의 도처에 있는 거리와 부락 등의 사이렌과 중앙 및 지방의 TV와 라디오 등의 방송망을 통해서 모든 국민에게 즉시 전파될 것이다. 북한이 핵을 탑재한 미사일을 발사하면 한반도의 어느 도시에 도착할 시간은 짧게는 불과 3~5분, 길어도 10분을 넘지 않을 것이다. 이 시간은 개인의 생명을 좌우할 천금 같은 시간이 될 것인 만큼 좌고우면하지 말고 가장 가까이 있는 지하 대피시설 또는 아파트의 지하주차장 등으로 대피해야 한다.

이러한 상황을 상정해 평시 나의 동선, 즉 학교나 직장으로 가는 길에 어디에 지하철 대피소가 있는지, 어디에 공공대피시설이 있는지 등을 잘 살펴 그 위치를 숙지하는 것이 좋겠다. 정부에서는 북한군의 포격이나 미사일 공격 등에 대비해 전국의 2만여 곳 이상에 대피소를 지정하고 있으며, 여기에는 지하철역이나 지하주차장, 대형건물의 지하실 등을 대피시설로 지정해놓고 있다. 이곳에는 민방위 대피시설이라는 표지가 부착되어 있는 만큼 어디에 이러한 표지가 있는지 평상시 주의를 기울여 위치를 확인해야겠다.

다음의 몇 가지 상황을 들어 미사일 공습경보가 발령될 시 대피요령을 알아보고자 한다. 대피를 위한 가용한 시간은 짧으면 3분 이내, 길어야 10분이 넘지 않을 것이라는 전제 아래 다음의 방법을 제시한다.

야간이나 공휴일 등으로 자가 또는 아파트에 있을 때, 또는 아침

출근 준비 중일 때 공습경보가 울릴 경우는 생존에 필요한 준비물을 휴대한 채 최단시간에 지하시설로 대피해야 하겠다. 개인 주택에도 창고와 같은 지하시설 또는 동굴이 있으면 그곳으로 대피해야 한다(개인주택을 신축할 시는 지하시설을 만들고, 기존의 주택에 창고로 사용하는 지하실이 있다면 핵 공격을 받을 시에 대비해 대피시설로 사용토록 준비해놓는 것이 좋다). 만약 지하시설이 없어서 대피할 곳이 없거나 시간적 여유가 없다면 그나마 유리창이 없는 방 또는 화장실 같은 곳으로 피하는 것이 좋다. 핵폭발 시 열은 물론 폭풍으로 유리창이 파손되면서 이로 인한 피해가 우려되기 때문이다. 히로시마에서는 핵폭발 시 발생한 폭풍에 의해 가옥이나 건물 등의 유리창이 수백~수천 개의 작은 조각으로 파손되어 총알이 발사되는 속도로 비산하면서 심각한 부상을 입은 환자들이 다수 발생한 바 있다.

직장으로 출근 중 도로상으로 이동하거나 또는 지하철을 기다리거나, 지하철로 이동 중인 상황이라면 어떻게 해야 할 것인가? 이런 상황이라면 당연히 지하 대피시설로 대피하는 것이 우선이다. 지하철의 경우는 가장 가까운 곳의 지하철역에서 이동을 멈추고 탑승한 시민들은 하차시켜 지하 공간에 대피해야 할 것이다.

자동차를 운전하거나 버스 등을 타고 가던 도중에 미사일 공습을 알리는 사이렌 소리를 들었으면 어떻게 해야 할까? 그것도 시내에서 자동차를 운전할 때와 자동차 전용도로나 고속도로에서 운행할 때는 차이가 있을 것이다. 자동차나 버스는 핵폭발 시 발생하는 열로 인한 피해는 물론 폭풍으로 인해 공중으로 날리면서 피해가 발생할 수 있다. 그런 만큼 운전자는 시동을 멈추고 자동차 열쇠를 차에 꽂아 놓은 채 하차해 최단 시간에 주변의 대피시설 또는 가용한 공간 등으로 대피해야 할 것이다. 버스를 운전하는 기사는 이러한 상황이 발생할 경우, 노선별 어느 지역에 어떤 대피공간이 있는지 알고 있다가 승객을 대피토록 필요한 조치를 하는 방안도 있을 것이다.

많은 학생이 등교하는 시간 또는 등교한 상황, 또는 운동장에서 체육활동 중 미사일 공습경보가 발령됐다면 어떻게 할 것인가? 학교에 지하시설이 있다면 지하로 대피할 수 있겠으나 그런 시설을 갖추고 있는 학교는 많지 않다. 그런 만큼 학교에서는 가까운 아파트라든가 국가기관 또는 상업시설 등 지하 대피시설이 있는 곳을 긴급 시 학생들의 대피시설로 사용할 수 있도록 해당 아파트, 국가기관, 상업시설 등과 미리 협조할 필요가 있고, 이는 교육청 차원에서 해야 할 일로 생각된다.

다만, 이러한 조치도 공습경보 발령 이후 대피를 위한 시간이 충분치 않은 상황이 될 수 있음을 염두에 두어야 한다. 만약에 대피를 하던 도중에 핵폭발 상황이 발생한다면 신체가 그대로 노출되지 않도록 해야 한다. 다시 말하면 운동장 같은 곳에서 이동하는 동안 핵무기가 폭발할 경우, 열과 폭풍 및 방사선에 의한 피해를 그대로 입을 가능성이 큰 만큼 이때는 건물 내부에 있는 가급적 하층의 공간을 활용한다. 건물의 벽면을 활용해 몸을 낮게 낮추어 숨기거나 의자 밑으로 몸을 숨겨서 피해를 줄이는 방안도 생각해보아야 한다. 앞으로 신축하는 학교는 지하 대피시설 설치를 의무적으로 하도록 법령화하는 방안도 검토되어야 한다.

만약 농촌의 일터에서 영농작업을 하다가 사이렌 소리를 들었으나 인근에 대피할 만한 지하시설도 없고 다른 곳으로 이동할 시간적 여유가 없다면 어떻게 할 것인가? 농수로가 있으면 농수로로, 도랑이 있으면 도랑으로, 주변에 언덕이 있으면 이를 방호물로 삼아 피할 수 있어야 한다. 그것도 없으면 최후의 개인 방호수단으로 삽 같은 농기구를 이용해 조금이라도 웅덩이를 파고 웅덩이 속으로 피하면서 파낸 흙으로 신체의 일부를 덮는다거나 옷을 입은 채로 진흙 속에 굴러서 피부와 옷을 진흙에 적시면 열 복사선에 의한 피해를 조금이나마 줄일 수 있다. 다만, 이것도 핵무기가 폭발한 지역으로부터 어느 정도 떨어져 있을 때 효과를 볼 수 있을 것이다.

이도 저도 아무것도 없는 허허벌판에 있을 때 미사일 공습경보가 발령됐다면 또 이때는 어떻게 해야 할 것인가? 신체를 낮게 눕힐 수 있는 웅덩이 같은 곳이 있다면 그곳으로 피하고 작은 언덕이 있다면 언덕을 방호물 삼아 피해야 한다. 이때 머리는 원폭 폭발 반대방향으로 한다.

사무실에서 업무를 보던 중 공습경보가 발령됐다면 어떻게 해야 할 것인가? 당연히 지하주차장이든 상가의 지하시설이든 대피할 만한 지하의 공간시설이 있다면 그곳으로 대피해야 한다. 이렇게 할 수 있도록 모든 기관에서는 대피해야 할 인원과 지하공간의 면적을 판단해 시설을 활용할 수 있도록 계획을 수립해놓고 있을 것이다. 그러나 자체 건물은 물론 인근에도 곧바로 대피할 지하공간이나 시설이 없다면 이때는 어떻게 해야 할 것인가?

이때는 콘크리트로 둘러싸인 밀폐되는 공간을 이용하거나 아니면 가급적 낮은 층에서 핵폭발 시 발생할 열이나 폭풍, 방사선 피해를 최소화할 수 있도록 콘크리트 벽면이 있는 곳에서 인체를 낮게 해 대피해야 할 것이다. 이때 사무실에 생존배낭 같은 것이 준비되어 있다면 이를 휴대해 대피해야 한다. 특히 방송청취용 라디오가 필요하다. 만약 전자기기가 있을 경우는 전원을 완전 차단하고, 안테나 등을 제거할 수 있다면 제거하며, 컴퓨터에 저장된 자료는 사전에 백업을 해놓는 등의 대비도 필요하다.

지상의 노출된 상가 또는 마트 등에서 상품을 판매하던 중 공습경보가 울리면 이때는 어떻게 해야 할 것인가? 대형마트나 백화점 같은 곳에서 영업 중 사이렌이 울리면? 지하상가에서 영업 중 사이렌 공습경보가 발령되면 또 어떻게 할 것인가? 물건을 정리한 뒤 대피한다고 시간을 사용할 수 없는 만큼 개인이 반드시 휴대해야 할 물건과 생존 휴대낭이 준비되어 있다면 이를 휴대한 채 지정된 대피시설 또는 장소로 대피해야 하겠다. 현장에서 일하고 있는 종사원은 영업장 내에 있는 사람들이 혼란을 일으키지 않도록 대피장소로 안내해야 하겠다. 대피시설이 별도로 지정되어 있지 않다면 주변 또는 자가 건물 가운데 콘크리트로 건축된 시설이 있다면 이곳으로 대피하는 방법도 가능할 것이다. 대형마트나 백화점은 당연히 지하시설이 있는 만큼 이를 대피시설로 활용할 계획이 있을 것이다. (마트나 백화점의 주차장 등 지하공간도 전시에는 대피시설로 사용할 수 있도록 지정하는 방안도 검토되어야 한다.) 다만, 대피해야 할 사람은 많은 반면 공간이 협소하거나 또는 시간이 과도히 소요되는 등의 문제점이 발생될 수 있다.

많은 환자들이 진료를 받거나 입원해 있는 병원에서 공습경보가 발령됐을 경우, 어떻게 대응해야 할까? 병원에 지하시설이 있다면, 그리고 시간적 여유가 된다면 가급적 많은 사람들이 대피할 수 있도록 통제해야겠지만, 공습경보가 발령된 상황에서 그렇게 하기에는 시간상의 제한이나 안내 인력이 가용하지 못할 가능성이 크다.

이러한 상황을 염두에 두면서 건물 층별로 몇 곳에 대피공간을 지정하고 핵폭발 시 생존할 수 있는 조치를 해놓을 필요가 있을 것이다. 핵폭발 시 지하로 대피할수록 안전하지만 그렇지 못한 경우에는 지상의 준비된 공간에 대피해도 폭발지역으로부터 이격된 거리에 따라서는 어느 정도 안전을 보장할 수 있다.

공장에서 작업 중이라면 어떻게 해야 할 것인가? 당연히 공장에 지하 대피시설이 있다면 그곳으로 대피하면 될 것이다. 다만, 대피에 앞서 가동 중에 있는 생산라인이 있다면 어떻게 라인의 가동을 중지하고 신속히 대피할 수 있을 것인지 평시에 가동 중지 우선순위를 판단한 뒤 책임자를 지정하는 등으로 방법을 강구하고 있어야 할 것이다. 예를 들면, 생산라인 전체를 중단시키기 위해 전체의 전원스위치를 통제하는 방안을 강구하든가 중요 라인만 전원스위치를 내리는 방안, 아니면 자체적으로 위임해 전원스위치를 내리는 방안 등 여러 방안이 있을 수 있다는 것이다. 회사에서는 생존용 물자와 장비를 준비해놓을 필요가 있다. 회사의 경영자들은 이러한 상황을 염두에 둔 비상시의 공장 가동 정지계획이 필요할 것이다.

건물공사를 하던 중 사이렌 소리를 들었다면 당연히 최단시간에 건물구조 틀에서 내려와야 한다. 피폭 시 발생할 열로 인한 화상이나 폭풍에 의한 인체의 날림, 방사선 등에 의한 피폭 증상이 그대로 인체에 전달될 수 있기 때문이다. 이후 건물공사를 하기 위해 굴토가 된 곳이 있다거나 임시로 대피할 수 있는 곳이 있다면 그곳으로 대피해야 할 것이다. 핵폭발 당시 열에 의한 피해와 동시에 공사 중에 있었던 건물 구조물이 폭풍에 의해 붕괴되거나 파괴되면서 그 비산물들이 흉기가 될 수 있음을 알아야 한다.

미사일 공습경보 발령 당시 국민들은 수많은 활동을 할 것이다. 앞에서 몇 가지 사례를 제시했지만, 그 모든 활동에 대해 대피요령을 언급할 수 없다. 여기 제시한 상황도 당시의 상황을 염두에 두면서 융통성 있게 적응할 필요가 있을 것이다. 일정한 방호능력을 갖춘 지하 대피시설로 대피할 수만 있다면 이는 가장 안전한 방법인 만큼 대피시설로 대피할 수 있도록 해야겠다. 그 외에도 다소 효과는 떨어지겠지만 여러 방법이 있는 만큼 이러한 방법도 숙지해야 한다. 그런 만큼 각각의 상황에 적합하고 적절한 대응조치를 취해야 할 것이다.

3. 핵폭발 시 행동

다음은 핵폭발 시의 개인행동이다. 핵폭발 시 개인이 생존을 위해 대피하는 데 가용한 시간은 불과 수 초에 불과할 것이라는 전제 아래 다음의 방법을 제시한다. 핵폭발 시 인체의 피해는 대부분 열 복사선에 의한 화상과 폭풍에 의한 부상 및 방사선에 의한 피폭으로 발생한다. 열 복사선과 방사선은 빛의 속도로 확산되면서 피해를 준다. 폭풍은 건물을 붕괴 또는 파괴하면서 그 파편에 의한 피해가 발생한다.

이러한 화상과 부상, 방사선 피폭은 핵폭발 이후 불과 1분 이내에 대부분 발생한다. 그런 만큼 핵폭발 당시로부터 1분 이내의 행동은 개인의 생명을 좌우한다. 핵폭발 이후에는 약 10분이 지나면 낙진이 떨어지면서 또 다른 피해가 발생한다. 따라서 모든 국민은 생존을 위해 핵폭발 시 화상과 부상, 방사선 피폭과 낙진으로부터 안전대책을 강구해야 한다.

먼저 자가 또는 아파트 등의 지하 대피시설에 피해 있는 상황이라면 그곳에 머무르면서 정부의 안내방송을 듣고 지시를 따라야 한다. 건물 밖에 있다면 최대한 빠른 시간에 지하 또는 밀폐된 곳으로 대피한다. 낙진의 유무 및 강도에 따라 오랜 기간 대피시설 내에 머무를 수 있는 만큼 적어도 2주 동안 생존에 필요한 물자를 준비해 두는 것이 좋다. 만약 자가 또는 아파트 등의 지하 대피시설을 떠나 안전지역으로 이동해야 할 상황이라면 정부의 방송을 듣고 언제 이동하는 것이 좋을지 이동할 시간을 판단하고 이동로의 상태를 확인하며, 이동 시 대비 개인방호를 위한 준비를 갖춘 상황에서 이동해야 한다. 여기에는 방독면 착용이나 방호복 준비 등이 포함되며, 차량을 사용할 수 있는 여건이 된다면 최대한 밀폐해 낙진이 차량 내로 들어오지 않도록 한다. 낙진 위협이 사라진 상태에서 가까운 거리로의 이동이라면 도보로 이동하는 방법도 가능할 것이다.

자동차 운전 중 비교적 원거리에서 피폭됐다면 내부로 공기가 들어갈 수 있는 환기구를 최대한 폐쇄하고 빠른 시간에 안전지역으로 이동해야 한다. 도로가 장애물로 뒤덮여 운전이 더 이상 곤란하다면 낙진 등으로부터 개인방호 조치를 최대한 한 뒤에 핵폭발 지역으로부터 수직방향으로 신속히 이탈해야 할 것이다.

지하철이나 공공시설 등의 대피시설에 대피해 있다면 상황은 다르게 전개될 수 있다. 우선 낙진이 강하게 떨어지는 시간은 대피시설에 그대로 머무르면서 방송을 청취하고 정부의 지시를 따라야 하겠다. 사실, 지하철이나 많은 공공 대피시설은 대부분의 경우, 핵폭발 시 시설 내의 인원을 완전히 보호하기에는 대단히 미흡하다. 지하철의 경우 대부분 방폭문이 없으며, 있어도 핵 공격에는 대단히 취약한 상황이다. 지하철의 깊이도 역사에 따라 1호선의 경우는 평균 깊이가 9.84m에 불과하고 5호선은 평균 깊이가 22.4m에 달할 정도로 다른 만큼 대피 시 안전성에 있어 차이가 있다.[25)]

---

25) 서울시 지하철 역사의 깊이는 다음을 참조할 것(http://data.seoul.go.kr/dataList(검색일: 2016. 1. 20).

지하철이나 공공기관의 대피시설에는 수백~수천 명이 며칠이고 생존할 수 있는 비상식량과 식수 등의 물자가 준비된 곳이 거의 없다. 환기구도 낙진을 차단할 수 있는 준비는 미흡하다. 핵폭발 시 정전은 피할 수 없는 상황이 될 터인데 그렇다면 며칠이고 내부를 밝힐 준비는 되어 있는가? 지하철이나 공공 대피시설로 대피해 일단은 생존했다고 하더라도 오랜 기간 머무르기에는 여러 문제가 발생할 수밖에 없다. 그렇다고 낙진의 위험이 있는 상황에서 대피한 사람들을 제대로 된 방호 준비 없이 밖으로 나가라고 할 수도 없다. 지하 대피시설로부터 나왔다고 할지라도 이미 아파트나 가옥 등이 대부분 파괴되고 불타버린 상황에서 국민들은 갈 곳도 없고, 가족의 생존 여부도 알지 못하는 상황이 발생할 것이다. 최악의 상황이 예견되는 것이다.

그런 만큼 평시에는 핵 공격상황에서 지하철 등으로 대피한 사람들을 위해 무엇이 필요할 것인지 판단하고 점진적으로 준비해놓아야 할 것이다. 또한 실제 핵폭발 상황이 발생할 시는 지하로 대피한 사람들을 언제부터 대피시설로부터 이탈시켜 낙진으로부터 안전한 지역으로 이동시킬 것인지 판단하고 생존 및 방호대책을 강구해 수송할 것인지 등을 계획해놓고 있어야 한다.

핵폭발 당시 내가 활동하고 있는 곳으로부터 반경 10m 안에 아무런 방호물이 없어 몸을 피할 수 없는 상황이라면 어떻게 해야 할까? 이때 대피할 곳을 찾겠다고 움직일 때는 열과 방사선 피해를 그대로 받을 수 있다. 그나마 피해를 줄일 있는 방법은 그 자리에서 핵폭발 반대방향으로 머리를 돌려 두 손으로 눈과 귀는 막고 입은 벌리며, 몸은 지면과 약간 띄어서 피해를 줄이도록 하는 것이다.

아파트에 지하 대피시설이 없어서 또는 지하실로 대피하지 못한 상황에서 핵 공격을 받을 시 우선 열 복사선과 방사선으로부터 직접적인 피해를 최대한 방지할 수 있어야 한다. 그런 만큼 핵무기가 폭발한 반대방향에서 콘크리트 벽이 방호물이 될 수 있는 곳이나 또는 화장실이 밀폐된 곳으로 대피한다면 그나마 당장의 피해를 줄일 수 있을 것이다. 이곳으로 대피해 있었다고 하더라도 피폭거리에 따라 다르기는 하겠으나 짧은 시간 뒤에 폭풍으로 인해 먼저 유리창이 깨지면서 이어서 건물이 부분적으로 파괴 또는 붕괴될 가능성이 있는 만큼 이러한 상황의 변화에도 주의해야 할 것이다.

차량으로 고속도로를 통과하던 도중에 또는 고속철이나 일반철도로 이동하는 과정에서 원폭이 폭발되는 상황에 직면할 경우는 정말로 문제가 될 것이다. 고속철이나 기차가 그대로 정차할 수도 없고 그대로 운행하다 보면 열, 폭풍, 방사선에 의한 피해가 그대로 예상되기 때문이다. 만약 원거리에서 핵폭발 상황이 전파된다면, 열차를 운행하는데 전기가 그대로 들어온다면 최대한 피폭지역으로부터 멀리 떨어지도록 빠른 속도로 운행해야 할 것이다.

그러나 정전이 될 가능성이 큰 만큼 핵 피폭 당시 피폭지역에서 원거리에 있다는 전제 아래 열차 안에서 대기했다가 열 및 폭풍, 방사선 효과가 그치면 즉시 하차한 뒤 당시 바람방향을 고려해 낙진을 최대한 피할 수 있는 방향으로 신속히 이동해야 할 것이다. 고속도로에서 운전 중일 때도 핵폭발 지역으로부터 멀리 이격되는 만큼 안전해지기 때문에 최대한 빠른 속도로 이탈해야 할 것이다. (예를 들어 서울이 피폭되는 상황에서 하행선을 운행 중이었다면 수원 방향으로 빠른 속도로 이동해야 한다는 것이다. 반대로 상행선으로 운전 중이었다면 하행선으로 방향을 전환해야 한다. 그러나 현실적으로 중앙분리대가 있는 만큼 이는 어렵다. 따라서 전시에 대비해 고속도로의 구간별 중앙분리대를 고정이 아닌 가변 분리대로 전환하도록 구조를 바꾸고 전시가 되면 필요한 시기에 개방하는 방법도 필요하지 않을까?)

만약 고층아파트나 사무실 같은 곳에 있던 중 공습경보가 울렸으나 미처 지하로 대피할 시간적 여력이 없거나 또는 갑자기 미사일 경보와 동시에 핵무기 폭발상황이 발생했다면 어떻게 해야 될까? 피폭거리에 가까울수록 아파트나 사무실 모두 피해를 피할 수 없을 것이나, 이격될수록 생존의 가능성도 증가하는 만큼 그나마 건물의 안전공간이 있다면 그곳으로 피하거나 그마저도 불가능하다면 사방이 콘크리트로 둘러싸인 공간으로 피하는 것이 좋다. 아파트나 건물의 화장실이 그러한 공간이 될 수 있을 것이다. 그마저도 어렵다면 유리 파편으로 피해가 발생할 수 있는 만큼 이를 피할 수 있도록 건물의 콘크리트 벽면을 방호물 삼아 낮게 피하는 것도 나름의 방법이 될 수 있다. 지하로 대피한다고 엘리베이터를 이용하는 것은 피해야 한다. 정전이 될 경우, 엘리베이터 가동이 중단되면서 꼼짝 못 하는 상황이 발생될 염려가 있기 때문이다.

한강이나 중랑천, 탄천과 같이 주변에 강이나 냇가가 있는 곳 또는 한강공원이나 서울 숲과 같이 인근에 숲이 있는 곳을 지나가던 중 핵 공격을 받았을 경우는 어디로 몸을 피하면 그나마 피해를 줄일 수 있을까? 우선 숲으로 피할 경우는 피폭거리에 따라 다르기는 하겠지만 열로 인해 화재가 발생하면서 화상을 입을 가능성이 커진다. 물속으로 순간적으로 피한다면 열로부터 조금은 보호할 수 있지 않을까 생각은 되지만, 익사의 위험이 우려된다. 그러나 인체를 그대로 핵폭발에 노출시켜 온몸으로 화상과 부상, 방사선 피폭 등의 피해를 모두 받는 것보다는 그나마 물속으로 피한다면 열과 방사선 피폭으로부터 조금은 피해를 줄일 수 있지 않을까?

핵폭발 시 주의할 사항은 민방위 대피시설 또는 지하 대피시설 등을 찾겠다고 여기 저기 왔다 갔다 할 시간적 여유가 없다는 것이다. 몇 보 이상 이동할 경우 그대로 열은 물론 폭풍이나 방사선 피폭 등의 피해를 입을 수 있는 만큼 2~3보의 거리에 최소한의 웅덩이라도 있으면 그곳으로 대피하거나 없으면 머리를 핵폭발 반대방향을 향해 엎드리면서 눈과 귀는 양손으로 모두 막고 입을 벌리며 몸은 바닥에서 약간 띄어야 한다.

여기서 또 한 가지, 공습경보가 울려서 대피해야 할 때 개나 고양이와 같은 애완동물을 어떻게 할 것인가? 데리고 갈 것인가, 아니면 그대로 방치해놓고 갈 것인가? 개인주택의 지하 대피시설로 대피할 때에는 같이 데리고 간다고 해서 누가 뭐라고 할 사람이 없겠지만, 아파트와 같은 여러 명이 거주하는 곳이라면 사정은 달라진다. 애완동물에 거부감을 갖는 사람이 당연히 있을 것이기 때문에 대피시설로 데리고 가는 것은 지양해야 한다. 명심할 것은, 공습경보가 울렸는데 애완동물을 찾겠다고 1분 1초가 아까운 가운데 시간을 허비해서는 안 된다는 것이다.

4. 핵폭발 이후 행동

핵폭발 이후의 행동도 대단히 중요하다. 핵폭발 이후 잘못된 행동도 경우에 따라서는 생명을 잃거나 심각한 부상을 초래할 수 있다. 히로시마에서는 많은 사람들이 낙진이 떨어지는 가운데서도 피폭지역을 배회하면서 이에 오염되어 후일 목숨을 잃거나 각종 암에 걸리는 등으로 고통을 받은 적이 있다. 우리도 적절히 대응하지 못하면 유사한 사례가 발생할 수 있다.

핵폭발 시 대피시설로의 대피 여부에 따라 경미한 부상을 입거나 아무런 부상을 입지 않은 사람들도 있을 것이다. 또 아무런 외상이 없는 것 같아 보이지만 방사선에 피폭된 가운데 며칠 뒤부터 그 현상이 나타나면서 심각한 상황으로 발전될 가능성도 있는 사람들도 있을 것이다. 이런 가운데 정부는 정부대로 사망자 수습, 부상자 구호 및 구조 등의 활동을 전개할 것이다. 이와 같은 정부의 활동과는 별도로 개인도 생존을 위해 해야 할 일이 있다.

첫째, 정부의 방송을 청취하자. 대피시설에 있다면 방송을 청취하면서 그곳에서 머무르자. 정부는 낙진의 위험을 판단해 안전지역을 선정하고 언제 어떻게 대피하면 좋을지, 어느 도로를 이용해 안전지역으로 대피할 것인지, 이동할 때는 어떤 방법으로 할 것인지, 개인이 준비해야 할 사항이나 이동 간 주의해야 할 사항 등을 방송할 것이다. 이러한 사항을 청취하고 숙지한 가운데 이동 간 예상되는 여러 어려움을 판단해 준비를 갖춘 뒤 대피시설을 떠나야 할 것이다.

만약 대피시설이 충분한 공간을 갖추고 있고 물자가 준비되어 있으며, 식수를 준비하는 데도 어려움이 없어서 적어도 2주간 머무를 수 있는 여건이 된다면 그대로 머무르는 것도 좋은 방법이다. 그 시점에는 이미 낙진의 위험이 현저히 감소된 상황이 될 것이기 때문이다. 그러나 지하철 등에서 대규모 인원이 오랜 기간 머무르기에는 준비가 미흡하기 때문에 핵 피폭 이후 이른 시간에 대피시설을 떠날 수밖에 없는 상황이 될 것이니만큼 정부의 방송내용을 잘 듣고 행동을 해야 하겠다.

둘째, 개인방호 조치를 하자. 핵폭발 이후에는 낙진이 한동안 떨어진다. 낙진은 핵폭발 방식과 피폭거리와 핵무기 위력 및 풍향 등 여러 조건에 따라 강도와 지속시간에 차이가 있다. 인체가 낙진을 흡수

시는 피폭량에 따라 사망하거나 후일 여러 질병에 걸릴 가능성이 커진다. 그런 만큼 방독면, 보호의, 우의 등 가용한 모든 수단을 이용해 개인 방호조치를 하고 여건이 된다면 안전한 지역으로 단시간에 이동을 해야 한다. 안전지역으로 이동했으면 샤워를 하고 새 피복으로 갈아입자. 안전지역에는 정부나 군의 지원으로 샤워시설을 설치해 낙진 제거를 시작할 것이다. 반드시 여기에서 샤워를 해서 낙진을 제거하고 피복을 새로 갈아입는 등의 조치를 해야 한다. 낙진에 오염된 피복을 그대로 착용하면 인체에 흡수될 가능성이 커지기 때문이다. 그 시간쯤 되면 정부에서 나서서 피복을 새것으로 교체해 주는 활동도 할 것이다.

여기서 인체의 낙진 제거는 중요한 일로, 먼저 상처부위가 있다면 우선적으로 상처부터 씻고 다음은 귀나 입, 코와 같은 곳을 거쳐 그 외에의 신체부위를 씻는다. 특히 상처부위는 가능하다면 생리식염수를 사용해 닦고 방사선 선량을 측정하며, 눈은 다량의 식염수로 닦아내야 한다. 그 외에 신체부위는 미지근한 물로 비누를 사용해 닦아낸다.

만약 인체가 방사능에 노출됐을 시 먹는 약으로는 요오드화칼륨(KI) 정제가 있다. 이 정제는 방사선방호약품, 갑상선방호약품 등으로 불린다. 핵폭발 시 핵분열성 물질로 가장 많은 것은 요오드(I)-132이다. 이것이 인체에 흡수될 경우 갑상선에 축적되어 질병을 야기한다. 이때에 대비해 요오드화칼륨 정제를 섭취하면 방사선 동위원소는 소변과 함께 배출된다. 이 약품은 방사선에 피폭된 후 1시간 이내에 투여할 시 가장 효과적이며, 6시간까지는 어느 정도 효과를 볼 수 있다. 여유가 된다면 요오드화칼륨을 비상시 대비 물자에 포함해 준비해놓는 것도 좋을 것이다.

지하시설에 대피해 있는 동안 위생문제, 특히 배변으로 인한 문제가 야기될 것이다. 따라서 별도 공간이 있으면 화장실로 사용할 수 있도록 준비하고, 없다면 비닐봉지나 응고제 등을 준비해놓는다면 위생에 도움을 줄 것이다.

그 외에도 차량 등의 장비나 건물 등에 쌓여 있을 낙진의 제거도 중요한 일이다. 차량의 경우는 소방차나 소방호스가 가용하면 세제를 사용해 닦아내고, 건물 같은 경우는 건물에 붙어 있을 낙진을 물을 분사해 닦아내는 방법으로 할 수 있을 것이다. 이때 보호의 등을 착용해야 한다.

핵폭발 이후 사람이나 동물의 사체, 식품매장에 보관하고 있었던 육류 등은 시간이 경과되면서 부패하고, 이는 여러 전염성 질환을 야기하는 원인을 제공할 것이다. 정부는 이를 염려해 방역활동을 하겠지만, 국민개개인도 함부로 부패된 육류나 식품을 먹는 등은 금해야 한다. 이러한 상황도 정부에서 방송을 통해 경고할 것으로 판단되는 만큼 이에 주의를 기울이자.

셋째, 필요시 검진과 치료를 받자. 핵폭발 지역에 있었을 때는 화상, 부상, 방사선 피폭 등을 당했을 가능성이 크다. 화상이나 부상과 같이 외상이 있으면 당연히 치료를 받겠지만, 방사선 피폭이나 낙진이 인체에 흡수됐을 시는 외상이 없더라도 당장은 그 현상이 나타나지 않을 수도 있는 만큼 검진을 받고 필요한 조치를 받도록 하자. 피폭 이후 탈모나 구토 등 신체 이상이 나타날 시는 즉시 진료가 필요하다.

넷째, 음식물 취식과 식수 취수에 주의를 기울이자. 핵폭발 시 발생한 여러 요인에 의해 음식물과 식수는 오염되어 있을 가능성이 큰 만큼 함부로 먹거나 마셔서는 안 된다. 먼저 피폭지역에 있었던 음식물은 일단은 오염된 음식으로 판단해 먹지 말자. 통조림과 같이 완전히 밀폐되어 있었던 음식은 외부가 낙진 등으로 오염되어 있을 가능성이 있는 만큼 비눗물을 이용해 씻어서 이를 제거한다. 개봉해 상태를 확인 후 색깔이 변화됐거나 부패되어 냄새가 나는지 확인해 변질되지 않았다고 판단될 경우는 먹을 수 있을 것이다. 비닐봉지에 밀봉돼 있는 과자류 등을 포함한 음식도 먼저 비눗물로 닦아낸 뒤 변색이나 부패 등을 확인한 뒤 이상이 없을 시 먹을 수 있을 것이다.

수돗물은 낙진에 의해 오염됐을 가능성이나 수인성 질환을 야기할 수 있는 만큼 음용수로 사용해서는 안 되겠다. 웅덩이에 고여 있는 물이나 물탱크 같은 곳에 보관되어 있는 물도 마셔서는 안 된다. 페트병에 완전 밀봉 상태인 물은 마시거나 음식을 만드는 데 사용 가능할 것이다. 각종 채소류나 과일류 역시 그대로 야외나 매대 등에 노출됐던 상황에 있었다면 열 피해는 물론 낙진에 의해 오염됐을 가능성이 크기 때문에 함부로 먹어서는 안 된다. 어류와 육류도 마찬가지이다. 야외에 방치되어 있는 소나 돼지와 닭 등은 방사선이나 낙진에 피폭되어 있을 가능성이 크기 때문에 함부로 잡아먹는 것도 위험을 초래할 수 있다.

핵폭발 이후 시간이 지나면 식량이나 식수의 부족으로 여기 저기 방치돼 있을 음식물을 보면서 먹고 싶은 욕망을 느끼기 쉬운 상황이 될 것이나 이는 위험을 초래할 수 있다. 정부에서 방송하는 내용을 잘 듣고 행동하는 것이 개인의 생존을 향상시키는 데 도움을 준다는 것을 명심해야 한다.

핵폭발 이후 반드시 관심을 갖고 대처해야 할 또 다른 중요한 상황은 지하철이나 공공시설 등에 대피해 있었던 학생이나 민간인 등을 어떻게 조치해야 하는가의 문제가 될 것이다. 먼저 많은 초중고교 학생들이 지하시설에 대피해 있는 상황이라면 정부는 무엇을 어떻게 해야 할 것인가를 생각해보자. 학생들이 대피해 있는 지하 대피시설은 생존에 필요한 식량과 식수 등이 준비되어 있을 가능성은 크지 않다. 학생들을 집으로 보내야 하겠으나 그렇다고 아무런 대책 없이 밖으로 내보낼 시는 낙진에 피폭될 위험이 있다. 학생들이 가야 할 아파트 등 가옥은 거의 파괴되어 있을 것이고, 그 가족들도 많은 피해를 입었을 가능성이 크다.

이러한 상황이 예상된다면, 정부는 일단 방송을 통해서 학생들을 지하 대피시설에 가능한 한 그대로 잔류하도록 지시하면서 대피시설별 인원을 파악한 뒤 당장 생존에 필요한 식량과 식수 등을 제공해야 할 것이다. 이후 정부는 여러 요건을 판단한 뒤 우선순위를 설정하고 이 순서에 따라 학생들을 낙진으로부터 개인방호조치를 강구한 가운데 정부가 설정한 안전지역으로 이동시킬 수 있도록 안전 및 수송대책을 수립하고 지원해야 할 것이다. 물론 이때 군도 지원 역할을 할 수 있다. 이는 민간인의 경우도 동일하다.

이러한 상황은 여러 곳에서 동시에 발생할 수 있는 만큼 피폭지역으로부터의 거리, 대피시설 내의 인원과 식량이나 식수, 긴급약품 등 물자 보관량과 지속 가능일수, 위험에 노출된 정도, 낙진 위협 등 제반 조건을 고려해 우선순위를 판단한 뒤 긴급한 순위부터 실행할 필요가 있겠다. 안전지역으로 이동시킨 뒤에는 가족의 생사 여부를 확인하고 가족들에게 인계하는 절차를 밟아야 할 것이다.

대형 매장이나 백화점 등의 식품매장은 대개 지하에 있다. 그런 만큼 피폭지역으로부터 일정 거리 이격되어있는 곳의 마트나 백화점의 식품매장에 있는 식품들은 대피해 있을 사람들에게는 일정 기간 생존에 도움을 줄 것이다. 마트나 백화점 등의 식품관에는 이러한 상황이 발생할 경우에 대비해 식품 오염도 또는 부패 정도를 측정할 수 있는 기구와 장비를 준비해놓고, 언제까지 취식이 가능할지 등을 판단할 수 있다면 비상대비 차원에서 바람직할 것이다.

아파트 같은 집단거주 지역에서는 여건이 된다면 평시 아파트의 지하실을 대피시설로 사용할 계획을 수립하고 내부에는 생존에 필요한 물자를 준비해놓으며, 유사시에 대비해 방사능 측정장비를 설치할 준비를 해놓는다면 생존에 많은 도움을 줄 것이다.

제6장
마치면서

제1절 결론

남북한 정상회담과 북미 정상회담과는 상관없이 우리는 김정은 정권이 정말로 핵무기를 완전히 폐기하고 이를 철저한 검증을 통해서 완전히 제거됐다는 것을 확인할 때까지 핵 위협에 철저히 대비해야 한다. 이미 북핵이 고도화 · 정밀화 · 다종화되어 있을 것으로 예상되고 지상에서는 물론 잠수함을 이용하는 등 하루하루가 다르게 실전배치가 추진되고 있었던 만큼 이에 효과적으로 대응하기 위한 방안을 갖추어 놓아야 하겠다. 이를 위해서는 행정부는 물론 군의 역할과 지원 역시 중요하고 이를 위해 상호 간 연계된 대응이 필요하다.

핵 공격을 받을 시는 히로시마와 나가사키 원폭 피폭에서 보듯이 수만~수십만여 명이 일시에 사망하거나 부상을 입고, 수십만여 명의 전재민이 발생하는 등의 최악의 상황이 발생한다. 대규모의 피해가 발생한 상황에서 국민의 생명과 재산을 보호해야 할 정부와 군의 책임은 무한하다. 정부는 정부대로 예상되는 모든 상황에서 대응하기 위한 계획을 수립해놓는 것은 물론 그 역량을 확보해야 한다. 군은 군대로 정부의 역할을 지원할 계획을 수립해야 한다.

핵과 같은 무기로 인한 대량피해 발생 시 군의 지원에 관한 규정이 없어서, 전쟁 중이라 전투임무에 매진하기 위해, 지원 역량이 없어서 등등의 이유로 정부의 역할을 지원할 수 없는 상황이 발생한다면 이는 군의 기본임무를 포기하는 것이다. 국민을 보호하는 군의 역할은 전·평시를 막론하고 같은 것이다. 북핵이 최대의 안보위협인 상황에서 여러 상황의 낙관적 또는 비관적 변화 가능성에도 불구하고 낙관적인 상황에만 기대어 대비를 소홀히 하다가 만약 어느 시기에 사용할 우려가 제기될 경우에 대비해 행정부의 역할과 군이 지원해야 할 업무, 이를 위해 상호 간 긴밀한 협조는 아무리 강조해도 지나치지 않다.

핵 위협이 완전히 제거되지 않는 한 모든 것을 군에 맡겨 놓을 수도 없다. 행정부는 행정부대로 국가비상대비업무 차원에서 정부 기능의 유지와 국민 생활의 안정 및 자원을 동원해 군사작전을 지원해야 한다. 일반적인 전시 상황이 아닌 특별히 어려운 상황에서의 국가비상대비업무를 수행해야 한다는 의미이다.

북한이 핵을 완전히 포기한다고 선언하고 국제기구의 사찰을 통해서 완전히 제거됐음을 입증하지 않는 한 유사시 핵 공격을 받은 상황을 상정하고 이에 대비해야 한다. 군과 정부기관이 연계된 연습과 지원 등을 할 수 있도록 법과 훈령 등의 규정을 제정하고 지원계획도 수립해야 한다. 아울러 필요한 연습의 실시는 물론 지원 역량을 확보하는 것은 정부 및 군이 해야 할 일이다. 정부와 군이 그렇게 할 수 있도록 문제점을 지적하고 개선방향을 제시하는 것은 전문가들이 할 몫이다. 지금까지 핵 위협이 20여 년 지속되는 동안 대비는 주로 군사적 차원에서 언급되어왔는데 이제는 군사적 대응방책의 강구는 물론, 행정 각부와 비군사 분야에서의 연계된 대응책도 강구해야 한다.

원폭 피폭으로 인한 피해는 원자력발전소 사고로 인한 피해와는 그 규모와 양상, 범위 등 모든 면에서 근본적으로 다르다. 핵 위협이 목전에 다가왔는데 우리나라는 현재 원자력발전소 사고 시에 대비하기 위한 법령만 있다. 전시에 대규모로 발생할 수 있는 원폭공격에 대비해 전시 대기법으로서 행정 각부와 자치단체의 역할, 군의 역할 등을 포함하는 법령을 제정하고 이를 기초로 모든 부처가 해야 할 일과 타 부처와 협조할 일을 반영하는 계획을 작성해놓아야 할 것이다.

핵 공격을 받을 경우 그 피해의 대규모 및 광범위를 고려할 시 피해를 최소화하기 위해서는 행정부와 자치단체는 물론 군, 국민 모두가 나서야 하는 총력적인 대응이 필요한 만큼 그에 걸맞는 범정부적인 대응조치가 수반되어야 하겠다. 북핵 위협이 완전히 사라지지 않는 한 관심을 갖고 해야 할 일 몇 가지만 제시한다.

제2절 제안

1) 컨트롤 타워 역할 강화

평시 청와대(국가안보실)가 컨트롤 타워가 되어 핵 공격을 받을 시 발생 가능한 상황을 염두에 두면서 지침의 작성 등 전반적인 업무를 지시 및 감독하고, 행정안전부(비상대비정책관실)는 행정 각부의 업무를 총괄한다. 국가안보실은 컨트롤 타워로서 전쟁지도 및 수행과 관련된 정부의 지침에 핵 피폭 시 대비 군과 행정 각부의 역할 등을 포함해야 할 것이다. 국가비상대비계획에는 핵 피폭 대비 행정 각부와 군의 역할 및 상호 간 지원할 사항이나 협조할 사항을 포함한다. 육군 및 해군, 공군의 전시 지원계획에 행정부 요청 시 군이 지원할 사항을 포함해 작성해야 하겠다.

핵 공격 경보전파 시는 국가안보실-국방부-행정안전부 등의 긴밀한 협조체제를 구축하며, 경보전파 및 피폭 시 대응체제를 강구한다. 핵 공격 가능성이 예상될 시 사전에 충분한 대피시간의 제공을 위해 민방위경보를 발령한다. 북한이 미사일을 발사하거나 폭격기가 출격 시 이들에 대한 요격과는 별도로 최대한 빠른 시간에 공습경보를 발령해 주민들이 대피할 수 있도록 한다. 민방위경보 전파를 방송과 휴대폰 등 모든 시스템을 망라해 할 수 있도록 시스템을 개발할 필요가 있을 것이다.

핵 공격을 받은 이후 행정안전부 비상대비정책관실은 (가칭) 중앙핵피폭대응본부와 관련 행정부에 대응본부를 설치토록 하고 군의 지원을 검토한다. 군에서는 작전활동과 피폭지역 및 피해 상황 등을 고려해 지원활동에 필요한 (가칭) 핵피폭지원사령부를 편성, 지휘체계를 구성해 지원활동에 신속히 투입한다. 예비군 및 민방위대 투입 시 행정부처와 협조해 이를 운용한다. 국방부 및 육군본부에는 군 지원활동을 위한 부대를 편성 및 운용하며, 군과 행정기관 상호 간 연락관을 파견해 업무를 협조한다. 피폭지역 투입 이후 방사선 등의 위험과 안전을 고려해 작업시간을 제한한다. 이러한 사항들이 가능하도록 컨트롤 타워의 역할을 강화하자.

2) (가칭) 핵 공격 시 피해복구 지원을 위한 법령(안) 준비

핵 공격을 받을 시는 광범위한 지역에서 대규모의 피해가 발생하는 만큼 신속한 조치를 통해 인명 피해의 최소화와 더불어 피해 복구를 해야 한다. 이러한 조치를 할 수 있도록 전시 대기법으로서 '(가칭) 핵 공격 시 피해복구 지원을 위한 법령(안)'을 제정하고 있다가 실제적인 상황이 발생한다면 즉시 효력을 발휘토록 할 필요가 있을 것이다.

3) 핵 공격 대비 '플랜 B' 준비

정부와 군은 전시 핵 공격에 대비해 군 차원의 작전계획은 물론 정부 차원의 비상대비계획도 수립해놓도록 하자. 이는 핵 문제가 향후 어떻게 진전될지 알 수 없는 상황에 대비하기 위한 것이다. 또한 중앙정부로부터 시 · 도 및 시 · 군 · 구에 이르기까지 비용이 다소 소요될지라도 완전한 핵 방호 및 대피시설을 점진적으로 준비할 수 있도록 마스터플랜을 수립하고 실행하자.

4) 국가비상대비계획상 핵 관련 조치부호 설정

북한의 도발로 국가비상사태가 발생하고 악화되면 정부는 일련의 절차를 거쳐 상황에 따라 국가비상사태를 등급별로 선포한다. 북한의 도발이 발생해 악화될 경우, 등급에 따라 사태별 조치부호에 부응해 북핵 관련 조치사항을 포함할 필요가 있다. 예를 들면, 3종 사태가 발생할 경우, 북핵 관련 중앙 및 자치단체별로 대피시설을 점검하고 2종 사태가 발생하면 병원이나 약품 등의 보유량을 확인 및 부족 시 동원할 준비를 하며 1종 사태 시는 중앙정부 및 광역자체단체에 핵 피폭 시에 대비해 (가칭) 핵피폭대응본부를 설치 및 운용할 준비를 한다. 이후 전쟁이 발발해 핵 공격을 받은 상황이 발생하면 즉시 (가칭) 핵피폭대응본부를 확대 편성해 임무를 수행할 수 있도록 한다.

이러한 사항을 작성하기 전에 관련 부처가 모두 모여 합동토의를 통해 대응 방향을 설정하는 등의 대응방안도 강구할 필요가 있다. 미국은 국가안전보장회의와 관련 부처인 국방부, 환경부, 노동부, 보건부, 국토안보부, 교통부 등이 모여 핵 위협 및 방사선 등에 대한 준비 및 대응지침을 작성해놓고 있다. 우리도 이러한 사항들을 논의를 거처 비상대비계획에 반영하고, 실제 상황 발생 시 (가칭) 핵피폭대응본부의 통제 아래 임무를 수행할 수 있을 것이다.

5) 국가비상대비계획의 지침과 시행계획 작성

핵 공격을 받은 상황이 되면 이는 비상대비업무의 시행을 저해할 최대 중요사항으로 등장할 것이다. 이런 상황에서 국방부와 행정부 간의 긴밀한 협조는 대단히 중요하며, 따라서 지침과 협조 사항 등을 포함하는 계획이 필요하다. 이를 근거로 행정 각부가 계획을 작성해야 할 것이다. 여기에는 핵 공격 시 지원 및 피지원 사항을 포함하고 군에서는 부대 운영을 위한 방침, 핵 공격을 받을 시 투입절차와 투입에 대비한 부대 훈련, 방호수준 등을 포함하자.

6) 핵 공격대비 동원능력 점검

핵 공격 시 발생할 피해는 여러 여건에 의해 좌우될 것이지만, 수많은 사망자 및 부상자 피해 발생은 불가피하다. 그 피해도 평시에는 좀처럼 볼 수 없는 화상이나 방사선 피폭환자들이다. 그런 만큼 화상이나 방사선 피폭과 같은 환자들을 위한 전문 치료인력과 약품, 시설과 장비를 필요로 한다. 현재 국내에는 화상환자 치료를 위해 전문병원 다섯 곳과 지역별로 일부 방사선 전문병원이 있는 것으로 알려지고 있다. 이 몇 개소의 병원만으로 동시에 대규모로 발생할 환자들을 치료할 수 없을 것이다. 화상치료제의 경우도 마찬가지이다. 그렇다고 평시부터 많은 인력과 시설 및 장비, 약품을 유지하기에는 어려움이 많이 따를 수밖에 없다. 따라서 핵 피폭 시는 전문 치료인력이나 약품과 병원 등을 동원에 의존할 수밖에 없는 환경이 될 것이다. 그런 만큼 지역별 전문인력과 병원과 약품 등을 확인하고 공격을 받을 시는 중앙정부 차원에서 즉시 동원토록 계획을 수립해놓아야 할 것이다.

7) 핵 관련 정부와 군의 협의체 편성 및 운용 검토

핵무기가 한반도 안보의 최대 위협요인으로 대두되면서 이로부터 국민들의 안전을 위해 군사 및 비군사 분야가 연계된 대응이 필요하게 됐다. 핵 공격을 받을 시 피해 발생 최소화 및 신속한 복구 여건 조성 등을 위해 행정안전부 비상대비정책관실의 인원과 조직을 확대해 국방부 및 합참의 조직과 업무 협조 시스템을 갖추자. 이와 병행해 비상대비업무의 영역과 범위를 고려해 현재의 비상대비정책관실은 차관(차관보)급으로 확대하고, 대량살상무기를 전담할 국 단위의 조직을 편성해 전문 인력을 배치하는 등으로 비상대비업무 능력을 강화하는 방안도 검토가 필요하겠다. 여기서는 북핵 관련 군과 행정부 간의 업무 협조 및 계획을 발전시키고 각종 지침과 계획을 발전시키며 을지태극연습 등의 업무를 협조할 수 있을 것이다. 아울러 행정부 각종 계획 발전에 대한 지원과 자문도 할 수 있을 것이다.

8) (가칭) 핵피폭지원사령부 편성 및 운용 검토

핵 공격을 받을 시 대규모의 피해 발생은 피할 수 없는 상황이 된다. 이런 상황에서 정부의 능력은 제한될 수밖에 없다. 군의 지원이 절대적으로 필요한 상황이 되며, 이를 위해 핵피폭지원사령부를 편성함으로써 야전군 작전부대의 군사작전 전념 여건을 보장하고, 군이 피해복구를 지원함으로써 국민적 신뢰 여건을 조성하는 한편, 단일화된 지휘체계를 구성해 지원활동을 보장해야 한다.

이 부대는 피해 상황을 고려해 편성하되 보병과 공병, 의무, 보급(영현), 헌병 등으로 편성하고 전시 운영을 위한 예규를 작성해놓아야 한다. 전시 핵 피폭 시는 행정부의 요청에 의거 피폭지역에서 부상자 구호 및 구조, 치료 등의 제공과 사망자 수습 및 처리의 지원, 전재민을 위한 시설의 설치 및 수용 등의 지원, 국가기반시설 등에 대한 긴급피해 복구 지원, 낙진 오염 제거 지원 등을 할 수 있을 것이다.

9) 예비군 대대의 편성 및 운용방안 검토

예비군 자원 과다지역인 대도시 지역을 중심으로 핵 공격을 받을 시에 대비해 예비군을 활용할 필요성이 대두된다. 예비군은 장차 예상되는 대량살상무기의 피해로부터 향토방위 및 긴급피해 복구 지원, 충무계획 시행 지원을 통한 지역 안정 유지 등에 기여할 수 있다.

예비군 대대를 편성할 곳은 자원이 충분한 특별시 및 광역시를 대상으로 하며, 서울시와 부산 및 대구, 광주, 인천, 울산, 대전 등이 그 대상지역이다. 예비군 대대는 대대본부와 기동중대, 긴급복구중대, 다목적 중대로 편성하며, 기동중대는 기동타격과 중요시설 경계 증원 및 방호 등의 임무를 수행하고, 긴급복구중대는 시설 등의 파괴 시 복구지원

임무를 수행하며, 다목적 중대는 전재민과 난민 구호 및 구조, 전상자 처리 등을 지원할 수 있을 것이다.

10) 군 지원 시에 대비한 안전관리 프로그램 제정

핵 피폭지역에서 지원활동 시 방사선 노출, 건물 붕괴 및 화재 등 다양한 위험에 처할 가능성이 농후하다. 현재 핵 피폭 지역에서 군 지원병력 등의 활동 시에 대비한 안전관리 및 부대 방호 등의 지침과 계획의 발전은 미흡하다. 피폭지역에서 원활한 인명 구호 및 구조 등의 지원활동 보장을 위한 프로그램을 보급해 활용할 필요성이 제기된다.

이 프로그램에는 지원부대의 편성 및 장비의 종류와 보유 기준, 안전 및 방호를 위한 부대 훈련 수준, 피폭지역 투입 시 절차와 지원 등에 관한 사항, 피폭지역에서 부대활동과 작업시간 등에 관한 사항, 행정부와 협조사항 등을 포함한다. 실제적 적용은 핵무기 피폭 시 부대가 준비할 사항의 준비와 구호 및 구조 등의 임무를 위해 투입될 부대와 지원활동 간 안전관리 지침으로 활용한다.

11) 대량살상무기 대응 관련 도서 제작 배포

핵무기는 물론 화생무기 등이 국민의 안전 위협의 최대 요인으로 대두되고 있다. 이러한 안전 위협 요인들의 증가에도 불구하고 국민들은 핵을 포함한 화생무기의 위협에 관한 관심의 부족과 더불어 쉽게 볼 수 있는 자료도 제한되고 있다. 국민들이 화생방 위협에 직면할 시 알고 행동할 수 있도록 관련 지식을 포함한 자료를 만들어 배포해 활용토록 제공할 필요가 있다.

이 책에는 국민들이 전 · 평시 당면할 수 있는 반드시 알아야 할 사항을 포함하되, 대량살상무기 위협으로부터 각종 자연재해 및 재난으로 야기되는 피해를 포함함으로써 그 활용성을 높일 수 있을 것이다. 작성 시는 이해하기 쉽고 흥미를 유발할 수 있도록 삽화 및 만화 등을 포함하며, 배포 시는 가정과 직장 등의 소요를 파악해 비매품으로 지급할 필요가 있다. 이와 병행해 행정안전부의 각종 안전 관련 웹사이트와 연계 홍보를 함으로써 그 활용성을 높이도록 하면 좋을 것이다.

또한 방송과 신문 등을 이용해 주기적 홍보 활동을 하고, 대중의 활동이 많은 곳에 홍보용 포스터를 제작해 부착하며, 지하철의 광고판과 객차와 거리의 전광판 등을 이용해 영상 홍보물 상영함으로써 경각심을 주는 방안도 필요하다.

12) 표준 낙진위험 예측도 작성 및 배포

핵 공격을 받을 시 핵무기 위력과 일기조건에 따라 낙진이 발생하고 풍향에 따라 확산된다. 낙진이 확산됨에 따라 행정부와 자치단체 등에서 우선적으로 확인할 사항과 조치사항 등을 강구토록 위험예측도 배포할 필요가 있다.

여기에는 핵무기 위력별 폭발 시 피해 범위와 일기조건에 따른 낙진 등의 범위예측도, 낙진 시 행정기관별 확인 및 조치할 사항, 정부기관 및 국민 등이 알아야 할 사항 등을 포함함으로써 활용도를 높일 수 있을 것이다. 이 프로그램은 컴퓨터 프로그램 또는 책 등의 형태로 제작할 수 있을 것이다.

13) 핵 공격대비 정부와 군의 합동연습 실시

정부 연습기간을 이용하든 별도의 시간을 이용하든 핵 공격상황을 상정한 연습을 통해 관련계획의 점검과 실제적 능력의 확인 및 미흡 분야의 발전을 도모할 필요가 있겠다. 도상연습으로 하는 방안도 있고, 실제적 상황을 상정한 훈련을 하는 방법도 있다. 이를 통해 행정 각부와 군의 역할과 협조할 사항을 식별하는 등으로 실제적 상황 발생 시에 대비해 부족한 역량을 강화할 수 있을 것이다.

14) (잠정적) 핵 공격 시 대비 긴급복구 우선순위 판단 및 계획

핵 공격을 받을 시 긴급복구 대상을 정부 기능 유지와 국민 생활 안정, 군사작전 지원 자원 동원 등의 관점을 고려해 우선순위를 판단하고 복구할 방침을 정해놓되, 실제적 시행은 당시의 상황과 긴급복구에 가용한 자원, 긴급복구의 필요성 등을 고려해 실시한다.

15) 피폭지역 내의 인원 조치 방안 정립

핵 공격을 받을 시 대량 사상자 발생이 불가피한 상황이 될 것인 만큼 이에 대비한 계획이 필요하다. 먼저 사체를 어떻게 분리하고 처리할 것인가에 대한 계획이다. 사망자를 식별하기 위해 간단히 DNA 샘플을 채취하거나 휴대한 증명서를 확인하며 사체에 대한 기록방법 등을 강구하는 등의 대책이 필요할 것이다. 부상자는 부상형태 및 정도 등에 따라 분류하고 관련 시설에서 진료토록 하는 등의 대책이 필요하다.

히로시마나 나가사키의 사례를 볼 때 많은 고아가 발생할 가능성도 있는 만큼 이들을 찾아 일정 기간 수용하면서 가족이나 친척을 찾아 인계하는 등의 활동도 필요하게 될 것이다.

개인도 주민등록증이든 운전면허증이든 개인의 신원을 확인할 증명서를 항시 휴대함으로써 어떤 돌발적 상황이 발생할 경우 신원확인을 용이토록 해야 할 것이다.

16) 대량살상무기 피폭대비 대민지원 교리 연구

핵을 포함하는 대량살상무기로 인한 대규모의 피해가 발생할 시는 군의 지원이 불가피한 상황이 발생될 것이다. 그런 만큼 군의 병력과 장비를 투입하고 지원활동을 언제 어떤 방법으로 하고, 어떻게 피해복구 활동을 전개하는지 등을 포함하는 교리를 정립해놓아야 할 것이다.

17) 비상방송 전파 시스템 보완

각종 행정기관 및 철도나 버스 등의 대중교통 수단에 민방공 경보는 물론 지진 등의 재난이 발생할 시에 중앙방송에서 송출하는 비상방송을 듣고서 긴급대피 및 차량 운행정지 등의 조치를 할 수 있는 비상방송 수신장치를 설치하여 긴급한 상황에서 활용하는 방안을 강구하면 좋을 것이다. 아파트 및 상가 등의 관리실에서도 비상방송은 관리원의 중간 전달 없이 개별 가구 및 상가 등에 그대로 방송함으로써 시간을 절약하는 시스템을 준비하는 것도 검토가 필요하다.

EPILOGUE

2018년 평창동계올림픽이 성공적으로 끝났다. 올림픽 기간 중 김영남과 김여정을 비롯해 북한 체육계의 고위관료들이 서울을 방문했고 대통령을 만났으며 올림픽의 개막식과 주요 경기도 참관했다. 그런가 하면 선수단과 응원단, 삼지연관현악단도 방문해 공연을 하거나 경기에 참여해 응원했다. 대통령 특사가 평양을 방문해 김정은을 만났고, 여러 가지 제안을 받았으며, 그 가운데는 한반도 비핵화라는 말도 포함되어 있다. 4월에는 판문점에서 남북 정상회담을 했고, 6월에는 싱가포르에서 역사적인 북미 정상회담도 개최됐다. 9월에는 대통령이 평양을 방문했으며 평양선언도 발표됐다. 2019년 2월의 하노이 북미회담은 아무런 합의 없이 끝났으며, 판문점에서 남 · 북 · 미 정상에 만나기도 했다.

얼마 전까지만 해도 북한의 핵 위협에 맞서 미국의 항공모함과 핵잠수함 및 전략폭격기 등이 한반도로 전개되면서 긴장이 최고조에 달했다. 그런데 어느 순간에 김정은이 정상회담 선언문에 비핵화를 포함했다고 해서 장밋빛 희망을 꿈꾸면서 한반도가 북핵 위협으로 벗어나는 것처럼 보이다가 다시금 어디인가 미궁 속을 헤매는 듯한 느낌인 것이다. 그러나 이러한 유사한 모습은 이미 여러 차례 보았다. 북한이 항상 곤궁에 처하면 핵무기를 포기하는 듯하면서 국제사회의 지원을 받으면서도 한쪽에서는 핵실험을 준비했고 이런저런 이유를 들어 국제사회와의 약속을 헌신짝 버리듯 하면서 핵실험을 했던 것이다. 그 모습을 다시 반복하고 있는 것처럼 보인다.

김정은이 비핵화를 말했다고 해서, 정상회담 선언문에 넣었다고 해서 액면 그대로 받아들일 수는 없다. 북한의 약속은 독재자의 가면술과 그 체제의 특성으로 인해 언제 어떤 이유로든 뒤집히면서 일순간에 다시 최고조의 긴장상태로 돌아갈 수 있을 가능성도 배제할 수 없기 때문이다. 우리는 그동안 북한의 양면전술과 속임수에 수도 없이 속아왔지만 그래도 한민족이라는 동질성을 갖고 있기 때문에 그들의 선의를 기대해 왔다. 그러나 그들은 항상 우리의 뒤통수를 치면서 그들의 의도대로 우리를 끌어들이기 위해 온갖 속임수와 기만과 무모한 주장을 반복해 온 것이 지나간 남북관계였고, 역사가 남겨준 교훈이다. 최근 북한의 변화를 액면 그대로 받아들일 수 없는 것도 이 때문이다.

북핵은 한반도를 넘어서 동북아의 핵 확산 요인이 될 가능성을 여전히 내포하고 있다. 북한의 핵실험으로 유엔 안전보장이사회가 여러 차례 안보리 결의를 채택해 외교와 경제 등 다양한 규제를 하면서 이제 김정은 정권이 정말로 핵을 포기할 것인지 말지를 결정해야 하는 시간이 다가오고 있다. 시간은 촉박한데 북한은 『노동신문』을 통해 여전히 핵무기를 선대의 유훈이니 핵 보검이니 하면서 김정은이 말했다는, 정상회담 선언문에 포함된 비핵화에 대해서는 아무 말도 하지 않고 있다. 북핵의 진실이 다가오고 있으나 불확실성은 여전한 것이다. 어쩌면 북한은 처음부터 한국과 미국을 속이기로 작정하고 비핵화를 언급했으며 앞으로 몇 년이나 걸릴지 모를 지난한 싸움이 시작된 것인지 모른다.

핵무기가 대량살상무기인 만큼 북한이 이를 쉽게 사용할 수는 없을 것이다. 더군다나 동맹국에 대한 북한 정권의 핵무기 사용은 북한

체제의 종말이 될 것이라는 미국의 경고도 있었다. 그럼에도 어느 시기에 어떤 이유로든 핵을 사용해 공격할 경우의 피해는 가늠하기 어렵다. 수만~수십만의 인명이 희생되는 등 최악의 상황이 발생될 것인 만큼 비핵화를 위한 실무 및 정상회담은 그대로 하면서 북핵의 철저한 비핵화를 추구하되 예상치 못한 상황의 발생에 대한 대비는 아무리 강조해도 지나치지 않을 것이다.

북한 정권의 핵 위협에 대응해 정부는 정부대로 국가비상대비업무 차원에서 할 일이 있고, 군은 군대로 군사대비 차원에서 해야 할 일이 있으며, 정부와 군이 협업해야 할 일도 있다. 국민 또한 숙지하고 행동해야 할 일도 있다. 여기에는 평시에 준비해놓아야 할 일이 있고, 전시에 대응하고 조치해야 할 일도 있다. 핵무기라는 절대무기의 위험성과 상황의 엄중함을 감안할 시 대비가 필요하다.

그러나 그동안 북핵에 대비하기 위한 정부와 군의 노력이 충분했다고 말하기는 어렵다. 국민들도 개인의 생존을 위해 알아야 할 사항을 제대로 알고 있다고 할 수 없다. 정부의 대피시설 준비와 군의 북핵 탐지 및 요격체제는 물론 정부 지원을 위한 준비, 국민 개개인이 생존을 위해 필요한 물자를 제대로 준비해놓았는지도 의문이다.

우리의 문제점이 무엇인지 알았다면 이제는 제대로 준비해야 하겠다. 정부는 정부대로 계획을 발전시키고 역량을 강화하며, 군은 탐지능력의 조기 확보와 경보시스템을 완전히 구축하고 타격능력도 이른 시간에 확보해야 한다. 만에 하나라도 핵 공격을 받을 시 예상되는 상황을 염두에 둔다면 정부와 군의 협조는 필수적인 만큼 협조체제의 구축과 관련계획의 발전은 물론 대응역량의 강화가 필요하다. 국민들도 북핵과 관련해 알고 행동해야 할 사항을 숙지하고 필요한 물자들은 준비해놓아야 한다.

김정은 정권이 한반도 비핵화에 합의한다고 할지라도 철저한 검증을 통해 핵시설을 완전 제거하고 이미 보유하고 있을 것으로 추정되는 핵탄두와 핵물질, 핵 관련 문서의 완전한 제거는 물론, 핵과학자와 기술자에 대한 처리 등도 완전하도록 확인해야 한다. 비핵화에 합의한다고 할지라도 북한의 그간의 작태를 보면 이미 완성된 핵무기를 어디엔가 극히 소수만 알게 은닉해놓고 있을 가능성도 있는 만큼 확인 및 검증과 폐기가 반드시 철저히 확인되어야 한다. 그랬을 때 비로소 북핵 위협이 사라졌다고 할 수 있을 것이다. 그때까지 우리는 그에 대한 준비를 한 치도 소홀히 해서는 안 되겠다.

이 책을 쓰면서 필자가 북한의 핵 공격 가능성, 주변국의 핵 위협 등을 고려해 완벽한 대피시설을 준비해놓아야 한다고 하니 일부의 지인이 투자대비 효과를 고려해야 한다고 했다. 민방위 대피시설을 준비하기 위해서는 막대한 비용이 들어가나 투입되는 예산에 비해 그 효과가 없지 않으냐는 것이다. 틀렸다고는 할 수 없겠으나 이 시점에서 생각해보아야 할 것은 국민의 안전과 생명을 지키기 위한 노력만큼 중요한 것이 어디 있느냐는 것이다. 우리가 당면하는 최대의 안보위협이 바로 핵인 만큼 일정한 부담을 하더라도 국민의 안전과 생명을 지킨다는 차원에서 이는 반드시 해야 할 일일 것이다.

이 책이 이러한 준비를 갖추는 데 조금이나마 도움이 됐으면 한다. 여기 이 책에서 제시하는 것이 실제 상황에서 그대로 적용하기에는 일부 문제가 있을 것이다. 원폭이 폭발할 시 발생할 현상과 히로시마와 나가사키에서 발생했던 실상에 대한 기록을 통해 한반도의 어디가 핵무기에 피폭될 경우 발생할 수 있는 일을 상상력을 발휘하면서 이런 일이 발생할 경우 어떻게 해야 할 것인가를 고민해 작성했기 때문이다. 그런 만큼 당시의 변화되는 상황에 융통성 있게 대응해야 한다. 그러한 기초를 제공하는 자료가 됐으면 한다.

몰라서 할 수 없었다면 변명이라도 할 수 있겠으나 이제는 그런 소리도 할 수 없는 상황이다. 북한 정권의 비핵화에 대한 속임수에 속아서 정부나 군이 해야 할 일을 뻔히 알면서도 이를 소홀히 하다가 어느 시기에 국민들에게 그 피해가 고스란히 돌아갔을 때 무슨 말을 할 수 있겠는가?

남북 및 북미 정상회담이 결실을 거둬 북핵 문제의 완전한 비핵화 합의와 검증을 거쳐 북핵이 더 이상 존재하지 않는다고 할 경우, 그동안 개발해온 킬-체인과 한국형 미사일 체제 등은 어떻게 할 것이며, 배치된 사드는 어떻게 할 것인지 궁금증이 생겼다. 알다시피 킬-체인과 한국형 미사일 체제 등은 북핵 위협이 심각해지면서 개발되는 무기체계인데, 북핵이 폐기된다면 이들 무기체계의 개발에 대한 의미가 상당 부분 줄어들 것이기 때문이다. 북핵이 폐기되면서 킬-체인이나 한국형 미사일방어체제가 필요 없다면 이 책에서 언급하는 핵에 대비한 국가비상대비업무도 부분적으로는 필요 없을 것이다. 반면에 킬-체인이나 한국형 미사일 체제 등을 그대로 개발한다면 핵에 대비한 국가비상대비업무도 그대로 필요할 것이다. 군이 북핵에 대비하기 위해 합참에 북핵 담당부서를 두기로 했다는 것도 여전히 핵 위협을 전제로 한 것이라면, 정부도 보조를 맞춰 대비하는 것이 정상적인 조치이다.

일각에서는 향후 기술적 진보(Technical Progress)에 의거 핵무기를 무력화할 수 있는 방법이 나올 것이라고 주장하는 소리도 있다. 그렇게 되기를 바란다. 그러나 언제 실현될지 알 수 없는 막연한 희망으로 대비를 소홀히 할 수는 없을 것이다.

이제 여기서 멈추면서 마지막으로 한 가지 희망사항이 있다. 지금까지 써온 이 책의 내용이 정말로 어느 순간에 눈 녹듯 모두 사라졌으면 하는 것이 그것이다. 그 말은 곧 김정은이 비핵화를 언급했던 것처럼 핵을 포기하고 완전한 검증과 폐기를 통해 핵무기를 제거하면서 한반도에서 핵 공포가 사라지는 것을 의미하기 때문이다.

참고문헌

1. 국내문헌

국방부. 『대량살상무기 문답백과』. 신오성기획인쇄사, 2004.

_____. 『대량살상무기에 대한 이해』. 소랑, 2007.

_____. 『국방 재난대응 백서』. 국군인쇄창, 2012.

권태영 · 노훈 · 박휘락 · 문장렬. 『북한 핵미사일 위협과 대응』. 북코리아, 2014.

김용구. 『세계외교사』. 서울대학교 출판부, 2006.

노훈. 「북한 비대칭정략과 우리의 대응개념」. 『국방정책연구』 제29권 4호, 2013년 겨울(통권 제102호).

문성묵. 「북한 미사일 · 핵 위협과 대응」. 안보현안분석(2015. 10. 30), 국방대학교 국가안전보장문제연구소, 2015.

박계호. 『총력전의 이론과 실제』. 북코리아, 2012.

_____. 「북핵위협대비 군사 및 비군사분야 연계 대응방안 연구」. 『국방정책 및 군사전략』, 국방대학교, 2017.

박계호 · 김용빈. 「북핵 위협하 비군사분야의 대비방안에 관한 연구」. 『전략연구』, 한국전략문제연구소, 제24권(통권 제72호), 2017.

박계호 · 엄영호. 「예비전력 정예화 및 향방작전 실효성 제고방안」. 『2013년 육군전투발전: 미래 육군의 지상작전 수행개념 발전방향』, 한국전략문제연구소, 2013.

박창권. 「북한의 핵운용 전략과 한국의 대북 핵 억제전략」. 『국방정책연구』 제30권 2호, 2014년 여름(통권 제104호).

_____. 「북한 핵위협 현실화를 고려한 군사전략 발전방향」. 주간국방논단 제1568호(2015. 9. 28).

박휘락. 「한국 핵 억제전략의 보완: 핵민방위 포함 여부를 중심으로」. 『국가전략』, 제20권 3호, 2014.

_____. 『핵전쟁에서도 살아야 한다: 생존상식 10단계』. 21세기 군사연구소, 2015.
_____. 『북핵 위협과 안보』. 북코리아, 2016.
앤터니 비버, 김규태 · 박리라 옮김. 『제2차 세계대전』. 글항아리, 2017.
육군본부. 야교 운용-3-10(초안), 『핵전하 작전』. 국군인쇄창, 2015.
_____. 참고 교범-5-21, 『핵 및 화생방 방호』. 국군인쇄창, 2015.
이동윤. 『핵전쟁과 의학』. 도서출판 세란, 1995.
이춘근 · 김종선. 「고고도 핵폭발 피해 유형과 방호 대책」. 과학기술정책연구원, 제189권, 2016.
정하명 외. 『세계전쟁사』. 황금알, 2005.
존 키건, 류한수 옮김. 『2차 세계대전』. (주)청어람미디어, 2009.
케이스 휠러. 『한국일보 타임-라이프 번역, 원폭과 일본 패망』. (주)한국종합물산, 1987.
통일부 통일교육원. 『2018 통일문제의 이해』. (주)나인애드, 2018.
_____. 『2018 북한이해』. (주)나인애드, 2018.
폴 콜리어, 강만수 옮김. 『제2차 세계대전』. 플래닛 미디어, 2008.
함형필. 「북한의 핵전략 구사와 전략적 딜레마 고찰」. 『국방정책연구』 제25권 2호, 2009.
행정안전부 재난안전실. 『전시 비군사분야 대비 연구』. 행정안전부, 강문정보문화, 2009.
후지와라 아키라, 서영식 옮김. 『일본군사사(상)』. 제이앤씨, 2013.

2. 국외문헌

Bruce R. Lindsay, and Francis X. McCarthy. *CRS INSIGHT: Stafford Act Assistance and Act of Terrorism.* CRS, 2016. 6. 21.
Bruce W. Bennett. *Preparing for the Possibility of a North Korean Collapse.* RAND Corporation, 2013.
Cresson H. Kearny. *NUCLEAR WAR SURVIVAL SKILLS: UPDATED AND EXPANDED 1987 EDITION.* Oregon Institute of Science and Medicine, 1987.
Elizabeth H. Donnelly et al. *Medical ·Planning and Response Manual for Nuclear Detonation Incidence: A Practical Guidance.* United States Department of Health and Human Services, 2011.

Department of Defence. *QUADRENNIAL DEFENCE REVIEW 2014.*

_____. *STRATEGY FOR HOMELAND DEFENCE AND DEFENCE SUPPORT OF CIVIL AUTHORITIES.* DEPARTMENT OF DEFENCE, 2013.

FEMA. *Are You Ready: An In-depth Guide to Citizen Preparedness.* 2004.

Hans Mumenthaler. "Civil Defence: Means for Disaster Relief." *Swiss Neutrality and Security: Armed Forces, National Defence and Foreign Policy,* New York: St. Martin's Press, 1990.

Hiroshima Prefecture and The City of Hiroshima. *Hiroshima Reconstruction and Peacebuilding Research Project: Hiroshima's Path to Reconstruction.* Rijo Printing Co. Ltd, 2015.

IISS. *THE MILITARY BALANCE 2016.* London: Routlege, 2016.

Joint Chief of Staff. *Defence Support of Civil Authorities (Joint Publication 3-28).* Joint of Staff, 2013.

Martin Zuberi. *Atomic Bombing of Hiroshima and Nagasaki.* Strategic Analysis, August, 2001.

Masao Tomonaga et al. *Research of on Impacts of Nuclear Weapon in Various Aspects.* Ministry of Foreign Affairs of Japan, 2014.

National Security Staff Interagency Policy Coordination Subcommittee for Preparedness & Response to Radiological and Nuclear Threats. *Planning Guidance for Response to a Nuclear Detonation.* Second Edition, 2010.

Paul Ham. *HIROSHIMA NAGASAKI: THE REAL STORY OF THE ATOMIC BOMBINGS AND THEIR AFTERMATH.* St. Martin's Press, 2014.

The US Government Printing Office. *The United Strategic Bombing Survey: The Effect of Atomic Bombs on Hiroshima and Nagasaki.* The US Government Printing Office, June 30, 1946.

The White House. *NATIONAL SECURITY STRATEGY.* Washington, 2015.

Thomas J. Murphy. *Disaster Response Staff Officer's Handbook: Observations, Insights, and Lessons.* Center for Army Lessoned Learned, 2010.

3. 인터넷 자료

http://atomibombmuseum.org.

http://atomicarchive.com.

http://dod.hawaii.gov.

http://edition.cnn.com.

http://ghs.guam.gov.

http://hiroshimapeacemedia.jp.

http://ir.lib.hiroshima-u.ac.jp.

http://kosis.kr.

http://mois.go.kr.

http://nuclearsecrecy.com/nukemap.

http://premium.chosun.com.

http://worldradio.ch.

http://www.atomicheritage.org.

http://www.ctbto.org.

http://www.dannen.com.

http://www.di-focus.com

http://www.dtra.mil.

http://www.huffingtonpost.kr.

http://www.japantimes.co.jp.

http://www.nationalarchives.gov.

http://www.ohmynews.com/NWS_Web/View.

http://www.trumanlibrary.org.

http://zaaenlife.com.

https://apjjf.org.

https://en.www.wilipedia.org.

https://namu.wiki.

https://thebulletin.org.

https://www.airports-worldwide.com.

https://www.forexct.au.article.

https://www.globalsecurity.org/wmd/world/china.
https://www.google.co.kr.
https://www.history.com.
https://www.historyonthenet.com.
https://www.hnsa.org.
https://www.nytimes.com.
https://www.reddit.com.
https://www.swissinfo.ch.
https://www.theguardian.com.
https://www.thelocal.ch.
https://www.usnews.com.

찾아보기

1. 용어

ㄱ

가미카제(神風) 76, 80, 92
가이텐 80
가이텐(回天) 76
(가칭) 핵피폭대응본부 199, 201, 207, 208, 209, 229, 230, 266, 267
(가칭) 핵피폭지원사령부 229, 233, 234, 237, 265, 269
감마(γ)선 47
감응방사선(Induced Fallout) 41, 49
갑상선 질환 107
개전 및 방어작전 단계 164
게임 체인저(Game Changer) 25
게츠고 작전(決號作戰) 79, 92
경계경보 205
경보 해제 205
고농축우라늄(Enriched Uranium) 37
고아 143, 217
골든타임 213
공군작전사령부 205
공습경보 243
공습경보 시 행동요령 243
공중 폭발 53
공중 폭발(Air Burst) 40
과학기술정보통신부 208, 221
관동군 64
괌 주정부(Guam State Government) 189
교육부 220, 309
구호지원본부 208, 210
국가기반시설 232
국가비상대비계획 183, 185
국가비상대비업무 181, 182, 183
국가안보전략서(NSS) 157
국가적 대응체제(NRF) 187
국가적 자원관리체제(NIMS) 188
국민 생활 안정 183
국민숙지 사항 240
국민의용병역법 79
국민행동요령 241
국방과학연구소(북한) 152
국방부 208, 220, 232, 233
국제원자력기구(IAEA) 39
국제전략문제연구소(IISS) 172
국지전 도발 164
국토교통부 208
국토안보법(Home Security Act) 187
국토안보부 194

군사작전 지원 183
군수공업부(북한) 152
금후의 전쟁지도 기본대강 79
금후의 전쟁지도대강 73
급변사태(Sudden Change) 164, 165
기폭장치(Detonation Devices) 37
기형아 95, 133
기획재정부 221
긴급복구 222, 272

ㄴ

나가사키 125
나가사키 국제문화도시건설법 132
나가사키(長崎) 25, 95, 98
낙진(Fallout) 45, 49, 57
낙진위험 예측도 49
남북 정상회담 22
내폭형 40
네이팜탄 78
Ni-Go Project 84
노력 통일의 원칙 201
농림축산식품부 208, 220
농축(Enrich) 37
Nukemap 169

ㄷ

대동아공영권 62
대량살상무기 139, 150, 232
대량살상무기(WMD) 24, 29
대량살상무기대응방위법(Defence Against WMD Act) 187
대량응징보복(KMPR) 23
대륙간탄도탄(ICBM) 22
대본영(大本營) 65
대본영 74
대포동 2호 192
더러운 폭탄(Dirty Bomb) 198
도쿄(東京) 78, 96
DTRA(Defence Threat Reduction Agency) 165
뚱뚱한 사람(Fat man) 98

ㄹ

러일전쟁 61
르메이 전단(LeMay Leaflets) 93

ㅁ

마우드 위원회(MAUD Committee) 85
만주사변 64
맨해튼 프로젝트(Manhattan Project) 80, 83, 85
몰락작전(Operation Downfall) 79
무기대여법(Lend-lease Act) 65
무장중립정책(Armed Neutrality Policy) 195
문화체육관광부 221
미드웨이(Midway) 해전 68, 71
민방공 경보 196, 205
민방공대피시설 204
민방위(Civil Defence) 195

ㅂ

바다사자 작전(Sea Lion Operation) 81
바르샤바 조약기구(WTO) 195
바바로사 작전(Barbarossa Operation) 64, 81
반격 및 격멸단계 164
방사선 피폭 58, 59, 107, 112
방사선(Radioactive) 42, 57, 58
방폭문 106, 206

백혈구 감소 52, 107
백혈병 95, 107, 134
버섯구름(Mushroom) 44
베타(β)선 47
보건복지부 208, 220, 221
복구지원본부 208
복스카(Bockscar) 97
북대서양 조약기구(NATO) 195
북미 정상회담 22, 23
비대칭 전력(Asymmetric power) 150
비상시 대비 준비물 242

ㅅ

사드(THAAD) 23
사이클로트론(Cyclotron) 84
산업통상자원부 220
산호해(Coral Sea) 해전 70
산화우라늄(Yellow Cake) 36
상당한 오염지역 53
생존배낭 243
선제타격(Preemptive Strike) 23, 159
섬광(Flash) 42
성층권 49
소두증 133
소이탄(Incendiary) 88
쇼호 작전계획(捷號 作戰計劃) 74
수소폭탄(Hydrogen Bomb) 21, 38
신속성의 원칙 201
신속한 동원의 원칙 202
심각한 오염지역 52
심리적 피해 134
싱가포르 북미 합의문 293
CVID 26

ㅇ

아시아-태평양 전쟁 61
아호 작전계획(ァ號 作戰計劃) 74
악성종양 115, 134
안전관리 프로그램(Safety Management Program) 237
알파(α)선 47
Alsos Mission 83
에놀라 게이(Enola Gay) 97
ABCD라인(America-Britain-China-Dutch) 63
F-Project 84
FFID 26
NRDC(Natural Resource Defence Council) 167
연방비상관리청(FEMA) 188
연쇄반응(Chain Reaction) 39
열 복사선(Thermal Radiation) 41, 56, 57, 109
영구실명 42
예방공격(Preventive Attack) 23, 159
예비군 대대 238, 240, 269
옥쇄전술(玉碎戰術) 76, 80
올림픽 작전계획(Operation OLYMPIC) 90
외상 후 스트레스(PTSI) 134
용융점(Melting Point) 43
우라늄(Uranium) 36
우라늄클럽(Uranverein) 83
운명의 날 시계(The Doomsday Clock) 157
운반체계(Delivery System) 37
원자력공업성(북한) 152
원자폭탄(Atomic Bomb) 21, 38
원폭 빈민가 130
원폭피해위원회 136
원폭피해자 치료법 136

원폭피해자특별대책법 136
을지태극연습 183, 268
1~6차 핵실험 21, 152
임계질량(Critical Mass) 39

ㅈ

작은 꼬마(Little Boy) 96, 100
잔류방사선(Residual Radiation) 46, 49
잠수함발사미사일(SLBM) 22
재래식 무기(Conventional Weapon) 38
재처리(Reprocess) 37
저강도 핵무기(Lowyield) 60
전략폭격(Strategic Bombing) 77
전략핵무기(Strategic Nuclear Bomb) 24
전면적 도발 164
전술핵무기(Tactical Nuclear Bomb) 24
전시긴급조치법 79
전시피해복구계획(War Disaster Reconstruction Plan) 131
전시피해복구청 131
전자기파(EMP) 55, 56, 154
전쟁 단계 230
전쟁 이전 단계 230
전쟁 이후 단계 230
전쟁단계 229
전쟁지도지침 175
전쟁피해자협회(War Victims Associations) 130
절대국방권 73
정권의 종말(End of the Regime) 24
정부 기능 유지 183
제1차 북핵위기 21, 28, 149, 285
제2차 북핵위기 21, 28, 149, 286
종합상황실 208
주민통제본부 208, 209
중성자(Neutron) 39, 49
중수(Heavy Water) 83
중앙민방위경보센터 205
중일전쟁 62
즉각 효과 41
지난 시대의 유물(Relics of the Past) 198
지연효과 41
지표면 폭발(Ground Burst) 40, 53
지하 폭발(Underground Burst) 40, 53
지휘통일의 원칙 201
진주만 기습 66, 68
진주만(Pearl Harbor) 65
집중치료의 원칙 201

ㅊ

참수작전 24
천연우라늄 37
청일전쟁 61
체르노빌 원자력발전소 30
초기 방사선(Initial Nuclear Radiation) 46
총괄대응본부 208, 209
충무훈련 183
7-10 법칙(7-10 Rule) 53

ㅋ

컨트롤 타워 141, 220, 222, 264
KN-08 192
켈로이드(Keloids) 52, 115
코피전략(Blood Nose Strategy) 159
킬-체인(Kill-chain) 23, 173

ㅌ

탈모증 107, 113
Tube Alloys 85
Trinity Test 86
티니안섬(Tinian Is.) 96

ㅍ

파국적인 상황(Catastrophic Event) 186
파멸의 비(Rains of Ruin) 99
파트너십의 원칙 202
판문점 선언 159, 289
평양 선언 160
포신형 40
포츠담 선언 80
폭풍(Blast) 42, 57, 111
표적위원회(Target committee) 87
표준 낙진위험 예측도 271
플루토늄(Plutonium) 36
PVID 26
피폭 원점(Hypocenter) 29, 45
피폭자(Hibakhusha) 115

ㅎ

하와이 주정부(Hawaii State Government) 189
한국국방연구원(KIDA) 169
한국형 미사일 방어체제(KAMD) 23, 173
합동참모본부 184, 232, 233
해양수산부 221
핵 공격 265
핵 태세 검토 보고서(NPR) 157
핵 테러(Nuclear Terror) 187
핵 피폭 165, 199
핵도미노 21
핵무기(Nuclear Weapon) 38
핵물질(Nuclear Material) 36
핵분열(Nuclear Fission) 38
핵분열(nuclear fission) 100
핵분열성 물질 37
핵융합(Nuclear Fusion) 38
핵폭발 시 행동 250
핵확산금지조약(NPT) 149
행정안전부 205, 221, 222, 232
현장대책본부 208
화구(Fireball) 44
화생방 경보 205
화성-15형 미사일 154
후쿠시마 원자력발전소 30, 180
히로시마 안전본부 123
히로시마 전시피해지원협회 132
히로시마 평화기념관 129
히로시마 평화도시건설법 132
히로시마(廣島) 24, 97, 98, 122

2. 인명

ㄱ-ㄷ

그로브스(Leslie Groves) 85
김정은 22, 23, 24, 150, 156, 159, 160
노무라 기치사부로(野村吉三郎) 64
니미츠(Chester Nimitz) 제독 73
도조 히데키(東條英機) 74

ㄹ-ㅂ

레이히(William Leahy) 90
루스벨트(Franklin D. Roosevelt) 64
마셜(Georges Marshall) 90
맥매스터(Herbert McMaster) 159
맥아더(Douglas MacArthur) 68, 72, 90
베넷(Bruce Bennett) 165

ㅅ-ㅇ

스팀슨(Henry Stimson) 90
스파츠(Carl Spaatz) 92
아인슈타인(Albert Einstein) 83

야마모토 이소로쿠(山本 五十六) 65
야마시타 도모유키(山下奉文) 75
오펜하이머(Robert Oppenheimer) 85
요시오 니시나(Yoshio Nishina) 84
울시(James R. Woolsey) 154

ㅋ-ㅎ

킹(Earnest King) 90
트럼프(Donald Trump) 160
트루먼(Harry S. Truman) 80
파렐(Thomas Farrel) 86
펜스(Mike Pence) 159
포레스탈(James Forrestal) 90
폼페이오(Mike Pompeo) 160
하이젠베르크(Werner Heisenberg) 82
헤일리(Nikki Haley) 159

부록 1

북핵일지

구분		내용
1차 북핵위기	1985. 12. 12	• 핵확산금지조약(NPT) 가입
	1991. 12. 31	• 남북한 한반도 비핵화 공동선언 합의
	1993. 3. 12	• 핵확산금지조약 탈퇴 선언
	1993. 3~1994. 10	• 서울 불바다 주장, 영변폭격론 등 대두
	1994. 10. 21	• 미국과 북한 제네바 합의 체결
	1994. 11. 1	• 북핵 활동 동결 선언
	1995. 3. 9	• 한반도 에너지 기구(KEDO) 설립
	2002. 10. 3	• 켈리 미 국무부 차관보 방북
	2002. 12. 12	• 핵 동결 해제 발표
2차 북핵위기	2002. 10~2003. 8	• 고농축우라늄 개발 시인으로 촉발
	2003. 8. 27	• 1차 6자 회담 개최
	2005. 2. 10	• 핵무기 보유 선언
	2005. 5. 11	• 영변 원자로에서 폐연료봉 8천 개 인출 발표
	2005. 9. 19	• 6자 회담에서 '모든 핵무기와 현존 핵무기 포기' 등 '9·19 공동성명' 채택
	2006. 10. 9	• 1차 핵실험

구분		내 용
2차 북핵위기	2007. 2. 13	• 6자 회담에서 영변 원자로 폐쇄 및 불능화 합의(2·13 합의)
	2007. 7. 15	• 영변 원자로 폐쇄
	2007. 10. 3	• 6자 회담에서 모든 핵 시설 불능화 및 핵 프로그램 신고 합의(10 · 3 합의)
	2008. 6. 27	• 영변 원자로 냉각탑 폭파
	2008. 9. 24	• 영변 원자로 봉인 해제
	2009. 5. 25	• 2차 핵실험
	2009. 11. 3	• 사용 후 폐연료봉 8천개 재처리 완료 선언
	2013. 2. 12	• 3차 핵실험
	2013. 4. 2	• 영변 원자로 재가동 발표
	2016. 1. 6	• 4차 핵실험, '첫 수소탄 시험 성공적 진행' 발표(조선중앙 TV)
	2016. 9. 9	• 5차 핵실험
	2017. 9. 3	• 6차 핵실험 실시, '수소탄두 시험 성공적 진행' 발표(조선중앙 TV)

출처: 통일부 통일교육원. 『2018 북한이해』. (주)나인애드, 2018, p. 57 수정.

부록 2

북핵실험에 따른 안보리 대북결의 및 제재

구 분	안보리 결의	내 용
1차 핵실험 (2006. 10. 9)	제1718호 (2006. 10. 13)	• 물적 규제(재래식 무기, WMD 관련 물자, 사치품), 금융 규제, 출입국 규제, 화물 검색 등 대북제재 조치
2차 핵실험 (2009. 5. 25)	제1874호 (2009. 6. 12)	• 기존 안보리 결의 제1718호에 화물 및 해상검색 강화, 금융 및 경제제재 강화, 무기 금수 조치 확대 등 강력한 추가 제재 조치 포함
3차 핵실험 (2013. 2. 12)	제2094호 (2013. 3. 7)	• 제재 대상과 통제품목 확대, 금융제재, 화물 검색, 선박 및 항공기 차단, 금수조치 분야에서 제재조치의 실질적 강화
4차 핵실험 (2016. 1. 6)	제2270호 (2016. 3. 3)	• 북한의 수출입 화물 전수 검색 및 운송 봉쇄, 선박 입항 및 항공기 영공 통과 금지, 금융제재, 무역제재(민생 제외), 핵 및 미사일 관련 용도로 전용 가능한 무기 금수 및 모든 물품 금수
5차 핵실험 (2016. 9. 9)	제2321호 (2016. 11. 30)	• 북한의 석탄 수출 상한제 도입. 북한의 수출 금지, 광물(은, 동, 아연, 니켈) 추가 및 조형물 공급과 판매 및 이용 금지, 회원국 금융기관의 북한 내 사무소 및 은행계좌 개설활동 금지, 회원국 내 북한 공관 규모 축소, 북한에 대한 항공기 및 선박 대여, 승무원 제공 금지(민생 목적 예외 조항 삭제), 제재 대상 개인 및 단체 추가, 북한과 과학기술 협력 금지

구 분	안보리 결의	내 용
핵실험 (2017. 9. 3)	제2375호 (2017. 9. 11)	• 대북 원유 공급 제한(원유 공급량 현 수준 동결, 정제유 공급량 감축, 액화가스 공급 금지), 북한의 섬유 수출 금지(원산지 무관, 유예기간 90일), 북한의 노동자 신규 노동 허가 금지(계약만료 시 연장 금지), 신규 및 기존 북한과의 합작 및 합영사업 금지(120일 내 폐쇄), WMD 및 재래식 무기 이중 용도 통제 품목 추가, 선박 검색 강화, 제재대상 추가 등

출처: 통일부 통일교육원, 『2018 통일문제의 이해』, (주)나인애드, 2018, p. 41.(북한이 장거리 미사일을 발사하면서 채택된 안보리 결의도 있으니 생략했음)

부록 3

한반도의 평화와 번영, 통일을 위한 판문점 선언 (약칭 '판문점 선언')

대한민국 문재인 대통령과 조선민주주의인민공화국 김정은 국무위원장은 평화와 번영, 통일을 염원하는 온 겨레의 한결같은 지향을 담아 한반도에서 역사적인 전환이 일어나고 있는 뜻깊은 시기에 2018년 4월 27일 판문점 평화의 집에서 남북정상회담을 진행하였다.

양 정상은 한반도에 더 이상 전쟁은 없을 것이며 새로운 평화의 시대가 열리었음을 8천만 우리 겨레와 전 세계에 엄숙히 천명하였다.

양 정상은 냉전의 산물인 오랜 분단과 대결을 하루 빨리 종식시키고 민족적 화해와 평화번영의 새로운 시대를 과감하게 일어나가며 남북관계를 보다 적극적으로 개선하고 발전시켜 나가야 한다는 확고한 의지를 담아 역사의 땅 판문점에서 다음과 같이 선언하였다.

1. 남과 북은 남북관계의 전면적이며 획기적인 개선과 발전을 이룩함으로써 끊어진 민족의 혈맥을 잇고 공동번영과 자주통일의 미래를 앞당겨 나갈 것이다. 남북관계를 개선하고 발전시키는 것은 온 겨레의 한결같은 소망이며 더 이상 미룰 수 없는 시대의 절박한 요구이다.

① 남과 북은 우리 민족의 운명은 우리 스스로 결정한다는 민족 자주의 원칙을 확인하였으며 이미 채택된 남북선언들과 모든 합의를 철저히 이해함으로써 관계 개선과 발전의 전환적 국면을 열어나가기로 하였다.

② 남과 북은 고위급 회담을 비롯한 각 분야의 대화와 협상을 빠른 시일 안에 개최하여 정상회담에서 합의된 문제들을 실천하기 위한 적극적인 대책을 세워나가기로 하였다.

③ 남과 북은 당국 간 협의를 긴밀히 하고 민간교류와 협력을 원만히 보장하기 위하여 쌍방 당국자가 상주하는 남북공공연락사무소를 개성지역에 설치하기로 하였다.

④ 남과 북은 민족적 화해와 단합의 분위기를 고조시켜 나가기 위하여 각계각층의 다방면적 협력과 교류 왕래와 접촉을 활성화하기로 하였다.

안으로는 6.15를 비롯하여 남과 북에 다 같이 의의가 있는 날들을 계기로 당국과 국회, 지방자치단체, 민간단체 등 각계각층이 참가하는 민족공동행사를 적극 추진하여 화해와 협력의 분위기를 고조시키며, 밖으로는 2018년 아시아 경기대회를 비롯한 국제경기들에 공동으로 진출하여 민족의 슬기와 재능, 단합된 모습을 전 세계에 과시하기로 하였다.

⑤ 남과 북은 민족분단으로 발생된 인도적 문제를 시급히 해결하기 위하여 노력하며, 남북 적십자 회담을 개최하여 이산가족 · 친척 상봉을 비롯한 제반 문제들을 협의 · 해결해 나가기로 하였다.

⑥ 남과 북은 민족경제의 균형적 발전과 공동번영을 이룩하기 위하여 10.4선언에서 합의된 사업들을 적극 추진해 나가며 1차적으로 동

해선 및 경의선 철도와 도로들을 연결하고 현대화하여 활용하기 위한 실천적 대책들을 취해 나가기로 하였다.

당면하여 오는 8.15를 계기로 이산가족 · 친척 상봉을 진행하기로 하였다.

2. 남과 북은 한반도에서 첨예한 군사적 긴장상태를 완화하고 전쟁위험을 실질적으로 해소하기 위하여 공동으로 노력해 나갈 것이다.

① 남과 북은 지상과 해상, 공중을 비롯한 모든 공간에서 군사적 긴장과 충돌의 근원으로 되는 상대방에 대한 일체의 적대행위를 전면 중지하기로 하였다.

② 남과 북은 서해 북방한계선 일대를 평화수역으로 만들어 우발적인 군사적 충돌을 방지하고 안전한 어로 활동을 보장하기 위한 실제적인 대책을 세워나가기로 하였다.

③ 남과 북은 상호 협력과 교류, 왕래와 접촉이 활성화 되는 데 따른 여러 가지 군사적 보장대책을 세우기로 하였다.

남과 북은 쌍방 사이에 제기되는 군사적 문제를 지체 없이 협의 해결하기 위하여 국방부 장관 회담을 비롯한 군사 당국자 회담을 자주 개최하며 5월 중에 먼저 장성급 회담을 열기로 하였다.

3. 남과 북은 한반도의 항구적이며 공공한 평화체제 구축을 위하여 적극 협력해나갈 것이다. 한반도에서 비정상적인 현재의 정전상태를 종식시키고 확고한 평화체제를 수립하는 것은 더 이상 미룰 수 없는 역사적 과제이다.

① 남과 북은 그 어떤 형태의 무력도 서로 사용하지 않을 때 대한 불

가침 합의를 재확인하고 엄격히 준수해 나가기로 하였다.

② 남과 북은 군사적 긴장이 해소되고 서로의 군사적 신뢰가 실질적으로 구축되는 데 따라 단계적으로 군축을 실현해나가기로 하였다.

③ 남과 북은 정전협정 체결 65년이 되는 올해에 종전을 선언하고 정전협정을 평화협정으로 전환하며 항구적이며 공고한 평화체제 구축을 위한 남·북·미 3자 또는 남·북·미·중 4자 회담 개최를 적극 추진해나가기로 하였다.

④ 남과 북은 완전한 비핵화를 통해 핵 없는 한반도를 실현한다는 공동의 목표를 확인하였다.

남과 북은 북측이 취하고 있는 주동적인 조치들이 한반도 비핵화를 위해 대단히 의의 있고 중대한 조치라는 데 인식을 같이 하고 앞으로 각기 자기의 책임과 역할을 다하기로 하였다.

남과 북은 한반도 비핵화를 위한 국제사회의 지지와 협력을 위해 적극 노력하기로 하였다.

양 정상은 정기적인 회담과 직통전화를 통하여 민족의 중대사를 수시로 진지하게 논의하고 신뢰를 굳건히 하며, 남북관계의 지속적인 발전과 한반도의 평화와 번영, 통일을 향한 좋은 흐름을 더욱 확대해나가기 위하여 함께 노력하기로 하였다.

당면하여 문재인 대통령은 올해 가을 평양을 방문하기로 하였다.

2018년 4월 27일

대한민국	조선민주주의인민공화국
대통령	국무위원회 위원장
문재인	김정은

부록 4

싱가포르 북미 합의문

도널드 트럼프 미국 대통령과 김정은 북한 국무위원장은 역사적인 첫 정상회담을 2018년 6월 12일 개최했다.

트럼프 대통령과 김정은 위원장은 새로운 미국과 북한의 관계와 한반도 평화를 위한 포괄적이고, 심도 있고, 진심이 담긴 의견을 교환했다.

트럼프 대통령은 미북 관계가 한반도와 세계의 평화와 번영을 가져오는 것을 확신하며, 이러한 양측의 자신감은 한반도의 비핵화를 이룰 수 있기 때문에 트럼프 대통령과 김정은 위원장은 다음 내용에 합의한다.

1. 미국과 조선민주주의인민공화국은 평화와 번영을 위한 양국 국민의 열망에 따라 새로운 미국-조선 관계를 수립할 것을 약속한다.
2. 미국과 조선민주주의인민공화국은 한반도의 항구적이고 안정적인 평화체제를 구축하기 위한 노력에 동참할 것이다.
3. 조선민주주의인민공화국은 2018년 4월 27일 '판문점 선언'을 재확인

하고 한반도의 완전한 비핵화를 위해 노력할 것을 약속한다.

4. 미국과 조선민주주의인민공화국은 이미 확인된 전쟁포로 유골의 즉각적인 송환을 포함해 전쟁포로와 실종자의 유해 복구를 약속한다.

역사상 첫 미북 정상회담은 두 나라의 수십 년간 지속된 적대적인 관계를 청산하고 새로운 미래를 여는 역사적인 행사였다. 트럼프 대통령과 김정은 위원장은 공동 협약의 조항을 완전하고 신속하게 이행하기로 약속한다. 이후 조선민주주의인민공화국은 마이크 폼페이오 미국무장관이 진행하는 고위급 실무회담을 최대한 빨리 추진해 미북 정상회담의 결과를 실행에 옮길 것이다.

도널드 트럼프 대통령과 김정은 북한 국무위원장은 새로운 미국-조선 관계 형성과 한반도뿐 아니라 전 세계의 평화 · 번영 · 안보를 위해 협력하기로 했다.

2018년 6월 12일

부록 5

핵 피폭 관련 국가비상대비업무 주요 과업(예)

단계	핵심적 업무	주요과제
평시	생존대비	• 개인방호 요령의 숙지 • 민방위 대피시설의 준비(개인, 정부, 기업 등) • 집단시설 내의 각종 준비물 준비 • 안전관리 프로그램 제정
	경보체제 운영	• 민방공 경보체제 확립(중앙-지방)
	능력 확보	• 전문병원과 인력 등의 지정 및 동원계획 작성 • 치료약품과 병원, 시설 등의 확보 계획 • 피폭 시 발생할 전재민 수용 및 지원 계획
	EMP 대비	• EMP 방호장비 및 시설 설치 • EMP 방호장비 개발 등
민방공 경보 발령	조기경보 및 인원 등의 대피	• 핵 공격 정보 전파체제 확립 • 인원 및 차량 등의 이동 통제 및 대피 • 최기지역 민방위 대피시설, 자가의 지하시설 등으로 대피 지도
	피해 최소화 방안 강구	• 각종 독극물 등 위험물 안전대책 • 가스, 유류 등의 안전대책
	국가기반시설 운행 통제	• 철도, 고속철도, 지하철 교통수단 운행 통제 및 대피 • 발전소, 전력시설 등의 운전 중지 • 가스, 유류시설 등의 운용 중지 등
	EMP 대비	• 각종 전자장비 운용 중지, 방호 조치 등

단계	핵심적 업무	주요과제
핵 피폭 상황	정부 방송	• 핵 피폭 관련 현재의 상황 전파 • 정부의 주요 조치사항 공지 • 국민에게 당부할 사항의 전파 등
	낙진 위험 전파	• 낙진 예측지역 판단 및 전파 • 안전지역 위치 판단 및 전파 • 오염지역 이탈 적절시간 판단 • 안전지역으로 소개 시 유의사항 전파 등
	생존자 구호/구조	• 피폭지역으로부터 안전지역으로의 이동 시기 및 수단 • 안전지역에서 방사능 오염 제거 • 부상자 환자 상태 분류 및 조치 • 인원 수용을 위한 수용소 등 각종 시설 설치 또는 동원 • 인원 수용에 따른 각종 지원소요 판단 및 조치 • 소방인력 및 민방위대 동원지역 및 대상 등의 판단 및 동원 • 고아 등의 구조 및 조치
	사망자 수습 및 처리	• 대규모 사체 처리방법 판단(화장, 매장 등) • 사체 처리장소 판단(집단, 개별) • 사체 방사능 오염 제거 여부 • 전염병 발생 및 확산 통제(방역활동) • 사망자 처리를 위한 인원 및 장비, 약품 등의 자원 동원
	국가기반시설 긴급복구 여부 판단	• 기반시설 피해현황 종합 • 긴급복구 필요성 및 대상 판단 • 긴급복구 시기 및 방법 판단 • 긴급복구 인력 및 장비, 물자 등의 동원소요 판단 및 동원
	피해규모 판단 및 종합	• 인원 피해 • 각종 국가기반시설의 피해 • 건물 등의 피해
	오염물자 등의 처리	• 오염된 식품 등의 처리 • 장비 및 지역 등의 오염 제거 • 방사능 측정 및 전파
	EMP 대비	• 전자장비 운용 재개 • 피폭장비 현황 조사 등
	동원 지정 조정	• 동원 지정 자원 피해현황 종합 • 필요시 동원 해제 또는 타 지역으로 동원 대체 지정
	기타	• 피폭지역에서의 치안질서 유지 • 유언비어 통제 및 강·절도 행위 단속 • 오염지역 무단 진·출입 통제 등

단계	핵심적 업무	주요과제
종전 이후	국가기반시설 복구	• 철도, 도로, 교량, 발전, 전력 등 국가기반시설 피해현황 종합 • 피해복구 우선순위 판단 및 시행
	피해주민 거주 안정대책	• 피해자 거주 시설 복구 및 신축 등 • 피해지역 주민 직업 알선 등
	피해자 장기 치료	• 방사능 오염환자 유형별 분류 • 중·장기적 치료대책 시행
	오염 방사능 제거	• 피폭지역에서의 오염 제거 대책 시행 • 오염 정도에 따른 인원 출입 등의 조치 강구
	파괴된 건물 등의 잔해 제거	• 폐기물 유형 분류 • 잔류방사능 측정 및 결과를 감안해 폐기물 처리
	복구예산 등의 확보	• 복구 예산 판단 및 조정, 종합 등 • 복구 예산 획득 방안
	복구 관련 법령 등의 제정	• 복구지원 관련 법령의 제정 등 • 복구지원기관의 설립

부록 6

핵 위협 대비 행정 각부의 국가비상대비업무(예)[1]

1. 국방부

가. 역할

1) 핵 공격 대비 사전정보 입수 및 전파

2) 낙진위험 예측도 판단 및 전파

3) 핵 공격 이후 정부의 구호 및 구조활동 지원 등

나. 비상대비업무(예)

구분	주요 내용
비상대비 계획 반영(평시)	• 핵 공격 대비 사전 정보 수집 및 전파 체제 • 핵 피폭 시 전투력 보존방안 • 핵 피폭 이후 낙진위험 예측 판단 및 전파 • 핵 피폭 이후 생존자 구호 및 구조 관련 국방부 지원방침 • 피해시설 복구 지원에 대한 국방부의 방침 • 표준화된 낙진예측 프로그램의 개발, 투입부대 안전관리 지침 설정 등

1) 행정부의 전시 업무와 핵이 투하된 상황을 염두에 두면서 행정부가 해야 할 일을 포함한 것임. 중앙부처를 중심으로 작성했음. 여기서 제시하는 사항 외에도 행정 각부의 발전적인 업무의 발굴과 창의적인 적용이 필요함.

전시 조치	공격 이전	• 핵 공격 가능 정보 입수 및 판단과 전파 • 병력 및 예비군, 장비와 물자 등의 안전 및 전투력 보존대책 • 전자장비 보호 등의 대책
	공격 이후	• 정부와 협의해 군 지원 여부 및 투입규모 판단 - 필요시 (가칭) 핵피폭지원사령부 편성 및 투입 • 낙진위험 예측도 판단 및 전파(행정 각부) - 안전지역 설정, 생존자 이동 시기 및 이동로 판단 - 생존자 이동에 필요한 수단 지원(인력 및 장비, 물자 등) • 작전활동 고려, 정부 요청에 의거 구호 및 구조 등의 활동 지원(관련 부처) - 피폭지역으로부터 생존자 등의 안전지역으로 이동 - 안전지역에서 필요한 수용시설의 설치 - 안전지역에서 방사능 오염 환자의 제독 - 오염 환자에 대한 치료(군 인력 및 시설, 약품 등의 지원) - 대규모 사망자 처리(매장, 화장 등) - 피폭지역에서 전염병 확산 방지, 소독 등의 활동 • 군 및 예비군 등의 피해 최소화 대책, 장비 및 물자 오염 제거 등 • 각종 유언비어 통제대책 강구(계엄사령부) • 오염지역 내 인원 및 장비 등의 출입통제 지원(행안부) • 피폭지역에서 동원지정 자원 파악 및 대체지정 요청(관련 부처) • 피폭지역 내의 군 시설 등의 피해확인 및 복구 필요성과 우선순위 판단 - 복구에 필요한 자원소요 판단 및 요청 • 피폭지역에서 예비군 운용 조정 등 • 안전관리 프로그램에 따라 부대 운용
종전 이후		• 피해복구 지원(병력, 장비, 물자, 시설 등) • 동원 피해업체 및 인력 확인 및 조치

2. 행정안전부(비상대비정책관실)

가. 역할

1) 핵 피폭대비 국민방호 요령 전파 및 대피시설 등의 준비 지도

2) 핵 피폭 시 컨트롤 타워를 운영할 주무부처로서 행정부 조정 및 통제

3) 핵 피폭 시 대비 행정부의 비상대비 지침

나. 비상대비업무(예)

구분		주요 내용
비상대비계획 반영(평시)		• 대피시설의 기준 설정 및 전파(공공시설, 아파트 등) • 민방위 대피시설 현황 유지 및 관리, 개선 • 핵 공격 시 대비 개인 방호 및 대피요령 등 계도 • 민방위 대피시설의 대피 표지 설치 및 관리 • 정보화 기술을 접목한 표준화된 낙진예측 프로그램 개발 • 핵 피폭 시 대비 장비 및 물자 소요 판단 및 획득
전시 조치	공격 이전	• 핵 공격 가능성 경고 및 대비 등의 전파 • 핵 공격 시 경보발령 및 대피 지시 • 차량과 주민 등의 이동 통제대책 • (시간 가용 시) 가정 및 직장 등에서 임시대피소 구축 독려 • (각종 위험물) 사전 통제(밸브 잠금 등) 조치 전파
	피폭 이후	• 피해규모 종합 및 판단, 군 등의 지원 여부 판단 및 건의, 협조 • 낙진위험 예측도 전파(전 부처) - 지역별 낙진 도달시간 판단 및 전파: 국방부(통합방위본부) - 안전지역 위치, 피폭지역 이탈 적절시간 및 이동로 등을 판단 및 전파 - 생존자 이동에 필요한 지원요청(국방부, 국토부 등) • 소방인력 및 민방위대 동원 필요성 판단 및 동원지역과 규모 판단(관련 부처) - 피폭지역 투입 시 방사능 오염 방지책을 강구 - 피폭지역에서 생존자 구조, 긴급복구 등의 임무 수행 - 피폭지역에서의 화재진압 임무 수행 등 • 안전지역에서 구호 및 구조대책 등의 업무 조정 및 통제(관련 부처) - 수용소 설치: 국방부(군시설), 교육부(학교), 행안부(관공서), 국토부(임시 수용시설 설치) 등 - 수용소 운용에 따른 각종 지원소요 조치 식량(농림부 등), 전기/수용텐트(산자부), 음용수(환경부) 등 - 환자 상태별 분류 및 치료(국방부, 복지부) - 오염 환자 제독 및 치료(국방부, 복지부) - 수용소 운용에 필요한 장비 및 물자 조치(관련 부처) • 피폭지역에서의 업무 조정 및 통제(관련 부처) - 피폭지역으로 소방인력, 민방위대 투입 여부 판단 낙진위험, 투입 시 예상되는 임무 등을 고려 - 피폭지역으로 불필요한 주민 등의 진입 통제(국방부, 행안부) - 피폭지역 내의 대규모 사망자 처리 방안: 국방부(병력과 장비), 행안부(매장 장소), 복지부(위생) 등 - 사체 부패 등에 대비 방역 등 소독 시행(복지부)

		- 피폭지역에서의 강·절도 등 치안질서 문란행위 단속: 국방부(계엄군), 행안부(경찰) - 피폭지역에서의 화재 등의 진압(소방) • 피폭지역에서 군사작전 지원, 국민 생활 안정, 정부 기능 유지 등을 위한 긴급 복구 소요 판단 - 피해 정도와 긴급복구 필요성 등을 감안 - 행정 각부의 소요 판단결과 종합해 우선순위 판단 • 인명, 물자 등 피해현황 종합(전 부처) • 피폭지역 인원 출입 및 행정복원 가능시기 판단(국방부, 행안부 등)
종전 이후		• 피해복구 소요 종합 및 판단 • 피해복구 업무 조정 및 통제 등 • 피해기록 종합 및 역사자료 준비 등 • 피해복구 지원기관 설립

3. 행정안전부

가. 역할

1) 행정부의 대피 소산 지침

2) 주민대피 지도

3) 핵 피폭 시 전재민 수용소 설치 및 운용

4) 피해 주민 행정업무 지원 등

나. 비상대비업무(예)

구분		주요 내용
비상대비계획 반영(평시)		• 행정부의 각종 대피시설 설치 기준 등의 설정 • 대피시설 설치 및 현황 유지 • 대피시설 내 각종 준비물 준비지침 설정 • 핵 공격 시 주민 대피 지도 • 핵 공격 이후 주민 안전대피 등의 지도 • 피폭자 수용시설 운영
전시 조치	피폭 이전	• 주민 및 차량 등의 이동 통제/ 대피 안내 • 행정부 피해 최소화 대책

	피폭 이후	• 낙진위험 예측도 전파에 따라 주민 안전지역으로 이동 지도(국방부, 행안부 등) - 안전지역 위치 및 이동로, 이동시기, 이동 시 휴대준비물 등을 전파 - 피폭지역 내 주민 안전지역으로 이동 지원 - 주민 이동 지원을 위한 민방위대 동원 여부 판단 (필요시) 피폭지역으로 기동홍보팀 파견, 주민 철수 지원(오염 방지대책 강구) • 안전지역에서의 행정지원 활동 - 사망자 및 생존자, 부상자 등의 현황 확인 - 생존자 지원에 필요한 지원소요 조치 - 수용자 시설 조치: 학교, 군시설, 공공시설 사용 또는 수용텐트 설치 등 ※ 수용소 운용에 대한 전반적 책임 • 피폭지역에서의 업무(국방부, 행안부, 복지부, 국토부 등) - 피폭지역으로 주민 출입통제: 이동통제소 설치, 행정요원과 경찰 배치 - 오염지역으로 출입이 필요한 인원은 시간과 장소, 복장 등을 통제 - 피폭지역에서 치안질서 문란행위 및 강·절도 단속(경찰, 계엄사) - 대량 사망자 처리방안 협조(복지부) - 사체 처리장소 및 방법 등을 결정 - 피폭지역 내의 정부기관 피해현황 종합 • 유언비어 유포자 색출 및 단속(계엄사) • 피폭지역 행정기능 회복과 주민 출입 가능시기 판단(행안부, 원안위 등) - 잔류방사능 위험정도에 따라 주민 출입 여부 판단(원안위) - 방사능 위험정도에 따라 주민 출입 시기 및 장소 판단 • (필요시) 생존자 수용을 위한 각종 시설의 동원 요청(국토부, 국방부 등)
종전 이후		• 행정체제 회복 지원 • 주민등록업무 지원 • 정부기관 피해 종합 • 행정 분야 역사자료 준비

4. 보건복지부

가. 역할

1) 핵 공격으로 피해 발생 시에 대비 의료인력 및 병원시설, 약품 동원 등의 지정

2) 핵 공격 이후 피해 인원에 대한 구호 및 구조 등의 업무

3) 핵 공격 이후 예상되는 전염병 방지 대책 강구 등

나. 비상대비업무(예)

<table>
<tr><th colspan="2">구분</th><th>주요 내용</th></tr>
<tr><td colspan="2">비상대비계획 반영(평시)</td><td>• 핵 공격 시 대비 지역별 인력 및 병원 등의 지정
• 치료약품 등의 비축사업 추진
• 대량 사상자 발생 시 환자 분류, 치료 등의 방침 수립
• 대규모 사망자 발생 시 처리 방침 수립
• 오염지역에서의 전염병 확산 방지, 소독 등의 방침 수립</td></tr>
<tr><td rowspan="2">전시 조치</td><td>피폭 이전</td><td>• 인력과 병원 등의 피해 최소화 방안
• 병원 등의 입원환자 대피 등의 지도</td></tr>
<tr><td>공격 이후</td><td>• 안전지역에서 활동(행안부, 국방부, 환경부 등)
- 오염 환자 치료 지원을 위한 인력 및 시설, 약품 등의 동원: 대규모 인원 피해 고려, (필요시) 전국적 범위에서 인력과 약품 등의 동원 검토
- 방사능, 열상, 일반 환자 등에 대한 분류 및 치료 지원
- 방사능 오염 환자 제독소 운용지원
- 기동의료반 등 의료지원팀 운용
• 피폭지역에서 활동(행안부, 국방부, 국토부, 산자부 등)
- 대량 사망자 사체 처리방법 강구
매장시기 및 장소, 방법(화장, 매장 등) 강구
- 사체 보관 백 수요량 등을 판단 및 조치
- 대량사망에 따른 전염병 확산 방지대책(특히 하계)
인체 및 동물 사체 부패, 식수 오염 등으로 인한 전염병 발생 및 확산 방지
- 의료시설 등의 긴급복구 필요성 및 대상과 시기 등의 판단
- 고아 수습 및 관리
• (장기적) 방사선 등의 오염 환자 경과 확인 대책 강구</td></tr>
<tr><td colspan="2">종전 이후</td><td>• 피해현황 종합 및 지원계획 수립
• 피폭자 치료 및 지원활동
• 고아 등의 관리 및 지원활동
• 보건복지 분야 역사자료 준비</td></tr>
</table>

5. 국토교통부

가. 역할

1) 국토부 소관자원 피해 예방 지침

2) 핵 공격 이후 피해 극복을 위한 자원 동원 및 지원

3) 핵 공격 이후 긴급복구 등의 소요 판단 및 조치

4) 오염장비 및 물자 등의 오염 제거 등

나. 비상대비업무(예)

구분		주요 내용
비상대비계획 반영(평시)		• 핵 공격 시 대비 소관자원 안전 및 피해방지 방침 • 피해 발생 시 복구 우선순위 및 방침 • 핵 공격 시 방사능 및 낙진 등의 오염 제거 및 복구방침 • 피폭지역 내 동원자원 피해 발생 시 대체 지정 방침 • 피폭지역 복구를 위한 자원 동원 방침
전시	피폭 이전	• 국토부 소관 자원 등에 대한 안전대책 지시 • 국토부 소관 교통수단 운행 여부 판단 및 지시
	피폭 이후	• 안전지역에서 활동(행안부, 산자부 등) - 수용소 설치 및 운용에 필요한 지원소요 지원 - 수용소 운용에 필요한 장비 동원 및 지원 - 시설 및 장비 등의 오염 제거 대책 검토 • 피폭지역에서 활동(행안부, 원안위 등) - 피해지역 내 긴급복구 대상 및 우선순위, 필요성 판단 및 시행 검토: 교량, 건물, 터널 등 - 피해 복구를 위한 인력 및 장비 등의 동원 여부 검토 - 오염지역 내 폐기물 처리 시기 및 방침 등의 검토 • 오염지역 내 주민 안전지역으로 이동 지원(행안부) • 동원지정 장비 및 업체 피해 발생 시 대체 지정 검토 • 피해 자원에 대한 대체 지정 • 지하철 · 철도 등의 운행 재개 시기 판단 • 각종 국가기반시설 피해 복구 시기 판단
종전 이후		• 철도, 도로, 교량 등 국가기반시설 등의 피해 현황 종합 • 피해 우선순위 판단 및 복구 시행 • 오염 폐기물 등의 처리 • 국토교통부 소관 업무에 대한 지원 등 • 국토교통 분야 역사자료 준비

6. 농림축산식품부

가. 역할

1) 농림축산식품에 대한 오염방지 방침

2) 핵 공격 이후 오염 농축산물 처리 기준

3) 방사선 오염 농축산식품에 대한 처리 방침

4) 피해 주민에 대한 식량 등의 지원 등

나. 비상대비업무(예)

<table>
<tr><th colspan="2">구분</th><th>주요 내용</th></tr>
<tr><td colspan="2">비상대비계획 반영(평시)</td><td>• 핵 공격 시 대비 농림축산 분야 조치 방침
• 핵 공격 시 피해 최소화 방안
• 핵 공격 시 수용소 수용인원에 대한 급식 지원방침
• 핵 공격 시 농림축산 분야 오염방지 대책
• 핵 공격 시 농림축산 분야 오염물자 처리방침
• 피해 주민에 대한 식량 등의 지원방침</td></tr>
<tr><td rowspan="2">전시</td><td>피폭 이전</td><td>• 농림축산식품 등에 대한 피해 방지대책 강구
• 농림축산식품 등에 오염 시 처리 등의 대책 강구</td></tr>
<tr><td>피폭 이후</td><td>• 안전지역에서의 활동(행안부)
- 수용소 수용인원에 대한 긴급 구호 식량 등의 획득 및 보급
• 피폭지역에서 활동(행안부, 원안위 등)
- 피폭지역 내 오염 농축산물자 수거 및 폐기 방법 결정/시행
- 피폭지역 내의 가축 등의 오염 여부 판단 및 처리 결정
- 오염 농산물 수거 및 처리
- 피폭지역 내 농산물 오염 정도 측정 및 취식 가능 여부 판단 및 전파
• (장기적) 농경지 등의 낙진 등 오염 제거</td></tr>
<tr><td colspan="2">종전 이후</td><td>• 농지, 식량 등 농림부 소관 피해 현황 종합
• 피해 우선순위 판단 및 시행
• 농림부 소관 오염 폐기물 등의 처리
• 농림부 소관 업무에 대한 지원 등
• 농림식품 분야 역사자료 준비</td></tr>
</table>

7. 문화체육관광부

가. 역할

1) 핵 공격 시 국민행동요령 등 생존요령 홍보

2) 핵 공격 시 경보전파 및 생존방법 등 전파

3) 핵 공격 이후 안전지역으로 이동 등 생존요령 방송 등

나. 비상대비업무(예)

<table>
<tr><th colspan="2">구분</th><th>주요 내용</th></tr>
<tr><td colspan="2">비상대비계획 반영(평시)</td><td>• 핵 공격 시 개인 및 국민행동요령 등의 홍보방침 및 준비
• 핵 공격 시 주의사항 홍보
• 핵 공격 등에 대비한 국민의 준비사항 등</td></tr>
<tr><td rowspan="2">전시</td><td>피폭 이전</td><td>• 핵 공격 가능성 경고 방송
• 핵 공격 시 개인 및 국민행동요령 강조
• 대피 시 휴대해야 할 장비 및 물자 등의 휴대 강조</td></tr>
<tr><td>공격 이후</td><td>• 핵 공격에 따른 주의사항 및 강조사항 등의 전파(행안부)
• 피폭지역으로부터 안전지역으로 이탈시기 및 방법 등을 전파(국방부, 행안부 등)
- 최기거리의 안전지역 위치, 낙진 고려 피폭지역 이탈시간
- 안전지역으로 이동 시 휴대준비물과 주의사항
• 피폭지역 내에서 준수해야 할 안전사항 강조(행안부)
- 방사능 오염 각종물자 취급 금지
- 오염 동물의 사체 취식 금지
- 피폭지역 내에서 이동 금지
• 민심 안정대책 홍보
- 정부의 구호 및 구조활동 홍보
- 정부가 국민에게 당부하는 사항 등에 대한 전파
• 유언비어 유포에 대한 국민들의 협조사항</td></tr>
<tr><td colspan="2">종전 이후</td><td>• 방송, 체육 등 문화체육관광부 소관 기관 등의 피해 현황 종합
• 피해 우선순위 판단 및 복구 시행
• 문화체육관광부 소관 업무에 대한 지원 등
• 문화체육관광 분야 역사자료 준비</td></tr>
</table>

8. 환경부

가. 역할

1) 핵 공격 전

2) 핵 공격 이후 대기 중 방사능 측정 및 전파

3) 핵 공격 이후 음용수 관리 및 지원

4) 핵 공격 이후 방사선 오염물질 처리 지침 등

나. 비상대비업무(예)

구분		주요 내용
비상대비계획 반영(평시)		• 핵 공격 시 발생하는 오염 물자에 대한 처리방침 • 전재민 수용소 등에 대한 음용수 지원계획 • 핵 공격 시 대비 식수원 보호 대책 • 핵 공격 시 대기오염 측정 방침 • 핵 공격 시 오염물질 처리 방침
전시	피폭 이전	• 정수장 등의 안전대책 • 식수원 등의 안전대책 • 각종 유독물질 안전관리 대책
	피폭 이후	• 낙진 확산 시 - 정수장 등 식수원 안전 및 오염방지대책 강구 • 안전지역에서 활동(행안부 등) - 수용소 운영에 필요한 먹는 샘물 등의 동원 - 수용소에 필요한 급수시설 등의 설치 - 방사선 오염 환자 처리과정에서 발생하는 오염물질 처리 - 유독성 오염물질 등 지정폐기물 보관소 지정 및 운용 • 피폭지역 내의 활동(행안부, 원안위 등) - 피폭지역 내 대기 중 방사능 오염 등의 조사 - 피폭지역 내 정수장 등의 오염상황 판단 및 전파 - 피폭지역에서 발생한 오염물자 처리지침 검토 및 조치 - 피폭지역에서 유독물 누출 등의 확인 - 오염물질 등 지정폐기물 보관소 지정 및 운용 - 긴급복구 목표 및 방법과 우선순위 판단 • 방사능 측정반 가동(원안위) • 낙진 제거 제염제 소요 판단 및 조치

종전 이후	• 상수도, 하수도 등 환경부 소관 시설 등의 피해 현황 종합 • 피해 우선순위 판단 및 시행 • 환경부 소관 업무에 대한 지원 등 • 환경 분야 역사자료 준비

9. 산업통상자원부

가. 역할

1) 핵 공격전 산업시설에 대한 피해 최소화 지침

2) 핵 공격 이후 산업부 소관 업체 피해 최소화 지침

3) 피해 발생 시 행정부 지원요청 사항 지원 등

나. 비상대비업무(예)

구분		주요 내용
비상대비계획 반영(평시)		• 핵 공격 시 대비 산업부 소관업체의 피해 방지 방침 • 핵 공격 이후 산업부 소관업체 피해 복구 방침 • 핵 공격 시 행정부처 지원 방침 • 핵 공격 시 대비 산업부 소관업체의 운영지침
전시	피폭 이전	• 산업부 소관 인원 및 업체, 시설 등의 보호대책
	피폭 이후	• 낙진에 대한 피해 방지책 강구 - 산업부 소관업체에 대한 낙진 경고 등 • 안전지역 생존자 수용에 필요한 행정부의 소요 지원(행안부 등) - 수용소 설치를 위한 텐트 등의 지원 - 수용소 운용에 필요한 각종 비품류 - 수용소 운용에 필요한 전력시설의 설치 - 수용소 운용에 필요한 가스 및 석유 등의 조달 • 피폭지역에서 활동(행안부, 복지부 등) - 대규모 사망자 처리에 따른 지원요청 사항 지원: 사체보관 백 등 - 산업부 소관업체 인원 및 업체 등의 피해 종합 및 복구소요 판단 - 산업부 소관업체에서 발생하는 오염물질의 처리 - 산업부 소관업체의 시설에서 유독물 누출 등 예방 - 산업부 소관 동원업체 및 물자 피해 판단, 조정

		- 산업부 소관업체 중 긴급복구 대상 업체 및 필요성, 우선순위 판단 등 • (장기적) 피폭지역의 산업부 소관 업체 피해 복구 필요성 및 우선순위 판단
종전 이후		• 원전, 발전, 전력 등 산업부 소관 피해 현황 종합 • 피해 우선순위 판단 및 복구 시행 • 산업통상자원부 소관 업무에 대한 지원 • 산업통상자원부 역사자료 준비

10. 교육부

가. 역할

1) 핵 공격 시 대비 개인방호 및 대피 등 생존요령 교육

2) 핵 공격 시 학교 운영 지침

3) 수용시설로 학교 요청 시 제공 등

나. 비상대비업무(예)

구분		주요 내용
비상대비계획 반영(평시)		• 전시 핵 공격 시 대비 개인방호 및 대피 등 생존교육 시행 • 핵 공격 시 대비 학교 운영지침 • 핵 공격 시 수용시설로 학교 요청 시 제공 등
전시	피폭 이전	• 핵 공격 가능 경고 시 학생 대피 • (시간 가용 시) 학생 귀가 등의 조치 등
	피폭 이후	• 안전지역에 있을 경우 - 학교 운영지침 수립 및 전파 - (정부 요청 시) 학교 시설을 수용소 시설로 활용 제공 • 피폭지역 내에 있을 경우 - 학생 피해/대피 현황 등의 확인 - 피폭지역으로부터 학생 안전지역으로 이탈 업무 지시(행안부, 국방부 등) - 학교 등의 피해 현황 종합 및 복구 여부 등의 판단 - 학교 운영지침 수립 등
종전 이후		• 학교, 교육청 등 교육부 소관 피해 현황 종합 • 피해 우선순위 판단 및 복구 시행 • 교육부 소관 업무에 대한 지원 • 교육부 역사자료 준비

11. 원자력안전위원회

가. 역할

1) 핵 공격 시 대비 방사능 측정 및 전파 방침의 발전

2) 핵 공격 시 방사능 측정 및 전파

3) 핵 피폭지역에서 방사능 환경 평가 및 전파

4) 핵 공격 시 폐기물 처리 관련 행정부 협조 등

나. 비상대비업무(예)

구분		주요 내용
비상대비계획 반영(평시)		• 핵 공격 시 방사능 측정 및 전파 • 전시 핵 공격 시 방사능 측정 및 전파/낙진위험 예측 등 • 핵 공격 시 피폭지역에서 방사능 환경 및 영향 평가 및 전파 • 핵 공격 시 폐기물 처리 관련 방침 • 핵 공격 시 원자력발전소 운영지침 등
전시	피폭 이전	• 원자력발전소 안전대책
	피폭 이후	• 낙진위험 예측 및 전파(국방부, 행안부 등) • 피폭지역에서의 활동(관련 부처) - 방사능 측정 및 전파 - 방사능 환경 및 영향 평가 및 전파 - 폐기물 처리 협조 • 원자력발전소 안전 관리 등
종전 이후		• 지역별 방사선 측정 및 안전위험 판단과 제공 • 방사능 위협요인 제거 지원 등

12. 식약품안전처

가. 역할

1) 식품 및 의약품 등의 전시 동원대비

2) 수용 주민들에 대한 식품 및 의약품 등의 동원

3) 의료기기 등의 동원

4) 오염 식품 등의 처리

나. 비상대비업무(예)

<table>
<tr><th colspan="2">구분</th><th>주요 내용</th></tr>
<tr><td colspan="2">비상대비계획 반영(평시)</td><td>• 전시 동원식품 대상 및 규격
• 의약품 및 의료기기 동원
• 식품 및 의약품 제조업체, 의료기기 수리업체 등의 동원
• 동원의약품 생산 등</td></tr>
<tr><td rowspan="2">전시</td><td>피폭 이전</td><td>• 식품 및 의약품, 의료기기 등의 피해방지 대책
• 동원자원에 대한 피해방지 등</td></tr>
<tr><td>피폭 이후</td><td>• 낙진 위협에 대한 전파
• 안전지역에서 활동지원(행안부, 농림부 등)
- 수용소 주민들에 대한 식품 등의 동원 및 지원
- 의약품과 의료기기 등의 지원
• 피폭지역 내에서의 활동지원(행안부, 농림부 등)
- 피폭지역 내 식품 폐기 등의 처리 지원
- 피폭지역 내의 가축 등에 대한 방사능 오염 여부 판단 및 처리 지원
- 피폭지역 내의 약품 등의 처리 지원
- 피폭지역 내에 위치한 의료약품 업체 및 시설 등의 대체지정 판단</td></tr>
<tr><td colspan="2">종전 이후</td><td>• 식품안전 분야 방사능 위험 판단 및 제공
• 방사능 잔존 위협 확인 등</td></tr>
</table>

박계호

춘천고등학교 졸업
육군사관학교 졸업
영남대학교 행정학 석사
충남대학교 군사학 박사
전, 육군 근무
현, 단국대학교 초빙교수 겸 국가위기관리연구소 사무국장,
동화연구소 책임연구원
연구 분야: 국가위기관리, 국가비상대비업무, 동원 및 예비전력 등

김용빈

용산고등학교 졸업
육군사관학교 졸업
연세대학교 국제관계학 석사
단국대학교 행정학 박사
전, 육군 근무
현, 단국대학교 교수 겸 국가위기관리연구소장, 동화연구소 이사
연구 분야: 국가위기관리, 인적자원 개발, 전쟁사 등

서용석

배명고등학교 졸업
육군사관학교 졸업
미 해군대학원 석사
미 오레곤 주립대학 전자공학 박사
전, 청와대 국가안보실 비서관
현, 단국대학교 초빙교수, 국가위기관리 연구소 책임연구원
연구 분야: 국가위기관리, 북한, 전략 및 연합정보 등